Gülara Krieger

Ultradünne Filme und Membranen aus Koordinationspolymeren und ihr Stofftransportverhalten

disserta
Verlag

Krieger, Gülara: Ultradünne Filme und Membranen aus Koordinationspolymeren und ihr Stofftransportverhalten, Hamburg, disserta Verlag, 2017

Buch-ISBN: 978-3-95935-360-1
PDF-eBook-ISBN: 978-3-95935-361-8
Druck/Herstellung: disserta Verlag, Hamburg, 2017
Covermotiv: © Gülara Krieger

Bibliografische Information der Deutschen Nationalbibliothek:
Die Deutsche Nationalbibliothek verzeichnet diese Publikation in der Deutschen Nationalbibliografie; detaillierte bibliografische Daten sind im Internet über http://dnb.d-nb.de abrufbar.

Das Werk einschließlich aller seiner Teile ist urheberrechtlich geschützt. Jede Verwertung außerhalb der Grenzen des Urheberrechtsgesetzes ist ohne Zustimmung des Verlages unzulässig und strafbar. Dies gilt insbesondere für Vervielfältigungen, Übersetzungen, Mikroverfilmungen und die Einspeicherung und Bearbeitung in elektronischen Systemen.

Die Wiedergabe von Gebrauchsnamen, Handelsnamen, Warenbezeichnungen usw. in diesem Werk berechtigt auch ohne besondere Kennzeichnung nicht zu der Annahme, dass solche Namen im Sinne der Warenzeichen- und Markenschutz-Gesetzgebung als frei zu betrachten wären und daher von jedermann benutzt werden dürften.

Die Informationen in diesem Werk wurden mit Sorgfalt erarbeitet. Dennoch können Fehler nicht vollständig ausgeschlossen werden und die Diplomica Verlag GmbH, die Autoren oder Übersetzer übernehmen keine juristische Verantwortung oder irgendeine Haftung für evtl. verbliebene fehlerhafte Angaben und deren Folgen.

Alle Rechte vorbehalten

© disserta Verlag, Imprint der Diplomica Verlag GmbH
Hermannstal 119k, 22119 Hamburg
http://www.disserta-verlag.de, Hamburg 2017
Printed in Germany

Ultradünne Filme und Membranen aus Koordinationspolymeren und ihr Stofftransportverhalten

INAUGURAL-DISSERTATION

zur
Erlangung des Doktorgrades
der Mathematisch-Naturwissenschaftlichen Fakultät
der Universität zu Köln

vorgelegt von

Gülara Krieger

aus Baku

Köln 2016

Berichterstatter: Prof. Dr. B. Tieke

Prof. Dr. U. Deiters

Tag der mündlichen Prüfung: 12.07.2016

So eine Arbeit wird eigentlich nie fertig, man muss sie für fertig erklären, wenn man nach der Zeit und den Umständen das Möglichste getan hat.

(Johann Wolfgang von Goethe)

In Liebe und Dankbarkeit
meiner Familie gewidmet

Danksagung

An dieser Stelle möchte ich nochmals allen, die mir geholfen haben, diese Arbeit zu bewerkstelligen, einen großen Dank aussprechen.

Ganz besonders möchte ich mich bei meinem Doktorvater Herrn *Prof. Dr. Bernd Tieke* für die Überlassung des interessanten Themas, das in mich gesetzte Vertrauen, seine unermüdliche Diskussionsbereitschaft und die uneingeschränkte Unterstützung während der vergangenen Jahre bedanken. Ohne die zahlreichen, wertvollen und kritischen "Freitags"-Diskussionen wäre die vorliegende Dissertation in dieser Form nie zustande gekommen.

Mein ausdrücklicher Dank gebührt darüber hinaus Herrn *Prof. Dr. Klaus Meerholz*, dass er nach der Pensionierung meines Doktorvaters mich in seinem Arbeitskreis herzlich aufgenommen hat und sich auch mit meinem Thema umgehend befasst hatte.

Für die bereitwillige Übernahme der Berichterstattung danke ich sehr herzlich Herrn *Prof. Dr. Ulrich K. Deiters*. Des Weiteren bin ich Herrn *Prof. Dr. Axel Klein* für die Übernahme des Prüfungsvorsitzes und Herrn *Dr. Helge Klemmer* für die Übernahme des Amtes des Schriftführers bei meiner Disputation sehr dankbar.

Frau *Ruth Bruker* danke ich sehr für die Durchführung zahlreicher EDX-Messungen sowie für die Aufnahme der REM-Bilder.

Dipl. Ing. Peter Müller und *Dipl. Ing. Holger Barz* danke ich sehr herzlich für unzählige Reparaturen und die erfolgreiche Inbetriebnahme der Messgeräte.

Herrn *Dr. Andreas Hübner*, Sulzer Chemtech GmbH, Neunkirchen, danke ich für die Überlassung der Trägermembran und Herrn *Dr. Matthias Ott* und Frau *Dr. Stefanie Wald* vom IFAM in Bremen für die Plasmabehandlung der Membranen.

Frau *Dr. Kristina Hoffmann* gilt mein herzlichster Dank für die Einarbeitung in das Thema und die Methoden.

Frau *Patricia Bach* möchte ich für die zahlreichen GPC-Messungen danken.

Bei den Mitarbeitern der feinmechanischen Werkstatt der Physikalischen Chemie und Glasbläsern bedanke ich mich recht herzlich für viele Reparaturarbeiten im Laborbereich. Ohne ihre Hilfe wäre die Durchführung vieler Experimente nicht möglich gewesen.

Meinen Spezialpraktikanten *Özgül Yildiz*, *Burhan Gültekin* und *Delalé Korkut* danke ich für die gute Zusammenarbeit und ihr Interesse an meinem Forschungsthema. Frau *Özgül Yildiz* danke ich ferner für das Korrekturlesen dieser Arbeit.

Bei meinen Arbeitskollegen aus ehemaligem Arbeitskreis Tieke, insbesondere Frau *Dr. Irina Welterlich*, Frau *Dr. Katharina Zhang*, Frau *Sara Sahm*, Herrn *Dr. Kalie Cheng* und Herrn *Dr. Haichang Zhang* bedanke ich mich für die angenehme Arbeitsatmosphäre und die vielen fachlichen Gespräche. Frau *Dr. Katharina Zhang* danke ich außerdem für das Lesen und Korrigieren dieser Arbeit bzw. Teile davon und Herrn *Dr. Kalie Cheng* möchte ich für die Anfertigung einiger Abbildungen danken.

Mein Dank gilt außerdem allen Mitarbeitern des Arbeitskreises Meerholz für die freundliche Aufnahme in die Arbeitsgruppe. Besonders erwähnen möchte ich Frau *Dr. Heike Klesper*, Herrn *Maxim Kempf* und Frau *Jennifer Emara*, die mich in den letzten Monaten meiner Tätigkeit an der Uni sehr unterstützt haben und für mich immer ein offenes Ohr hatten.

Meinen Freunden *Viktoria Totchilovski*, *Nadezda Aronzon* und *Alexander Kats*, ohne die Arbeit und Forschung nur halb so viel Spaß machen würde, möchte ich an dieser Stelle meine Dankbarkeit aussprechen. *Viktoria Totchilovski* danke ich außerdem für die kritische Durchsicht des Manuskripts.

Für die Hilfsbereitschaft beim Formatieren der vorliegenden Arbeit bin ich Herrn *Thomas Strauch* sehr dankbar.

Der Deutschen Forschungsgemeinschaft gilt mein großer Dank für die Finanzierung dieser Arbeit im Rahmen des Projekts TI 219/14-1.

Vom ganzen Herzen möchte ich mich bei meinem Ehemann *Jürgen Krieger* und meinem Sohn *David* für ihre grenzenlose Geduld und liebevolle Unterstützung bedanken. Ein besonders großer Dank geht auch an meine Eltern *Inna Hamidova* und *Tamerlan Hamidov* sowie an meine Schwester *Inara Hamidova*, die mich immer, und in jeder Hinsicht, unterstützt haben, für mich da sind und den festen Punkt in meinem Leben bilden. Bei meinen Eltern und Schwiegereltern *Tamara* und *Igor Krieger* bedanke ich mich außerdem ganz herzlich für die liebevolle Mitbetreuung meines Sohnes während der vergangenen Jahre.

Kurzzusammenfassung

Die vorliegende Arbeit befasst sich mit der Herstellung und Charakterisierung neuer ultradünner Filme und Trennmembranen aus Koordinationspolymeren für die selektive Stofftrennung unter Diffusions- und Elektrodialysebedingungen.

Der erste Teil der Arbeit behandelt die Synthese und Charakterisierung neuer polytopischer Liganden, die durch radikalische bzw. kontrollierte radikalische Copolymerisation hergestellt wurden. Die polytopische Liganden bestehen aus **Poly-NIPAM** bzw. **Polystyrol** mit ligandenhaltigen **TPY**- bzw. **BIP**-Gruppen in den Seitenketten. Die Fähigkeit der Liganden zur Komplexbildung mit divalenten Metallionen wie Zn^{2+} und Cu^{2+} wurde zuerst mit Hilfe der UV/Vis-Titration in Lösung nachgewiesen. Des Weiteren gelang es unter Ausnutzung koordinativer Wechselwirkungen zwischen Metallionen und Ligandenmolekülen ultradünne Filme aus Koordinationspolymernetzwerken mittels Schicht-für-Schicht-Adsorption auf festen Substraten aufzubauen. Der Multischichtaufbau wurde außerdem mit Hilfe der Quarzmikrowaage untersucht. UV/Vis-spektroskopisch sowie durch QCM-Messungen konnte gezeigt werden, dass die Metallionen mit wässriger Na_2SO_4-Lösung aus den Filmen ausgewaschen und durch erneutes Eintauchen in die Metallsalzlösung wieder eingebaut werden.

Im zweiten Teil der Arbeit wird die Herstellung und Charakterisierung der Koordinationspolymermembranen beschrieben. Sie wurden durch eine koordinative Schicht-für-Schicht-Adsorption von zweiwertigen Metallionen und polytopischen Liganden auf einer porösen PAN/PET-Trägermembran hergestellt. Der Transport verschiedener Alkali- und Erdalkalimetallchloride in wässriger und alkoholischer Lösung wurde unter Bedingungen der Diffusionsdialyse studiert. Es konnte gezeigt werden, dass bei allen untersuchten Trennmembranen ein größen- und ladungsselektiver Stofftransport erfolgte. Zn-**P2b**-Membran zeigte einen maximalen Trennfaktor $\alpha(NaCl/BaCl_2)$ von 4,2. Außerdem zeigte sich, dass die Permeationsraten durch die Membran mit abnehmender Polarität des Lösungsmittels abnahmen. Zusätzliche Untersuchungen ergaben, dass auch der Transport ungeladener organischer Moleküle wie Naphthalin, Perylen und Pyren größenselektiv erfolgt. Für die Zn-**P2b**-Membran wurde ein maximaler Trennfaktor $\alpha(Np/Pe)$ von 4,8 gefunden.

Der Transport wässriger Lösungen von $MgCl_2$, NaCl und Na_2SO_4 wurde auch unter Elektrodialysebedingungen untersucht. Hierzu wurden kommerzielle Anionen- und Kationenaustauschermembranen mit den Koordinationspolymeren beschichtet. Mit allen untersuchten Membranen gelang eine Ionentrennung. Der höchste Trennfaktor α(NaCl/Na_2SO_4) von 3,6 trat bei der Zn-**P2b**-Membran auf.

Abstract

The present work is concerned with synthesis and characterization of ultrathin films and separation membranes from coordination polymers for selective material separation under diffusion and electrodialysis conditions.

The first part of the work deals with synthesis and characterization of new polytopic ligands, which are produced via free radical or controlled radical copolymerization. The polytopic ligands consist of **poly-NIPAM** or **polystyrene** with **TPY** or **BIP** ligands in the side chains. First, the ability of ligands to form complexes with divalent metal ions such as Zn^{2+} und Cu^{2+} was proven using UV/Vis-titration in solution. Furthermore, by utilizing coordinative interactions between metal ions and ligand groups, ultrathin films of coordination polymer networks were successfully built up on solid substrates by means of layer-by-layer adsorption. Moreover, the multilayer built-up was analyzed via the quartz crystal microbalance. UV/Vis spectroscopy and QCM measurements demonstrated that metal ions can be leached out from the films upon treatment with aqueous Na_2SO_4 solution, and that the metal ions can be incorporated again upon immersion in the metal salt solution.

In the second part of the work the preparation and characterization of coordination polymer membranes is described. They were prepared through coordinative layer-by-layer adsorption of bivalent metal ions and polytopic ligands on a porous PAN/PET support membrane. The transport of various alkali and alkaline earth metal chlorides in aqueous and alcoholic solution was studied under conditions of diffusion dialysis. For all separation membranes a size- and charge-selective mass transfer could be demonstrated. The Zn-**P2b** membrane showed a maximum separation factor $α(NaCl/BaCl_2)$ of 3.8. It was also found that the permeation rates decreased with decreasing polarity of the solvent. Additional studies showed that the transport of uncharged organic molecules such as naphthalene, perylene and pyrene is also size-selective. For the Zn-**P2b** membrane, a maximum separation factor $α(Np/Pe)$ of 4.8 was found.

The transport of $MgCl_2$, $NaCl$, and Na_2SO_4 in aqueous solutions was also investigated under conditions of electrodialysis. For this purpose, commercial anion and cation exchange membrane were coated with coordination polymer multilayers. For all examined membranes ion separation was successful. The highest separation factor α(NaCl/Na$_2$SO$_4$) of 3.6 was found for the Zn-**P2b** membrane.

Abkürzungsverzeichnis

A

Å	Angström
A	Membranfläche
AAM	Anionenaustauschermembran
Abb.	Abbildung
Abs.	Absorption
Abschn.	Abschnitt
ACN	Acetonitril
AIBN	α,α'-Azobisisobutyronitril
A_{max}	Absoprtionsmaximum
a.u.	arbitrary units

B

bzw.	beziehungsweise
B_i	Beweglichkeit einer Teilchensorte i
BIP	2,6-Bis(1-methyl-1*H*-benzo[*d*]imidazol-2-yl)pyridin
bs	breites Singulett

C

°C	Grad Celsius
c	Konzentration
cm	Zentimeter
cm^{-1}	Wellenzahl

D

d.h.	das heißt
D_i	Diffusionskoeffizient einer Teilchensorte i
DCM	Dichlormethan
DMF	Dimethylformamid
DMSO	Dimethylsulfoxid
d	Dicke der Membran
d	Dublett

dd — Dublett von Dublett

E

E — Extinktion
EtOH — Ethanol
e — Elementarladung

F

F — Faraday-Konstante
Δf — Frequenzänderung

G

G — Geometriefaktor
g — Gramm
GPC — Gelpermeationschromatographie
Gew.-% — Gewichtsprozent

H

h — Stunde
H_i — Henry-Koeffizient einer Teilchensorte i
HPLC — Hochleistungsflüssigkeitschromatographie (*high performance liquid chromatography*)

I

i — Stromdichte
ITO — Indiumzinnoxid

J

J_i — Fluss einer Komponente i
J_w — Wasserfluss

K

KAM — Kationenaustauschermembran

kg	Kilogramm
kV	Kilovolt

L

ℓ	Länge
L	Liter
LM	Lösungsmittel

M

µm	Mikrometer
mm	Millimeter
m	Masse
m	Meter
<u>m</u>	Multiplett
MeOH	Methanol
$MgSO_4$	Magnesiumsulfat
mg	Milligramm
min	Minute
mL	Milliliter
mmol	Millimol
mol-%	Mol-Prozent
M	molar
M_n	Zahlenmittel des Molekulargewichts
M_w	Gewichtsmittel des Molekulargewichts
MHz	Megahertz

N

N_2	Stickstoff
NaCl	Natriumchlorid
$NaHCO_3$	Natriumhydrogencarbonat
Na_2SO_4	Natriumsulfat
NIPAM	*N-Isopropylacrylamid*
ng	Nanogramm
nm	Nanometer

Np	Naphthalin
NMR	Kernspinresonanzspektroskopie (*nuclear magnetic resonance*)
Nr.	Nummer
N_v	Gesamtvolumenfluss

O

OAc	Acetat

P

PAA	Polyacrylsäure
PAH	Polyallylaminhydrochlorid
PAN	Polyacrylnitril
PDADMA	Polydimethylallylammoniumchlorid
PEI	Polyethylenimin
PET	Polyethylenterephthalat
PSS	Polystyrolsulfonat Natrium-Salz
PVS	Polyvinylsulfonat
PE	Polyelektrolyt
Pe	Perylen
Pd	Palladium
PD	Polydispersität
PF_6	Hexafluorophosphat
ppm	10^{-6} (*parts per million*)
Δp	Druckdifferenz
p	Druck
P_i	Permeabilität
P_R	Permeationsrate
Py	Pyren

Q

QCM	Quarzmikrowaage (*quarz crystal microbalance*)

R

RAFT	RAFT-Polymerisation (*reversible addition fragmentation chain transfer*)

r	Radius
R	Rückhalt
R	Gaskonstante
REM	Rasterelektronenmikroskopie
RT	Raumtemperatur

S

s	Sekunde
S	Selektivität
s	Singulett

T

t	Zeit
t_i	Transportkennwert
Tab.	Tabelle
TEA	Triethylamin
THF	Tetrahydrofuran
T	Temperatur
TPY	2,2':6,2''-Terpyridin
TFES	Trifluoressigsäure

U

UV/Vis	Ultraviolett-Visible

V

V	Volumen
V_0	Anfangsvolumen
v/v	Volumenverhältnis

Z

z	Wertigkeit
z.B.	zum Beispiel

α	Trennfaktor
δ	Deformationsschwingung
ε	Dielektrizitätskonstante
Λ	Leitfähigkeit
$Λ_{mol}$	molare Leitfähigkeit
$μ_i$	chemisches Potential einer Komponente i
η	dynamische Viskosität
π	Osmotischer Druck
ρ	Ladungsdichte
$τ_i$	Überführungszahl einer Teilchensorte i
ψ	Permselektivität

Inhaltsverzeichnis

1	**Einleitung**	1
2	**Theoretischer Teil**	4
2.1	Membranen	4
2.1.1	Definition	4
2.1.2	Historischer Exkurs	4
2.1.3	Klassifizierung von Membranen	5
2.1.4	Phaseninversionsprozess	8
2.1.5	Membrantrennverfahren	9
2.1.5.1	Porenmodell	10
2.1.5.2	Lösungs-Diffusions-Modell	11
2.1.6	Dialyse	14
2.1.7	Elektrodialyse	15
2.1.7.1	Ionenaustauschermembranen	16
2.1.7.2	Stofftransport	18
2.2	Radikalische Polymerisation	19
2.2.1	Freie radikalische Polymerisation	19
2.2.2	Kontrollierte radikalische Polymerisation	21
2.3	Supramolekulare Chemie	23
2.3.1	Bipyridin- und Terpyridin-Metall-Komplexe	23
2.3.2	Benzimidazolyl- und Benzothiazolylpyridin-Metall-Komplexe	27
2.4	Ultradünne Filme	30
2.4.1	Quarzmikrowaage	36
3	**Zielsetzung**	39
4	**Ergebnisse und Diskussion**	41
4.1	Verwendete Monomere	41
4.2	Darstellung und Charakterisierung von Copolymeren	43
4.2.1	Bestimmung der Copolymerzusammensetzung	45
4.2.2	Komplexbildungseigenschaften	49
4.2.2.1	Komplexbildung des Comonomers M1 mit Zinkacetat	50
4.2.2.2	Komplexbildung des Styrol-TPY-Copolymers P2a mit Zinkacetat	51
4.2.2.3	Komplexbildung des Comonomers M1 und NIPAM mit Zinkacetat	52
4.2.2.4	Komplexbildung des NIPAM-TPY-Copolymers P1b mit Zinkacetat	54

- 4.2.2.5 Komplexbildung des NIPAM-BIP-Copolymers P3b mit Kupfer(II)chlorid 55
- 4.2.2.6 Komplexbildung des Styrol-BIP-Copolymers P4a mit Kupfer(II)chlorid 57
- 4.2.2.7 Komplexbildung des Styrol-BIP-nonylacrylat Copolymers P5 mit Kupfer(II)chlorid 58
- 4.3 Herstellung und Charakterisierung von Koordinationspolymerfilmen 59
  - 4.3.1 Multischichten aus P1a und Zink- oder Kobaltacetat 60
  - 4.3.2 Multischichten aus P1b und Zink- oder Kobaltacetat 63
  - 4.3.3 Multischichten aus P2a und Zink- oder Kobaltacetat 64
  - 4.3.4 Multischichten aus P2b und Zinkacetat 65
  - 4.3.5 Multischichten aus P3a und Zink- oder Kupfer(II)chlorid 66
  - 4.3.6 Multischichten aus P3b und Zink- oder Kupfer(II)chlorid 68
  - 4.3.7 Multischichten aus P4a und Zink- oder Kupfer(II)chlorid 69
  - 4.3.8 Multischichten aus P4b und Zinkchlorid 71
  - 4.3.9 Multischichten aus P5 und Zink- oder Kupfer(II)chlorid 72
- 4.4 De- und Rekomplexierung der Zinkionen in Koordinationspolymer- filmen ... 73
  - 4.4.1 Entfernung der Zinkionen aus einem Zn-P1a-Film mit Wasser 75
  - 4.4.2 Entfernung der Zinkionen aus einem Zn-P1a-Film mit Natriumsulfat und Rekomplexierung mit Zinkacetat 76
  - 4.4.3 Entfernung der Zinkionen aus einem Zn-P2b-Film mit Wasser 77
  - 4.4.4 Entfernung der Zinkionen aus einem Zn-P2b-Film mit Natriumsulfat und Rekomplexierung mit Zinkacetat 78
- 4.5 QCM-Untersuchungen 79
  - 4.5.1 QCM-Untersuchungen mit P1a und Zinkacetat 81
    - 4.5.1.1 Entfernung der Zinkionen aus einem Zn-P1a-Film mit Wasser und Natriumsulfat 83
    - 4.5.1.2 Rekomplexierung des Zn-P1a-Fims mit Zinkacetat 84
  - 4.5.2 QCM-Untersuchungen mit P2b und Zinkacetat 85
    - 4.5.2.1 Entfernung der Zinkionen aus einem Zn-P2b-Film mit Wasser und Natriumsulfat 87
    - 4.5.2.2 Rekomplexierung des Zn-P2b-Fims mit Zinkacetat 88
  - 4.5.3 QCM-Untersuchungen zur Herstellung von Zn-P3a-Filmen 89
  - 4.5.4 QCM-Untersuchungen zur Herstellung von Zn-P4b-Filmen 91

4.6 Herstellung der Koordinationspolymermembranen und ihre Charakterisierung unter Dialysebedingungen 92
    4.6.1 Permeation von Alkali- und Erdalkalimetallchloriden durch Koordinationspolymermembranen 94
        4.6.1.1 Ionenpermeation durch Zn-P1a-Membranen 94
        4.6.1.2 Ionenpermeation durch Zn-P2a-Membranen 97
        4.6.1.3 Ionenpermeation durch Zn-P2b-Membranen 99
        4.6.1.4 Ionenpermeation durch Zn-P3a-Membranen 101
        4.6.1.5 Ionenpermeation durch Zn-P4b-Membranen 102
        4.6.1.6 Ionenpermeation durch Zn-P5-Membranen 104
    4.6.2 Permeation von Alkalimetallsalzen mit verschiedenen Anionen durch Koordinationspolymermembranen 105
    4.6.3 REM-Aufnahmen der Koordinationspolymermembranen 107
        4.6.3.1 REM-Aufnahmen der beschichteten Zn-P1a-Membranen.............. 107
        4.6.3.2 REM-Aufnahmen der beschichteten Zn-P2b-Membranen.............. 108
        4.6.3.3 REM-Aufnahmen der beschichteten Zn-P3a-Membranen.............. 108
        4.6.3.4 REM-Aufnahmen der beschichteten Zn-P4b-Membranen.............. 109

4.7 Permeation alkoholischer Salzlösungen 110
    4.7.1 Permeation durch Zn-P1a-Membran 111
    4.7.2 Permeation durch Zn-P2b-Membran 113
    4.7.3 Permeation durch Zn-P4b-Membran 115

4.8 Permeation von organischen Molekülen 118
    4.8.1 Permeation durch Koordinationspolymermembranen 119

4.9 Herstellung von Koordinationspolymermembranen für die Elektrodialyse und ihre Charakterisierung 122
    4.9.1 Elektrodialyse mit Kaliumpermanganat 122
    4.9.2 Einfluss der Spannung auf die Dauer der Elektrodialyse 124
    4.9.3 Elektrodialyse durch Zn-P1a-Membranen 125
        4.9.3.1 Permeation von Natrium- bzw. Magnesiumchlorid durch Zn-P1a-Membran 126
        4.9.3.2 Permeation von Natriumchlorid bzw. -sulfat durch Zn-P1a-Membran 128
    4.9.4 Elektrodialyse durch Zn-P2b-Membranen 129

  4.9.4.1 Permeation von Natrium- bzw. Magnesiumchlorid durch Zn-P2b-Membran 130

  4.9.4.2 Permeation von Natriumchlorid bzw. -sulfat durch Zn-P2b-Membran 132

 4.9.5 Elektrodialyse durch Zn-P4b-Membranen 133

  4.9.5.1 Permeation von Natrium- bzw. Magnesiumchlorid durch Zn-P4b-Membran 133

  4.9.5.2 Permeation von Natriumchlorid bzw. -sulfat durch Zn-P4b-Membran 134

5 Experimenteller Teil 137

 5.1 Verwendete Chemikalien 137

 5.2 Synthesen 139

  5.2.1 Synthese von 4'-Vinyl-2,2':6'2''-terpyridin 139

  5.2.2 Synthese von Poly[(4'-vinyl-2,2':6'2''-terpyridin)-co-NIPAM] P1a (10:1)[138] 143

  5.2.3 Synthese von Poly[(4'-vinyl-2,2':6'2''-terpyridin)-co-NIPAM] P1b (20:1)[138] 144

  5.2.4 Synthese von Poly[(4'-vinyl-2,2':6'2''-terpyridin)-co-Styrol] P2a (10:1)[138] 144

  5.2.5 Synthese von Poly[(4'-vinyl-2,2':6'2''-terpyridin)-co-Styrol] P2b (20:1)[138] 145

  5.2.6 Synthese von 2,6-bis((1-methyl-1H-benzo[d]imidazol-2-yl)pyridin-4-yloxy)methacrylat 146

  5.2.7 Synthese von Poly[(2,6-bis((1-methyl-1H-benzo[d]imidazol-2-yl)pyridin-4-yloxy)methacrylat)-co-NIPAM] P3a (10:1)[137] 148

  5.2.8 Synthese von Poly[(2,6-bis((1-methyl-1H-benzo[d]imidazol-2-yl)pyridin-4-yloxy)methacrylat)-co-NIPAM] P3b (20:1)[138] 149

  5.2.9 Synthese von Poly[(2,6-bis((1-methyl-1H-benzo[d]imidazol-2-yl)pyridin-4-yloxy)methacrylat)-co-Styrol] P4a (10:1)[138] 150

  5.2.10 Synthese von Poly[(2,6-bis((1-methyl-1H-benzo[d]imidazol-2-yl)pyridin-4-yloxy)methacrylat)-co-Styrol] P4b (20:1)[138] 151

  5.2.11 Synthese von 9-(2,6-bis(1-methyl-1H-benzo[d]imidazol-2-yl)pyridin-4-yloxy)nonylacrylat 152

    5.2.12   Synthese von Poly[9-(2,6-bis(1-methyl-1H-benzo[d]imidazol-2-yl)pyridin-4-yloxy)nonylacrylat)-co-Styrol] P5 (12:1)[148] 155

 5.3   Arbeitsmethoden und Messgeräte 156

    5.3.1   Reinigung und Vorbehandlung der Quarzsubstrate 156

    5.3.2   Multischichtaufbau auf Quarzsubstraten 157

    5.3.3   Reinigung und Vorbehandlung der Quarzsensoren 158

    5.3.4   Multischichtaufbau auf Quarzsensoren 159

    5.3.5   PAN/PET-Trägermembran 159

    5.3.6   Ionenaustauschermembranen 160

    5.3.7   Herstellung der Koordinationspolymermembranen 160

    5.3.8   Kernresonanzspektroskopie 161

    5.3.9   UV/Vis-Spektroskopie 161

    5.3.10 Quarzmikrowaage 162

    5.3.11 Gelpermeationschromatographie 162

    5.3.12 Energiedispersive Röntgenspektroskopie 163

    5.3.13 Rasterelektronenmikroskopie 163

    5.3.14 Profilometrie (Schichtdickemessung) 164

    5.3.15 Schmelzpunktbestimmung 164

    5.3.16 Ionenpermeation 164

    5.3.17 Ionenpermeation in alkoholischen Lösungen 165

    5.3.18 Permeation von organischen Molekülen 165

    5.3.19 Elektrodialyse 166

6   Zusammenfassung 167

7   Ausblick 170

8   Literaturverzeichnis 171

1 Einleitung

Durch die Selbstverpflichtung zahlreicher UN-Staaten, in den kommenden Jahren die CO_2-Emissionen signifikant zu reduzieren, erlangt die Anwendung von energiesparenden und umweltschonenden Verfahren bei der Versorgung mit lebenswichtigen Ressourcen eine zunehmende Bedeutung. Das Erreichen solcher Ziele wird in Bereichen wie Medizin,[1,2] Trinkwasseraufbereitung[3,4] und Lebensmittelindustrie,[5] aber auch durch den Einsatz von Membranen für den Klimaschutz[6-9] ermöglicht. Darüber hinaus gibt es großtechnische Anwendungsgebiete wie Abwasseraufbereitung,[10] Meerwasserentsalzung,[11-13] Filtration,[14] Elektrodialyse[15] und Brennstoffzellen.[16] Membranverfahren zeigen hohe Trennleistungen und haben sich aufgrund ihrer energie- und umweltschonenden Prozessführung als interessante und kostengünstige Alternative gegenüber konventionellen Trennverfahren wie Destillation, Verdampfung oder Chromatographie bewährt. Hierbei stellt die Entwicklung von leistungsstarken Membranen die Wissenschaft und Technik vor immer neue Herausforderungen. Das Trennverhalten einer effizienten Membran zeichnet sich durch einen hohen Permeatfluss und eine hohe Selektivität aus. Da die Flussrate einer permeierenden Komponente durch die Membran umgekehrt proportional zur Dicke der Trennschicht ist, sollten Membranen für die technologische Anwendung möglichst dünn sein. Eine geringe Dicke und ein hoher Fluss lassen sich in asymmetrischen Kompositmembranen kombinieren, die aus einer hochporösen Stützmembran bestehen, auf die eine dünne, porenfreie aktive Schicht aufgebracht ist.[17,18]

Anfang der 1990er Jahre entwickelten *G. Decher et al.* erstmals eine Technik zur Erzeugung von ultradünnen Filmen, die eine Dicke im Nanometerbereich besitzen, durch elektrostatische Schicht-für-Schicht-Adsorption von kationischen und anionischen Komponenten auf vorbehandelten Substraten.[19-23] Die Methode beruht auf Physisorption und ermöglicht durch alternierende elektrostatische Adsorption von entgegengesetzt geladenen Polyelektrolyten die Bildung eines Polyelektrolyt-Komplexes. Durch dieses Verfahren wird die Herstellung von ultradünnen, selektiven Trennschichten auf einer porösen Trägermembran auf einfache Weise möglich.

Einleitung

Das Trennverhalten von ultradünnen, durch Schicht-für-Schicht-Adsorption hergestellten Polyelektrolytmembranen ist Gegenstand zahlreicher Arbeiten. Erste Untersuchungen an Membranen aus Polyallylaminhydrochlorid (**PAH**) und Polystyrolsulfonat (**PSS**) beschäftigten sich mit Gaspermeationsmessungen von H_2/O_2- und H_2/N_2-Gemischen sowie deren Trennung.[24] Des Weiteren gelang *van Ackern et al.* die Trennung von Alkohol/Wasser-Gemischen unter Pervaporationsbedingungen.[25,26] Als Fortsetzung dieser Arbeiten haben *Krasemann et al.* erstmals gezeigt, dass mit **PAH** und **PSS** beschichtete PAN/PET-Trägermembranen zur selektiven Trennung von ein- und zweiwertigen Ionen in wässriger Lösung unter Dialysebedingungen geeignet sind.[27-29] Der druckgetriebene Transport von Ionen unter Nanofiltrations- und Reversosmosebedingungen wurde ebenfalls untersucht.[30-33] In weiterführenden Arbeiten stellten *Hoffmann et al.* Trennmembranen aus Makrozyklen, Polyelektrolyten und Polyelektrolyt-Mischungen her und charakterisierten sie.[34-37]

Alternativ können ultradünne Filme aus linearen Koordinationspolymeren oder Koordinationspolymernetzwerken durch einen koordinativen Schicht-für-Schicht-Aufbau hergestellt werden.[38] Die Adsorption erfolgt über rein koordinative Wechselwirkungen zwischen den Metallionen und den Ligandengruppen der Polymere. Im Jahr 2000 wurden von *Jones et al.* die ersten rein koordinativ erzeugten Multischichtfilme beschrieben.[39] Eine Reihe von linearen Koordinationspolymeren mit ditopischen Liganden wie z.B. Porphyrin,[39] Bipyridin[40] und Terpyridin,[41] die sehr stabile Übergangsmetallkomplexe bilden, wurde in solchen Filmen untersucht. *A. Maier et al.* stellten im Jahre 2009 elektrochrome und elektrolumineszierende Koordinationspolymerfilme aus Polyiminoarylenen mit Terpyridin-Liganden in der Seitenkette her und charakterisierten sie weitgehend.[42-44] Ferner gelang es, fluoreszierende Filme aus Metallionenkomplexen konjugierter Polymere mit Benzimidazolylpyridin-Liganden[45,46] sowie auch doppelt elektrochrome Filme herzustellen, in denen nicht nur die Koordinationspolymere, sondern auch die organischen Gegenionen der komplexierten Metallionen elektrochrome Eigenschaften aufweisen.[47]

Die vorliegende Arbeit befasst sich mit der Herstellung und Charakterisierung von ultradünnen Filmen und Membranen, die aus Koordinationspolymeren aufgebaut sind. Anders als bisher sollten Copolymere mit nicht-π-konjugierter Hauptkette verwendet werden, die **TPY**- bzw. **BIP**-haltige Ligandengruppen als Substituenten enthalten. Die

Einleitung

Polymere werden durch kontrollierte radikalische Polymerisation synthetisiert. Die einfache Synthese bietet die Möglichkeit, Copolymere aus ligandenhaltigen und ligandenfreien Comonomeren herzustellen. Durch die Wahl des ligandenfreien Comonomeren lassen sich hydrophile Polymere (z.B. mit **NIPAM** als Comonomer) bis hydrophobe Polymere (z.B. mit **Styrol** als Comonomer) darstellen. Im Mittelpunkt dieser Arbeit stehen die Herstellung ultradünner Koordinationspolymerfilme und -membranen sowie die Untersuchung ihrer Transporteigenschaften für Ionen und kleine Moleküle unter Bedingungen der Diffusions- und Elektrodialyse.

2 Theoretischer Teil

2.1 Membranen

2.1.1 Definition

Als Membran wird eine dünne, semipermeable Schicht bezeichnet, die nicht nur zum Schutz vor äußeren Einwirkungen, sondern auch zu klassischen Trennoperationen von flüssigen und gasförmigen Mehrstoffgemischen dient.[48] Die biologische Zellmembran, die als Reaktionsort für lebenswichtige Prozesse wie die Versorgung der Zellen mit Nährstoffen, den Abtransport von Schadstoffen und die Signalübertragung angesehen wird, ist eine wichtige Voraussetzung für die Existenz von höheren Lebensformen auf der Erde. Die hohe Effizienz biologischer Membranen ruft ein wissenschaftliches Interesse zur Herstellung synthetischer und dünner Membranen und zur Entwicklung chemischer Verfahrenstechniken mit entsprechender Selektivität und Funktionalität hervor.

2.1.2 Historischer Exkurs

Im Jahre 1748 führte der Abt *Nollet* erstmals Versuche zur Stofftrennung mit natürlichen Membranen durch, mit denen das Phänomen der Osmose entdeckt wurde und die historische Entwicklung der Membranseparationstechnik begann. Er nutzte das Prinzip der Stofftrennung durch eine Schweinsblase, die er als Membran einsetzte.[49] 1830 beobachtete *Mitchell*, wie ein mit Wasserstoff gefüllter Naturkautschukballon seinen Inhalt langsam verliert.[50] Mit der Entdeckung der Permeabilität von Polymeren für Gase gewann die Idee einer künstlichen Diffusionsbarriere an Bedeutung. Knapp fünfundzwanzig Jahre später wurde die makroskopische Theorie der Diffusionsvorgänge vom deutschen Physiker *Adolf Fick* geliefert, indem er die Gasdiffusion durch Cellulosenitratmembranen untersuchte und den transmembranen Materiefluss mit dem ersten Fick'schen Gesetz beschrieb.[51,52] Den Grundstein für die Permeation verschiedener Gase durch eine Gummimembran legte jedoch der britische Physiker im Jahre 1866. Aufgrund eines Experiments, bei dem die Geschwindigkeit der Gasdiffusion durch den Naturkautschuk nicht mit den bekannten Gasdiffusionskonstanten korrelierte, folgerte er, dass die Mechanismen der Gummimembranen eine entscheidende Rolle bei der selektiven Gastrennung gespielt haben. So entwickelte *Thomas Graham* das bis heute noch geltende Lösungs-Diffusions-Modell zur Erklärung der Permeation von gasförmigen und flüssigen Stoffen durch nichtporöse Kautschukfilme.[53] Erst im Jahr 1877 wurde die Idee eines quantitativen Umsetzens der Osmose von *Wilhelm Pfeffer* erneut aufgegriffen. Im Mittelpunkt stand das von *Moritz Traube* vorgeschlagene Prinzip der Herstellung von künstlichen Membranen. Bei der Pfefferschen Zelle wurde ein unglasiertes Tongefäß zunächst in eine Lösung aus Kupfersulfat und dann in eine Lösung gelben Blutlaugensalzes getaucht, wodurch sich eine semipermeable Membran aus Kupfer(II)-hexacyanoferrat(II) in den Poren des Tonzylinders bildete.[54] 1907 beschäftigte sich *Bechtold* mit der Entwicklung von Nitrocellulose-Membranen mit verschiedenen Permeabilitäten. Zwanzig Jahre später wurde die Herstellung synthetischer Membranen durch die Firma *Sartorius* industriell umgesetzt, wobei der Chemie-Nobelpreisträger *Richard Zsigmondy* und *Wilhelm Bachmann* an der kommerziellen Herstellung von Ultrafiltrationsmembranen entscheidend mitwirkten.[55,56] Den Beginn der Entwicklung leistungsfähiger Dialysatoren markiert das von *Thalheimer* 1938 erfundene Cellophan als semipermeables Membranmaterial mit besseren Leistungsmerkmalen sowie die Forschungsarbeiten von *Loeb* und *Sourirajan* zu den asymmetrischen Celluloseacetat-Membranen mit einer dünnen trennaktiven Schicht (bis 0,5 µm).[57,58] Die hochporöse Trägermatrix der Membranen gab einen entscheidenden Anstoß zur technischen Anwendung der Reversosmose, die im Gegensatz zu anderen Entsalzungsverfahren wie z.B. der Destillation ohne Phasenumwandlung verläuft.

2.1.3 Klassifizierung von Membranen

Eine Membran, die in ihrer Beschaffenheit heterogen oder homogen vorliegen kann, ist im Allgemeinen eine teildurchlässige Zwischenphase zwischen zwei weiteren flüssigen oder gasförmigen Phasen. Eine solche Membran trennt die beiden benachbarten, sich berührende Komponenten voneinander und stellt aufgrund des Konzentrationsgradienten für die Inhaltsstoffe eine mehr oder weniger leicht passierbare Barriere dar. Auf diese Weise findet eine Permeation der Stoffe durch die Membran statt. Als eine selektive Stoffbarriere wirkt die Membran dann, wenn eine Substanz leichter als die andere durch diese Zwischenphase permeiert. Hierbei kann in den kontinuierlich durchströmten Membrananordnungen das abgetrennte Produkt je nach Selektivität der Membran im Permeat oder im Retentat vorliegen.

Theoretischer Teil

Bei einer groben Klassifikation können Membranen als biologische und als synthetische Membranen eingeteilt werden. Ebenso wie natürliche Membranen je nach Funktionalität unterschiedlich aufgebaut sind, unterscheiden sich die synthetischen Membranen hinsichtlich ihrer Struktur, ihrer Funktion und der Vielfalt der Trennaufgaben stark voneinander.[59] Abgesehen von den für den Stofftransport verantwortlichen Mechanismen beziehen sich weitere Möglichkeiten der Klassifikation von synthetischen Membranen auf das Material, aus dem Membranen bestehen können (Polymermembranen, keramische und metallische Membranen) oder auf ihren Aggregatzustand (Kristall, Gel, Flüssigkeit).[60] In Abbildung 2.1 ist ein allgemeiner Überblick über Herkunft, Materialien, Morphologie und Herstellung von Membranen gegeben.

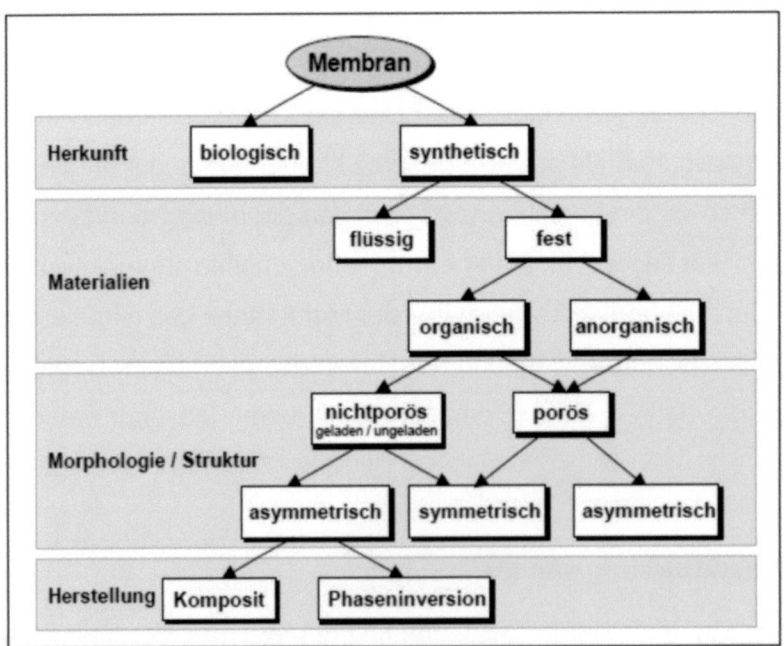

Abbildung 2.1: Klassifizierung von Membranen (entnommen aus der Literatur 31, Abb. 2.2, modifiziert nach 48, Abb. 2.1).

Für industrielle Zwecke gewinnt der Einsatz von synthetischen, festen, meist passiv wirkenden Trennschichten, die aus organischen und anorganischen Materialien hergestellt werden, immer mehr an Bedeutung. Die verwendeten Membranen werden einerseits nach der Geometrie der Poren, sprich ihrer Form und Abmessung, andererseits nach der Dicke der Trennschicht charakterisiert.[48] Wenn die Trennschichten mikroskopisch zu erkennende Poren aufweisen, dann spricht man von Porenmembranen, die je nach Porengröße sehr praxisbezogen entweder eine Mikro- oder Ultrafiltration ermöglichen. Wenn anderseits die Membranen porenfrei sind, dann sind sie „dicht". Die nichtporösen Membranen der Nanofiltration werden für die Abtrennung einwertiger von mehrwertigen Ionen eingesetzt.[61] In beiden Fällen erfolgt eine weitere Klassifikation nach ihrer Struktur, indem sie symmetrisch oder asymmetrisch aufgebaut sein können, was für jeden spezifischen Trennprozess eine Optimierung erfordert. Asymmetrische Membranen, die wegen ihrer geringen Dicke einen hohen Fluss aufweisen, bestehen aus einer dünnen trennenden Schicht, der eigentlichen Membran, die in eine grobporige feste Stützschicht übergeht.[17] Abbildung 2.2 zeigt die REM-Aufnahmen des Querschnitts einer asymmetrischen Polyacrylnitril/Polyethylenterephthalat-Membran (PAN/PET) und ihrer Oberfläche.

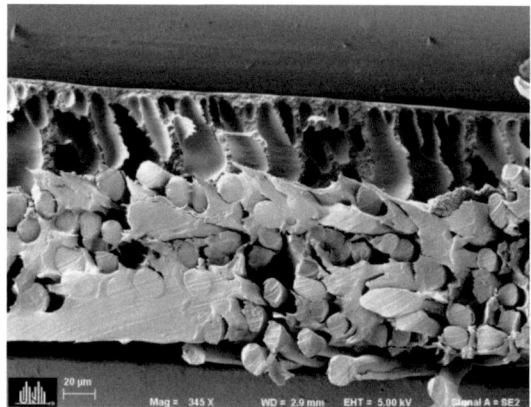 

Abbildung 2.2: REM-Aufnahmen des Querschnitts einer asymmetrischen PAN/PET-Membran (links) und ihrer Oberfläche (rechts).

Asymmetrische Membranen können im Verfahren der Phaseninversion durch Fällung einer homogenen Polymerlösung in einem Schritt hergestellt werden, wobei sich deren aktive Schicht und die Stützschicht aus demselben Material zusammensetzen. Bei der Herstellung der sogenannten „Kompositmembranen" wird ein Verfahren verwendet, bei dem eine poröse Stützschicht nachträglich mit einer dünnen, porenfreien Trennmembran beschichtet wird.[62] Diese Kompositmembranen bestehen aus zwei bis drei verschiedenen Polymeren, so dass man durch die Wahl von unterschiedlichen Materialien die Membraneigenschaften besser variieren und für die Anwendung optimieren kann.

Theoretischer Teil

2.1.4 Phaseninversionsprozess

Eine weitere Methode zur Herstellung von Polymermembranen hat sich mit Hilfe der Phasenseparation etabliert, die entweder durch einen thermischen Einwirkungsprozess auf die thermodynamisch instabile Polymerlösung oder durch eine isotherme Phaseninversion, den sogenannten „Nass-Prozess", zustande kommt.[63] Die durch den „Nass-Prozess" hergestellten Membranen sind vor allem für die Industrie von großem wirtschaftlichen Interesse, da sie meistens eine asymmetrische Struktur aufweisen und daher hohe Flüsse und enorme Druckstabilität ermöglichen.[64] Die erste Membrandarstellung, die mit Hilfe des Phaseninversionsprozesses hergestellt wurde und entscheidend zum heutigen bekannten Prozess beigetragen hat, hatten *Loeb* und *Sourirajan* in den frühen 1960er Jahren entwickelt.[57,65,66] Beim innovativen Ablauf der Phaseninversion wird eine ursprünglich homogene Polymerlösung durch einen Ausfällungsprozess in ein zweiphasiges System − eine polymerreiche, erstarrte und eine polymerarme, flüssige Phase − überführt, wobei die Letztere zur Bildung der späteren Porenstruktur führt. Diese durch den Phaseninversionsprozess gebildete Struktur ist von der Wahl des Polymers,[67] seiner Konzentration im Lösungsmittel und von der Viskosität des Lösungsmittels abhängig,[68-71] aber auch von der Diffusionsgeschwindigkeit des Nicht-Lösungsmittels in die polymerarme Phase.[70,72] Die polymerreiche Phase bildet dagegen die poröse Membranmatrix. Der Phaseninversionsprozess funktioniert nach folgendem technischen Ablauf:[73,74] Zunächst wird eine viskose Polymerlösung auf einem Trägermaterial zu einem dünnen Polymerfilm mit einer Dicke zwischen 50 und 500 µm ausgestrichen. Anschließend wird dieser in ein Fällbad getaucht, das ein Nicht-Lösungsmittel enthält. Die Phasentrennung in eine polymerreiche und eine polymerarme Phase wird durch den Austausch des Lösungsmittels durch ein Nicht-Lösungsmittel (meist Wasser), die mischbar sein müssen, induziert. Dies geschieht, indem das Lösungsmittel in das Fällbad diffundiert und das Nicht-Lösungsmittel − in den Film. Die durch den Austausch resultierende „integral asymmetrische" Membran besteht daher aus einer dünnen, porenstrukturierten Schicht und einer porösen Unterstruktur. Eine weitere Methode der Phasenseparation ist für schwer lösliche Polymere wie z.B. Polypropylen interessant. Sie bezieht sich, wie es am Anfang schon kurz erwähnt wurde, auf eine durch den thermischen Prozess in der Polymerlösung initiierte Instabilität. Eine durch Temperaturänderung induzierte Phasenseparation, bei der eine niedermolekulare organische Verbindung als Lösungsmittel bei einer hohen Temperatur und

Theoretischer Teil

das Nicht-Lösungsmittel bei einer niedrigeren Temperatur vorliegen, führt dagegen zu isotropen Membranstrukturen.[75]

2.1.5 Membrantrennverfahren

In den letzten Jahren finden Membrantrennprozesse, die eine umweltschonendere und ökonomisch attraktive Alternative zu den herkömmlichen Trennverfahren (z.B. Destillation oder Absorption) darstellen, immer mehr Beachtung. Sehr wichtig für rein physikalisch arbeitende Membrantrennverfahren ist der Einsatz von materialschonenden Membranen, mit deren Hilfe die zu trennenden Stoffe weder thermisch noch chemisch verändert werden. Die Integration einer chemischen Reaktion in die selektive und rein physikalische Stofftrennung über eine Membran bietet heutzutage zahlreiche Vorteile gegenüber klassischen Prozessen, sodass diese zu beachtlichen Fortschritten beispielsweise in der Medizin- und Umwelttechnik geführt haben.[76]

Grundvoraussetzung für einen erfolgreichen Membrantrennprozess ist die Optimierung von den folgenden Eigenschaften der Membran:[48]

- Der Selektivität, d.h. der Fähigkeit der Membran, einzelne Komponenten einer Mischung voneinander zu trennen, z.B. Alkohol und Wasser oder Ionen und Wasser;

- Der sich aus dem Produkt von Selektivität und Fluss ergebenden Leistungsfähigkeit der Membran, d.h. des zu erzielenden Permeatflusses unter bestimmten Bedingungen.

Die Selektivität einer Membran ist für ein Membranverfahren von größerer Bedeutung als die an der zweiten Stelle aufgeführte Effizienz, da der geringere Fluss relativ leicht durch eine Vergrößerung der Membranfläche ausgeglichen werden kann.

Bei der Beschreibung des Stofftransports durch die Membran gibt es zwei Parameter des Modells, die eine physikalische Bedeutung haben: Zum einen geht es um einen größenselektiven Stofftransportvorgang durch die Poren einer Membran und zum anderen um die selektiven Transportmechanismen infolge unterschiedlicher Diffusion und Löslichkeit der Stoffe in der Membran.[48]

Theoretischer Teil

Die einfachsten Beispiele unter den genannten phänomenologischen Betrachtungsweisen der Modellvorstellungen sind das „Porenmodell" und das "Lösungs-Diffusions-Modell", die im Weiteren ausführlich erläutert werden.

2.1.5.1 Porenmodell

Das Porenmodell beruht auf der Vorstellung, dass eine Membran eine dünne, mit zylindrischen Poren versehene Schicht ist, die ein System parallel geschalteter Kapillaren bildet. In der Regel findet der Stofftransport über die Konvektion der gelösten Teilchen durch die Poren mit einem einheitlichen Porenradius statt.[61] So geht man bei diesem Modell davon aus, dass die Lösung stark verdünnt ist und die Bewegung der gelösten Teilchen unabhängig voneinander erfolgt. Der im Porenraum stattfindende Stofftransport, der Gesamtvolumenfluss N_V durch die Membran, kann durch das Hagen-Poiseuillesche-Gesetz definiert werden, wobei die Länge der Kapillaren ℓ der Membrandicke entspricht:[77]

$$N_V = \frac{Gr^4 \varepsilon}{8\eta l} \cdot \Delta p \qquad (2.1)$$

Hierin bezeichnet G einen Geometriefaktor, der vom Grad der Porosität und von der Porenverteilung abhängt, r ist der mittlerer Porenradius der Membran, η die dynamische Viskosität der Lösung, ℓ die Länge der Membran und Δp die Differenz zwischen angelegtem und osmotischem Druck. Durch die Porosität der Membran ε, die sich aus dem Quotient des Porenvolumens V_{Por} und des Gesamtvolumens V_{Ges} ergibt, wird die Membranstruktur charakterisiert:

$$\varepsilon = \frac{V_{Por}}{V_{Ges}} \qquad (2.2)$$

Der Selektivität der Porenmembran liegt im einfachsten Fall die Annahme des Siebeffektes zugrunde. Er ist durch einen linearen Zusammenhang zwischen dem Permeatfluss und der Druck- oder Konzentrationsdifferenz zu beiden Seiten der Membran im Sinne der treibenden Kraft zu erklären. Der Porendurchmesser d_{Por} der Membran und die Größe der abzutrennenden Teilchen wirken im Ganzen als Ausschlussfilter, das die Selektivität einer Porenmembran bestimmt: In Abhängigkeit vom Konzentrationsunterschied und vom konvektiven Lösungsmittelstrom passieren diejenigen Komponenten die Membran, die kleiner als der Porendurchmesser sind. Solche, die größer sind, werden vollständig zurückgehalten. Im Fall, dass die Poren- und Teilchendurchmesser in einem gleichen Bereich liegen, werden die Moleküle aufgrund der Porengrößenverteilung teils zurückgehalten und teils durch die Poren transportiert.[48] In Abbildung 2.3 ist eine schematische Darstellung des Porenmodells wiedergegeben.

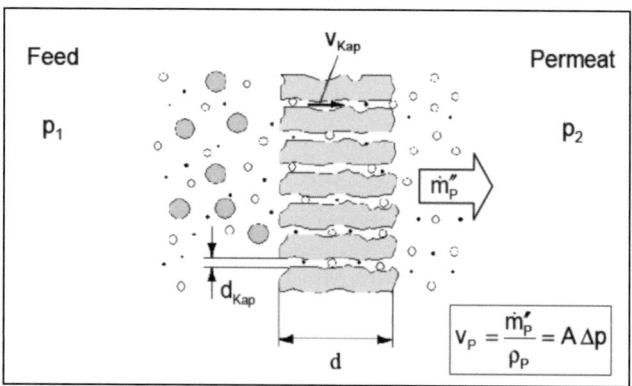

Abbildung 2.3: Schematische Darstellung des Porenmodells (entnommen aus der Literatur 48, Abb. 3.5).

2.1.5.2 Lösungs-Diffusions-Modell

Das Lösungs-Diffusions-Modell beschreibt einen rein diffusiven, per Sorption stattfindenden Stofftransport durch nichtporöse Membranen entlang der treibenden Kraft und findet seine praktische Verwendung in Umkehrosmosemembranen und bei der Gaspermeation. Die Trenncharakteristik lässt sich anhand des Modells einer Zwei-Zonenmembran beschreiben, die aus einer dichten Lösungs-Diffusionsschicht und einer porösen Stützschicht zur Stabilisierung der ersten, aktiven Schicht besteht. Auf Basis dieses Modells ist die Selektivität von Membranen S durch den Quotienten der Produkte aus Henry-Koeffizient H und Diffusionskoeffizient D der Komponenten i und j definiert.[78]

$$S \approx D_i H_i / D_j H_j \qquad (2.3)$$

Als Grundlage des Modells fungiert eine geringe Konzentration der Moleküle in der homogenen Lipiddoppelschicht, sodass eine asymmetrische Membran die Form einer realen Flüssigkeit annimmt, in der sich die permeierenden Stoffe lösen und entlang des negativen Gradienten transportiert werden. Für den Stofftransport wirkt in diesem Fall ein Konzentrationsgradient des chemischen Potentials μ_i in der Membranphase als thermodynamische Triebkraft durch die dichte Polymermembran.

Die allgemeine Transportgleichung für einen rein diffusiven Transport, bei dem der Fluss J_i nur in Richtung des abnehmenden Potentials erfolgt, lautet demnach:

Fluss = Konzentration • Beweglichkeit • Triebkraft,

$$J_i = c_i B_i \frac{d\mu_i}{dx} \qquad (2.4)$$

Die mathematischen Zusammenhänge der Membrangeometrie und des diffusiven Transports werden wie folgt durch miteinander interagierende Größen analysiert: Die Konzentration wird hier in Bezug auf die Menge des von der Lösungsmembran aufgenommenen Permeanden beschrieben. Sie hängt von den Eigenschaften der Membran sowie den thermodynamischen Bedingungen ab. Die Triebkraft erscheint hier als eine reine Prozessvariable, da sie von Temperatur T, Druck p und Konzentration c in den beiden äußeren Phasen abhängig ist. Die Beweglichkeit stellt ein Maß für die Mobilitätsfreiheit eines permeierenden Moleküls innerhalb des Polymers dar, was im Wesentlichen von den Eigenschaften der Membran abhängig ist.[79]

Die Beschreibung des Lösungs-Diffusions-Modells basiert auf weiteren folgenden Annahmen:[48]

- Die Membran wird als kontinuierlich betrachtet;
- In Bezug auf einzelne Komponenten herrscht an den Phasengrenzen ein chemisches Gleichgewicht;
- Die Kopplung zwischen den Partialflüssen wird vernachlässigt.

Mit der Formulierung des Stofftransports mittels des Lösungs-Diffusions-Mechanismus bietet sich eine universelle Möglichkeit an, Membrantransportvorgänge in fünf Schritten zu beschreiben.[80] Der erste Schritt beruht auf den grundlegenden Überlegungen zu einer selektiven Sorption der einzelnen Komponenten an die Membran, die dann dort gelöst werden. Nach dem selektiven, geschwindigkeitsbestimmenden Diffusionsvorgang entlang eines Konzentrationsgefälles erfolgt als weiterer Schritt das Austreten der Komponenten auf der Permeatseite, wobei eine nichtselektive Desorption stattfindet.[81]

Für die vollständige Modellierung des Stofftransports durch Membranen sind neben den Löslichkeiten S_i noch die Diffusionsgeschwindigkeiten D_i der Feedkomponenten i zu berücksichtigen. Entsprechend ergibt sich aus dem Produkt von D_i und S_i einer Komponente i in der Polymermatrix die Permeabilität P_i:

$$P_i = D_i \cdot S_i \qquad (2.5)$$

Zur allgemeinen Beschreibung des Stofftransportes in der Membran wird die Permeation eines Stoffes J_i hinzugezogen, die zum Diffusionskoeffizienten D_i der Komponente i und dem Konzentrationsunterschied dc_i der permeierenden Komponente i über die Membrandicke dx proportional ist. Sie wird durch das erste Fick'sche Gesetz beschrieben:[82,83]

$$J_i = -D_i \frac{dc_i}{dx} \qquad (2.6)$$

Im Falle einer nicht-idealen Lösung ist der Diffusionskoeffizient von der Konzentration c abhängig, sodass die Nernst-Einstein-Beziehung zwischen der thermodynamischen Diffusionskonstanten und der Beweglichkeit einer Teilchensorte B_i

$$D_i = RT\, B_i \qquad (2.7)$$

eine erweiterte Diffusions-Gleichung nach dem Lösungs-Diffusions-Modell liefert:[84]

$$J_i = -c_i \frac{D_i}{RT} \frac{d\mu_i}{dx}. \qquad (2.8)$$

Die entscheidenden Unterschiede für jeweilige Membrantrennverfahren liegen dabei in der Potentialdifferenz und in den Zustandsformen zwischen den beiden Seiten der Membran. Außerdem ist der Tabelle 2.1 zu entnehmen, dass ein Membranprozess und seine Anwendung stark mit den Eigenschaften der verwendeten Membran zusammenhängen. Der Einsatz von porösen Membranen erfolgt hauptsächlich in Verfahren wie Ultra-, Mikrofiltration und Dialyse. Bei Nanofiltration, Reversosmose, Pervaporation und Gaspermeation kommt den elektrisch neutralen und dichten Membranen eine Schlüsselstellung zu. Dagegen werden bei der Elektrodialyse geladene und dichte Membranen verwendet.

In Tabelle 2.1 sind die gängigen industriellen Membranverfahren zusammengefasst.

Tabelle 2.1: Die gängigen Membranverfahren und ihre Anwendungsgebiete.[37,85]

Verfahren	Membrantyp	Triebkraft	Anwendung
Mikrofiltration	Symmetrisch / asymmetrisch mikroporös	Δp <5 bar	Sterilfiltration
Ultrafiltration	Asymmetrisch Mikroporös	Δp <10 bar	Abtrennung makromol. Lösungen
Nanofiltration	Asymmetrisch	Δp <30 bar	Abtrennung von Ionen und kleinen organischen Molekülen
Reversosmose	Asymmetrisch, Komposit	Δp <100 bar	Abtrennung von Ionen und Mikromolekülen
Gaspermeation	Asymmetrisch, Komposit	Δp Δc	Trennung von Gasgemischen
Dialyse	Symmetrisch	Δc	Abtrennung von Ionen und Mikromolekülen aus makromol. Lösungen
Pervaporation	Asymmetrisch, Komposit	Δc Δp_i	Trennung von flüchtigen Flüssigkeiten
Elektrodialyse	Ionentauscher, mikroporöse Polymere	E-Feld	Trennung von Ionen und nicht geladenen Molekülen

Die im Rahmen dieser Arbeit verwendeten Membranverfahren Dialyse und Elektrodialyse werden im Folgenden näher erläutert.

2.1.6 Dialyse

Als Dialyse wird ein konzentrationsgetriebener Membranprozess bezeichnet, der dazu dient, niedermolekulare Ionen und Neutralteilchen, wie zum Beispiel Salze oder Zucker, aus Lösungen zu entfernen. Die treibende Kraft für den Durchtritt durch eine Dialysemembran ist der Konzentrationsgradient zweier Lösungen zu beiden Seiten der Membran. Der Vorgang verläuft unter spontaner, irreversibler Diffusion aufgrund unterschiedlicher Diffusionsgeschwindigkeiten in der Membran. Die Dialyse gehört zu den kostengünstigen und umweltschonenden Membranverfahren, da sie bei Standarddruck und Raumtemperatur durchgeführt werden kann. Der Fluss eines gelösten Stoffes durch eine Membran ist proportional zur Konzentrationsdifferenz Δc:[86]

$$J_i = \frac{D_0 A}{d} \Delta c, \qquad (2.9)$$

wobei D_0 die Diffusionskonstante, A die Membranfläche und d die Dicke der Membran sind.

Bei der Dialyse tritt neben der Diffusion aufgrund des Konzentrationsgradienten auch Osmose auf, da der osmotische Druck im Vergleich zur Reversosmose und Nanofiltration nicht durch einen Gegendruck ausgeglichen wird. Bei der Ionenpermeation wird infolge der Osmose die Konzentration auf der Feedseite (Salzlösung) erniedrigt und auf der Permeatseite (reines Wasser) erhöht. Durch Permeation von Wassermolekülen kommt es zu einer Verdünnung der Salzlösung und dadurch zur Verringerung des Konzentrationsgradienten, was zur Abnahme der Triebkraft für die Dialyse führt.

2.1.7 Elektrodialyse

Unter Elektrodialyse versteht man ein elektrochemisches Membrantrennverfahren, bei dem ionogene Bestandteile aus einer Lösung durch Ionenaustauschermembranen unter dem Einfluss eines elektrischen Feldes transportiert werden. Die Abtrennung von Ionen erfolgt mit Hilfe eines in alternierender Reihenfolge geordneten Stapels aus durchlässigen Kationen- und Anionenaustauschermembranen, wobei jeder Membranstapel (Stack) aus einer Vielzahl von Zellen besteht, die ihrerseits durch je ein Paar Ionenaustauschermembranen gebildet werden. Bei der Elektrodialyse erfolgt der Stofftransport aufgrund eines elektrischen Potentialgradienten, wobei die positiv geladenen Ionen zur Kathode und die Anionen zur Anode geleitet werden. Infolgedessen kommt es zu einer Elektrolytanreicherung im ionenkonzentrierten Kreislauf und entsprechend zu einem Abfluss an Ionen im Diluatkreislauf. Das Prinzip der konventionellen Elektrodialyse ist in Abbildung 2.4 dargestellt.[48]

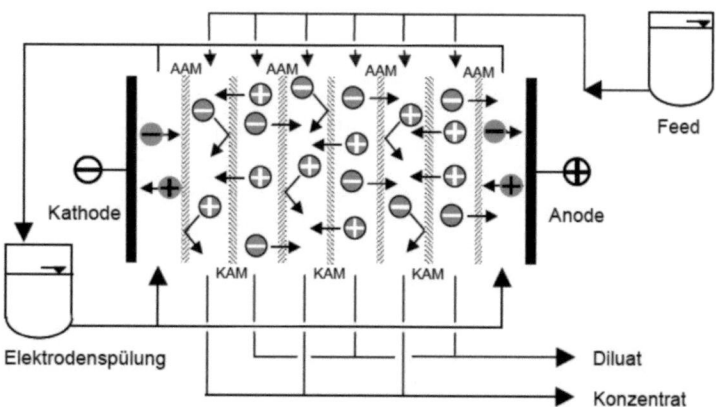

Abbildung 2.4: Schematische Darstellung der Elektrodialyse (entnommen aus der Literatur 48, Abb. 11.2).

Theoretischer Teil

Folgende Nebenreaktionen finden bei hoher Spannung an der Anode statt:[48]

Na$_2$SO$_4$-Lösung: $2\ H_2O \rightarrow O_2 \uparrow + 4\ H^+ + 4e^-$

NaCl-Lösung: $2\ Cl^- \rightarrow Cl_2 \uparrow + 2e^-$

An der Kathode kommt es zur Wasserstoffbildung nach:[48]

$$2\ H_2O + 2e^- \rightarrow H_2 \uparrow + 2\ OH^-$$

Zur Konstanthaltung der Salzkonzentration und des pH-Werts werden die Reaktionsprodukte durch einen Kreislauf gespült.

Als typische Einsatzbereiche der Elektrodialyse gelten die Entsalzung von Brackwasser und die Trinkwasseraufbereitung. In Japan wird dieses Verfahren für die Gewinnung von Speisesalz durch die Aufkonzentrierung von Meerwasser eingesetzt. Dabei ist zu beachten, dass ein technischer Prozess mit steigender Salzkonzentration immer weniger rentabel wird.

2.1.7.1 Ionenaustauschermembranen

Aufgrund ihrer dünnen, geladenen Trennschicht stellen Ionenaustauschermembranen eine Barriere dar, da ihre Struktur nur für Ionen mit entgegengesetzter Ladung durchlässig ist. Auf diese Weise halten positiv geladene Anionenaustauschermembranen (AAM) gleichnamig geladene Ionen zurück, während Kationenaustauschermembranen (KAM) eine negative Ladung besitzen und nur Kationen durchlassen (Abb. 2.5).

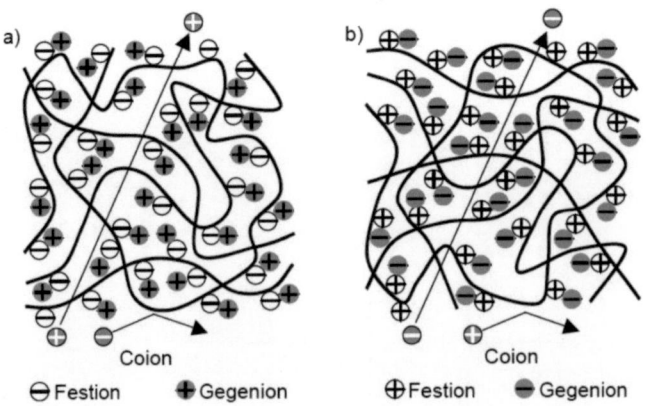

Abbildung 2.5: Schematische Darstellung der ionenselektiven Membranen; a) Kationenaustauschermembran (KAM), b) Anionenaustauschermembranen (AAM) (entnommen aus der Literatur 48, Abb. 11.3).

Theoretischer Teil

Ionenaustauschermembranen, die aus Polymernetzwerken mit geladenen Gruppen (z.B. COO^-, SO_3^-, PO_4^-, NR_4^+) bestehen (Abb. 2.5), sind aufgrund ihrer Selektivität sehr breit verwendbar. Die Eigenschaften dieser Membranen hängen von den ionischen Gruppen, den sogenannten Festladungen ab, die den Transport durch die Membran für gleichnamig geladene Ionen limitieren. Ionen mit entgegengesetzter Ladung (Gegenionen) können dagegen problemlos durch die Membran permeieren. Die Elektrodialyse erfolgt nach einem „hopping"-Mechanismus, bei dem die ursprünglichen Gegenionen (Na^+ und Cl^-) aus der Membran diffundieren und neue Gegenionen nachdiffundieren (Abb. 2.6).

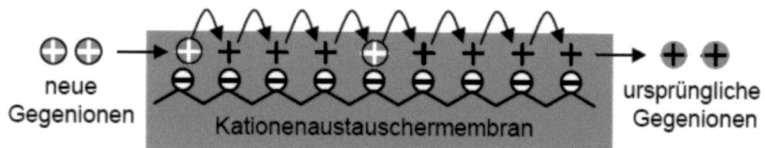

Abbildung 2.6: Ionentransport durch eine Kationenaustauschermembran („hopping"-Mechanismus, entnommen aus der Literatur 48, Abb. 11.4).

Neben einer hohen Selektivität und einem geringen Widerstand, der eine hohe Beweglichkeit der Gegenionen in der Membranphase sichert, sind für eine Stofftrennung mittels Elektrodialyse noch weitere Voraussetzungen nötig: Mechanische und elektrochemische Beständigkeit und eine besondere Struktur der Membranen, die darauf ausgerichtet ist, dass Ionen in beiden Richtungen permeieren können. Die Ionenaustauschermembranen werden einerseits in heterogene, aus kolloidalen Ionenaustauscherharzpartikeln (1 µm) und einer Polymermatrix bestehende Membranen, andererseits in homogene, durch Polymerisation hergestellte und nachher durch Sulfonieren modifizierte Membranen eingeteilt. Der letztere Membrantyp ist insofern interessant, da er aufgrund eines geringeren Ohmschen Widerstands gleichzeitig eine hohe mechanische Stabilität und eine homogene Verteilung der Ladungsträger über die Membran bietet. Eine weitere Art von Membranen sind die monoselektiven Ionenaustauschermembranen, die aufgrund ihrer speziellen Selektivität, die Trennung zwischen ein- und mehrwertigen Ladungsträgern (z.B. die Trennung von Sulfat und Chlorid) zulassen.

Theoretischer Teil

2.1.7.2 Stofftransport

Bei der Elektrodialyse stellt der elektrische Strom den Energiebedarf zur Verfügung und wird in die Bewegungsenergie der Ionen transformiert. Um eine reibungslose Abwicklung dieses Prozesses gewährleisten zu können, muss eine hohe Beweglichkeit für die Gegenionen in der Ionenaustauschermembran gegeben sein.

Für den Ionenfluss J gilt unter Einbezug des elektrischen Stromes mit der Stromdichte i und der Faraday-Konstante F folgende Formel, wobei diese mit Hilfe der Überführungszahl τ_i ausgedrückt wird:

$$\tau_i = \frac{J_i F}{i} \qquad (2.10)$$

Der Transportkennwert t_i ergibt sich aus dem Produkt der Überführungszahl und der elektrischen Wertigkeit z_i:

$$t_i = z_i \cdot \tau_i \qquad (2.11)$$

Die für die Ionenaustauschermembranen kennzeichnende Eigenschaft wird mit den Transportzahlen zum Ausdruck gebracht. Die Permselektivität ψ wird über den Anteil der vom Transport ausgeschlossenen Ionensorte definiert, z.B. für Kationen:

$$\Psi_{Kat.} = \frac{(t_+ - t_-)}{t_-} \qquad (2.12)$$

Mulyati et al. gelang die Verbesserung der Trenneigenschaften einer AAM für die einwertigen Anionen unter Elektrodialysebedingungen, indem sie die AAMs nach einem Schicht-für-Schicht-Adsorptionsprinzip mit **PSS/PAH** beschichteten und den Transport von NaCl und Na$_2$SO$_4$ untersuchten.[87] Insbesondere AAMs mit einer ungeraden Anzahl der Schichtpaare, wobei **PSS** als letzte Schicht adsorbiert wurde, führten zu Membranen mit guten Trenneigenschaften für die einwertigen Anionen sowie zu einem hohen Antifouling-Potenzial.

Die Arbeitsgruppe von *Cheng et al.* untersuchte die Selektivität von Kalium- und Magnesiumionen unter Diffusions- und Elektrodialysebedingungen.[88] Die Membranen wurden ebenfalls mit **PSS/PAH** beschichtet. In beiden Dialysetechniken konnten hohe Selektivitäten erreicht werden. Die Nanofiltrationsmembran mit fünf Schichtpaaren **PSS/PAH** zeigte während der Elektrodialyse einen um das 45-fache größeren Ionenfluss als während der Diffusionsdialyse. Somit führt der elektrische Strom zur Erhöhung des Ionenflusses, ohne dabei die Selektivität zu beeinträchtigen. Allerdings hängt der Ionenfluss auch von Gegenionen wie Protonen oder Anionen ab, da diese stromleitend sind. Sulfationen verringern die Oberflächenladung der mit fünf Schichtpaaren **PSS/PAH** beschichteten Membranen und führen zur Verringerung der Selektivität für K^+/Mg^{2+}-Ionen. Das während der Elektrodialyse entstehende Chlor, zerstört die mit fünf Schichtpaaren **PSS/PAH** beschichteten Membranen und die Selektivitäten sinken bereits nach 60 Minuten drastisch.[88]

2.2 Radikalische Polymerisation

Synthetische Polymere sind heutzutage aus verschiedensten Bereichen des alltäglichen Lebens nicht mehr wegzudenken und werden großtechnisch im Megatonnen-Maßstab produziert. Im Jahre 2013 betrug die weltweite Kunststoffproduktion 299 Millionen Tonnen und stieg noch um 3,9% im Vergleich zum Vorjahr.[89] Allerdings wird nur eine geringe Anzahl von einem Großteil literaturbekannter Polymere industriell hergestellt. Hierzu zählen die sogenannten „big five":[90] Polypropylen (PP), Polyethylen (PE), Polyvinylchlorid (PVC), Polystyrol (PS) sowie Polyethylenterephthalat (PET). Sie lassen sich großtechnisch durch Ziegler-Natta-Verfahren,[91-94] mit radikalischen und ionischen Polymerisationstechniken sowie durch Polykondensationen darstellen.[95] Die radikalische Polymerisation ist die am besten untersuchte Polymerisationsart und gehört zu den wichtigsten Polymerisationen. Ihre entscheidenden Vorteile gegenüber anderen Polymerisationsmethoden sind die einfache Durchführbarkeit, die Unempfindlichkeit gegenüber Verunreinigungen sowie gute Zugänglichkeit vieler Monomere. Als Monomere können nahezu alle Vinylmonomere sowie Acrylate, mit Ausnahme von Vinylether, α-Methylstyrol und Isobutylen eingesetzt werden.

2.2.1 Freie radikalische Polymerisation

Die radikalische Polymerisation verläuft im Wesentlichen in den vier Reaktionsschritten: Initiierung, Kettenstart, Kettenwachstum und Kettenabbruch. In Abbildung 2.7 ist

Theoretischer Teil

der Mechanismus der freien radikalischen Polymerisation am Beispiel einer Vinylverbindung gezeigt. Im Folgenden werden die vier Teilschritte näher erläutert.

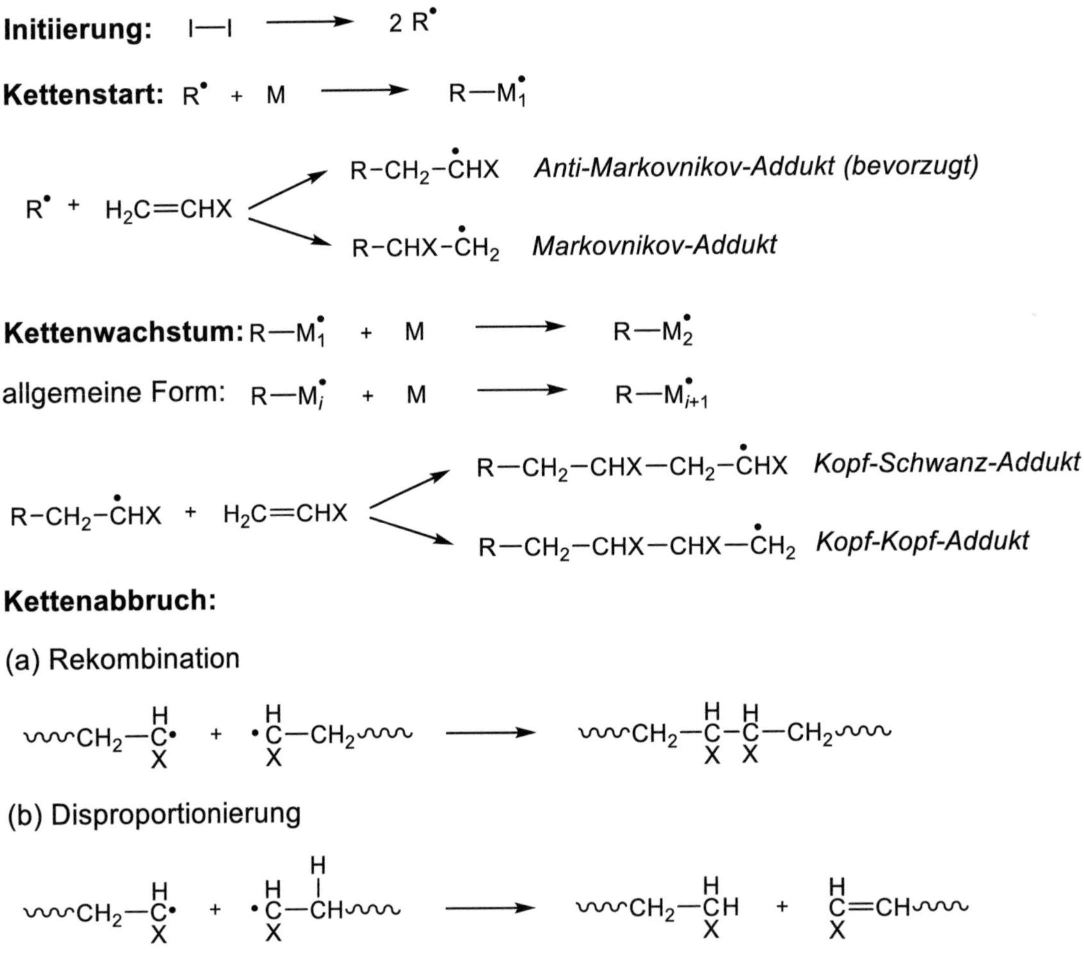

Initiierung: $I-I \longrightarrow 2\,R^\bullet$

Kettenstart: $R^\bullet + M \longrightarrow R-M_1^\bullet$

$$R^\bullet + H_2C=CHX \begin{cases} R-CH_2-\overset{\bullet}{C}HX & \text{Anti-Markovnikov-Addukt (bevorzugt)} \\ R-CHX-\overset{\bullet}{C}H_2 & \text{Markovnikov-Addukt} \end{cases}$$

Kettenwachstum: $R-M_1^\bullet + M \longrightarrow R-M_2^\bullet$

allgemeine Form: $R-M_i^\bullet + M \longrightarrow R-M_{i+1}^\bullet$

$$R-CH_2-\overset{\bullet}{C}HX + H_2C=CHX \begin{cases} R-CH_2-CHX-CH_2-\overset{\bullet}{C}HX & \text{Kopf-Schwanz-Addukt} \\ R-CH_2-CHX-CHX-\overset{\bullet}{C}H_2 & \text{Kopf-Kopf-Addukt} \end{cases}$$

Kettenabbruch:

(a) Rekombination

$$\sim\sim CH_2-\underset{X}{\overset{H}{C}}^\bullet + {}^\bullet\underset{X}{\overset{H}{C}}-CH_2\sim\sim \longrightarrow \sim\sim CH_2-\underset{X}{\overset{H}{C}}-\underset{X}{\overset{H}{C}}-CH_2\sim\sim$$

(b) Disproportionierung

$$\sim\sim CH_2-\underset{X}{\overset{H}{C}}^\bullet + {}^\bullet\underset{X}{\overset{H}{C}}-\overset{H}{C}H\sim\sim \longrightarrow \sim\sim CH_2-\underset{X}{\overset{H}{C}}H + \underset{X}{\overset{H}{C}}=CH\sim\sim$$

Abbildung 2.7: Mechanismus der freien radikalischen Polymerisation am Beispiel einer Vinylverbindung (entnommen aus der Literatur 96, S. 65-66).

Im ersten Initiierungsschritt werden zunächst durch thermische oder photochemische Zersetzung eines Initiatormoleküls zwei Radikale gebildet. Zu den meist verbreiteten Radikalinitiatoren zählen α,α'-Azobisisobutyronitril (AIBN) und Dibenzoylperoxid (BPO). Im zweiten Schritt lagert sich das Initiatorradikal an ein Monomermolekül an und startet somit die Kette. Dabei bilden sich Monomerradikale, bei denen Anti-Markovnikov- und Markovnikov-Addukte möglich sind. Aus sterischen Gründen und aufgrund geringerer Aktivierungsenergie wird bevorzugt das Anti-Markovnikov-Addukt gebildet, welches im darauffolgenden Wachstumsschritt durch regioselektive Verknüpfung weiterer Monomereinheiten an das aktive Kettenende zu Oligomer- und Polymerketten führt. Hierbei ist zu beachten, dass neben dem thermodynamisch begünstigten Angriff der vinylischen Doppelbindung in β-Stellung auch die α-Position angegriffen werden kann, so dass Kopf-Kopf-Verknüpfungen möglich sind. Allerdings kann das Kettenwachstum durch Nebenreaktionen beeinträchtigt werden. Zum einen erfolgt die Übertragung eines Elektrons von einem Radikal auf ein Monomer-, Polymer- oder ein Lösungsmittelmolekül. Dadurch entsteht ein neues Radikal, das einen Kettenstart initiieren kann. Zum anderen finden Abbruchsreaktionen statt, wobei hier zwischen Rekombination und Disproportionierung des aktiven Radikalkettenendes unterschieden wird. Eine Rekombination führt zu Polymeren mit hohem Molekulargewicht und geringeren Polydispersitäten. Dagegen werden bei einer Disproportionierung Polymere mit einem geringen Molekulargewicht und einer breiteren Molmassenverteilung erzeugt.

2.2.2 Kontrollierte radikalische Polymerisation

Obwohl die freie radikalische Polymerisation durch ihre häufige Resonanzstabilisierung eine ziemlich gute Regioselektivität aufweist (Kopf-Schwanz-Verknüpfungen), verlaufen derartige Polymerisationen meistens ohne Kontrolle des Molekulargewichts und liefern Polymere mit hoher Polydispersität. Erst durch die Entwicklung der sogenannten kontrollierten radikalischen Polymerisation (*CRP, controlled radical polymerization*) wurde die Herstellung von Polymeren mit kontrolliertem Molekulargewicht und niedriger Polydispersität möglich. Das Prinzip beruht auf einer schnellen Initiierung sowie einer Verringerung der Reaktivität der radikalischen Kettenenden und demzufolge einer geringeren Konzentration reaktiver Kettenenden. Allen CRP-Methoden gemein ist die reversible Deaktivierung von „lebenden" bzw. Aktivierung von „schlafenden" Kettenenden und umgekehrt. Ein dynamisches Gleichgewicht entsteht zwischen wachsenden Radikalen und unterschiedlichen schlafenden Spezies. Dieses Gleichgewicht wurde 1982 erstmals von *Otsu et al.* entwickelt, indem sie Disulfide oder Phenylazotriphenylmethan als sogenannte Iniferter-Reagenzien einsetzten, die als ***Ini***tiatoren, als Trans***fer***-Agens und als ***Ter***minatoren dienten.[97,98] Generell gibt es drei verschiedene Methoden der kontrollierten radikalischen Polymerisation. Hierzu zählen die *Atom Transfer Radical Polymerization* (ATRP), die *Nitroxide-Mediated Radical*

Polymerization (NMRP) und die *Reversible Addition-Fragmentation Chain Transfer Polymerization* (RAFT). Im Folgenden wird auf den in dieser Arbeit verwendeten *RAFT-Prozess* näher eingegangen.

RAFT-Prozess

Die RAFT-Polymerisation (*reversible addition fragmentation chain transfer*) ist die jüngste Methode zur kontrollierten radikalischen Polymerisation und wurde im Jahr 1998 von *Rizzardo et al.* vorgestellt.[99,100] Das Prinzip beruht auf dem Einsatz organischer Schwefelverbindungen als Kettenübertragungsreagenzien, wie z.B. Dithioester oder Dithiocarbamate. Die Polymerisation wird durch konventionelle Initiatoren wie AIBN oder BPO ausgelöst. Ein entstandenes Radikal $P_m\cdot$ lagert sich an die Kohlenstoff-Schwefel-Doppelbindung der Dithioverbindung R–S–C(=S)–Ph unter Bildung eines resonanzstabilisierten Adduktradikals R–S–$\cdot$C(–S–P_m)–Ph an. Das Adduktradikal befindet sich durch eine reversible Fragmentierung mit der Dithioverbindung P_m–S–C(=S)–Ph und dem reaktiven Radikal R$\cdot$ im Gleichgewicht. Als R$\cdot$ dient ein Cumyl- oder Cyanopropylradikal, das eine neue Polymerisation initiiert und fortführt. Ähnlich wie bei der ATRP und NMRP herrscht hier ein Gleichgewicht zwischen der aktiven und „schlafenden" Form der wachsenden Polymerkette (Abb. 2.8). Da die meisten Ketten des Polymers an ihrem Ende über eine Dithiocarbonyleinheit verfügen, ist es möglich, die Polymerisation durch die Zugabe eines weiteren Monomers fortzusetzen. Auf diesem Wege lassen sich AB-Blockcopolymere darstellen. Durch den Zusatz eines bifunktionellen Kettenübertragungsreagenzes[96] zu einem vorhandenen AB-System werden Triblockcopolymere zugänglich. Bei einem RAFT-Prozess können diverse Vinylmonomere wie beispielsweise Styrol, Acrylnitril, (Meth)acrylester, (Meth)-acrylsäure und Vinylacetat(derivate) eingesetzt werden.

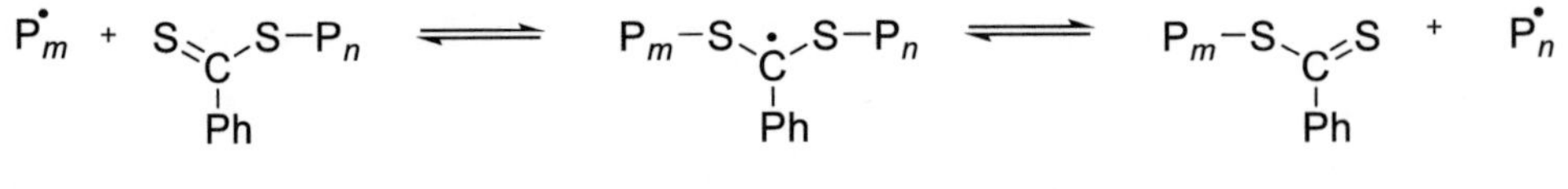

$$P_m^\bullet + S=C(Ph)-S-P_n \rightleftharpoons P_m-S-\overset{\bullet}{C}(Ph)-S-P_n \rightleftharpoons P_m-S-C(Ph)=S + P_n^\bullet$$

Abbildung 2.8: Mechanismus der RAFT-Polymerisation (entnommen aus der Literatur 96, S. 84).

Theoretischer Teil

2.3 Supramolekulare Chemie

Die Supramolekulare Chemie beruht auf den nicht-kovalenten Bindungen zwischen einzelnen Molekülen und gilt somit als eine Erweiterung der traditionellen Molekülchemie. Als Hauptprotagonisten dieses neuen Teilgebiets der Chemie gelten Jean-Marie Lehn, Donald J. Cram und Charles J. Pedersen, die für ihre Arbeiten im Bereich der Supramolekularen Chemie im Jahr 1987 mit dem Nobelpreis in Chemie gewürdigt wurden.[101-104] Ein Supramolekül ist eine übergeordnete Struktur, die durch die Vereinigung von zwei oder mehr Molekülen oder Ionen entsteht. Hierbei können die nicht-kovalenten Wechselwirkungen innerhalb solcher Suprastrukturen unterschiedlichster Natur sein. Dazu zählen elektrostatische Wechselwirkungen, koordinative Bindungen, Ion-Dipol- und Dipol-Dipol-Wechselwirkungen, Wasserstoffbrückenbindungen, π-Donor-π-Akzeptor-Wechselwirkungen und van-der-Waals-Wechselwirkungen.

2.3.1 Bipyridin- und Terpyridin-Metall-Komplexe

Supramolekulare Strukturen sind nicht nur für wichtige Vorgänge in rein chemischen Systemen, sondern auch in biologischen Strukturen verantwortlich. Zu den wichtigsten Beispielen zählt der Hämoglobin-Eisen-Komplex, der den Sauerstofftransport bei Säugetieren ermöglicht.[105] Von den oben erwähnten supramolekularen Wechselwirkungen ist insbesondere die koordinative Bindung und die daraus resultierende metallo-supramolekulare Chemie von großer Bedeutung für diese Arbeit. Im Rahmen dieser Arbeit soll der Multischichtaufbau auf verschiedenen Substraten über koordinative Wechselwirkungen mit Metallionen erfolgen. Das Forschungsgebiet der metallo-supramolekularen Chemie befasst sich mit der Verknüpfung von Metallionen und organischen koordinationsfähigen Liganden, die in der Lage sind, über dative Bindungen durch Selbstanordnung metallo-supramolekulare Komplexe zu bilden. Die Koordinationschemie geht auf *Alfred Werner* zurück, der im Jahre 1893 seine Theorie über die Koordination von Metallionen durch reguläre Polyeder aus Liganden mit Hilfe koordinativer Bindungen entwickelt hat.[106-108] Im Allgemeinen besteht ein Komplex aus einem Zentralatom, meistens ein Übergangsmetall, welches als Elektronenpaar-Akzeptor oder Lewissäure wirkt. Dieses Zentralatom wird von einer bestimmten Anzahl von Liganden koordiniert, die als Elektronenpaar-Donatoren oder Lewisbasen dienen.

Abhängig von der Anzahl ihrer Koordinationsstellen unterscheidet man zwischen einzähnigen- und mehrzähnigen (Chelat)-Liganden. Hierbei sind von besonderem Interesse die von Pyridin abgeleiteten, mehrzähnigen Oligopyridinliganden wie 2,2'-Bipyridin (**BPY**) und 2,2':6',2''-Terpyridin (**TPY**), die in Abbildung 2.9 dargestellt sind.

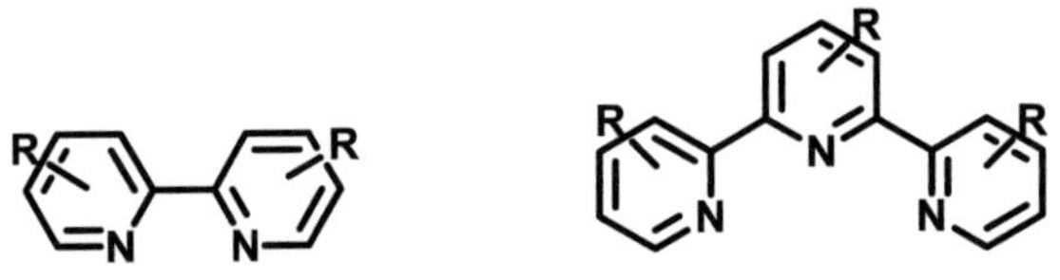

2,2'-Bipyridin
(**BPY**)

2,2':6',2''-Terpyridin
(**TPY**)

Abbildung 2.9: Klassische Oligopyridinliganden: 2,2'-Bipyridin (**BPY**) und 2,2':6',2''-Terpyridin (**TPY**).

Aufgrund des Chelateffekts sind diese Liganden in der Lage, sehr stabile Komplexe mit fast allen Übergangsmetallen zu bilden. Die hohe Stabilität lässt sich zum einen durch die geringe Entropiezunahme bei der Komplexbildung im Vergleich zur Komplexierung mit den einzähnigen, nicht verbundenen Liganden erklären. Zum anderen wirkt vor allem das **TPY** als ein π-Akzeptorligand, da das π-Elektronensystem durch die benachbarten Stickstoffatome relativ elektronenarm ist, was zusätzlich zur σ-Hinbindung zu einer π-Rückbindung führt. Durch diese Metall-Ligand-Rückbindung werden die Komplexe verstärkt stabilisiert.[109] Die meisten dieser Komplexe weisen eine verzerrt oktaedrische Koordinationsgeometrie auf,[110] während von **BPY** neben Mono-Komplexen auch quadratisch planare und tetraedrische Bis-Komplexe bekannt sind. Bereits im Jahre 1888 berichtete *F. Blau* über die erfolgreiche Synthese des ersten 2,2'-Bipyridin-Eisenkomplexes[111] und etwa ein Jahr später gelang ihm die Herstellung von **BPY** durch Trockendestillation von Kupferpicolinat.[112] 1932 konnten *Morgan* und *Burstall* erstmals das 2,2':6',2''-Terpyridin als Nebenprodukt mit einer geringen Ausbeute (~1%) durch Dehydrierung von Pyridin mit Eisen(III)-Chlorid im Autoklaven isolieren.[113,114] Durch die Strukturaufklärung des Komplexes [Zn(**TPY**)Cl$_2$] wurde im Jahre 1966 von *Einstein* und *Penfold* die Dreizähnigkeit sowie die Planarität des Ringsystems von **TPY** nachgewiesen.[115]

Bipyridin-Metall-Komplexe besitzen photochemische Eigenschaften, die ihre Anwendung bei der Umwandlung von Sonnenenergie in elektrische Energie ermöglichen.[116] Des Weiteren stellen Ruthenium(II)-Verbindungen aufgrund ihrer photophysikalischen

Theoretischer Teil

Eigenschaften sowie ihrem Einsatz als Brückenliganden in homo- und heterobimetallischen Komplexen ein Forschungsgebiet von wachsendem Interesse und wachsender Bedeutung dar.[117] Ausgehend von diesen Eigenschaften eignet sich die Klasse der Ruthenium(II)-Oligopyridinkomplexe für verschiedene Anwendungen wie beispielsweise als Bausteine in supramolekularen Systemen,[118,119] als Photokatalysatoren,[120-122] als Bestandteile photovoltaischer Zellen[123] und als Komponenten in Modellsystemen für die künstliche Photosynthese.[124-126] Da zwischen dem Spektralbereich, in dem diese Systeme absorbieren, und ihrem Wirkungsgrad ein direkter Zusammenhang besteht, zielen die neuesten Entwicklungen darauf ab, die Systeme so zu optimieren, dass sie imstande sind, über breite Bereiche des Spektrums bis, hin zum Infrarot, Licht absorbieren können.[117] Ein Beispiel hierfür ist die Farbstoffsolarzelle, auch Grätzelzelle genannt, die Anfang der 1990er Jahre von *Grätzel et al.* entwickelt wurde.[127,128] Als Farbstoffe dienen carboxyfunktionalisierte Bipyridin- und Terpyridin-Ruthenium(II)-Komplexe mit Isothiocyanatliganden. Die bislang höchsten Wirkungsgrade, die mit diesen Systemen erzielt werden konnten, liegen bei ca. 11% (Abb. 2.10).[117,129,130]

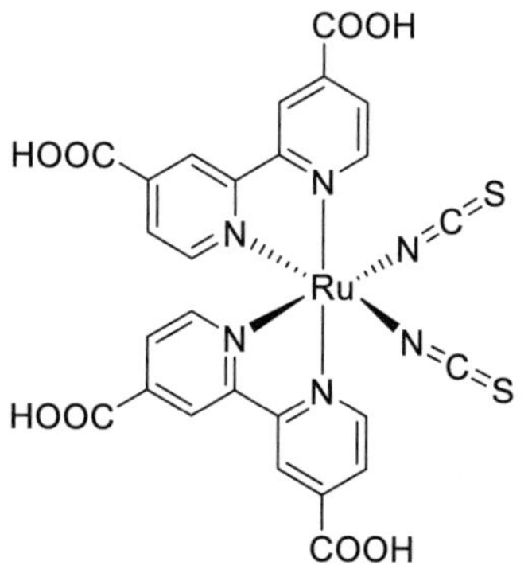

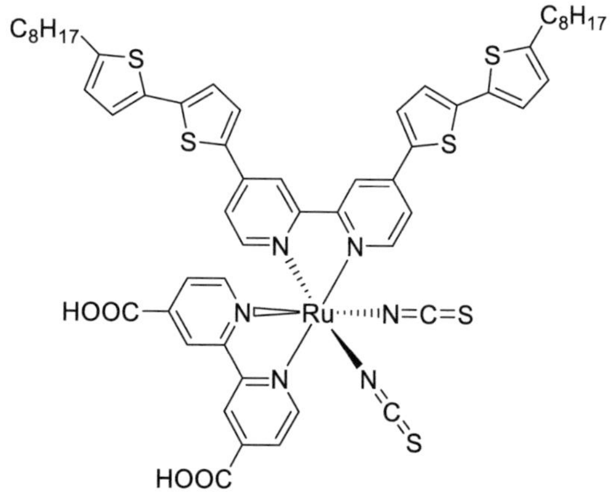

Abbildung 2.10: Beispiele von Farbstoffen in einer Grätzelzelle (entnommen aus der Literatur 117, Abb. 2).

Hickner und *Tew et al.* gelang erstmals die Synthese von metallkationbasierten Anionenaustauschermembranen (AAM) über die Ringöffnungs-Metathese-Polymerisation eines mit einem Bis(terpyridin)-Ruthenium(II)-Komplex funktionalisierten Norbornens und einem vernetzbaren Comonomer, Dicyclopentadien. Die resultierenden AAMs zeigen hohe Anionenleitfähigkeiten und mechanische Eigenschaften, die mit denen von traditionellen quaternären ammoniumbasierten AAMs vergleichbar sind. Des Weiteren besitzen diese Membranen eine gute Alkalibeständigkeit sowie eine ausgezeichnete Methanol-Toleranz, sodass ihr Einsatz in Direkt-Methanol-Brennstoffzellen möglich ist (Abb. 2.11).[131]

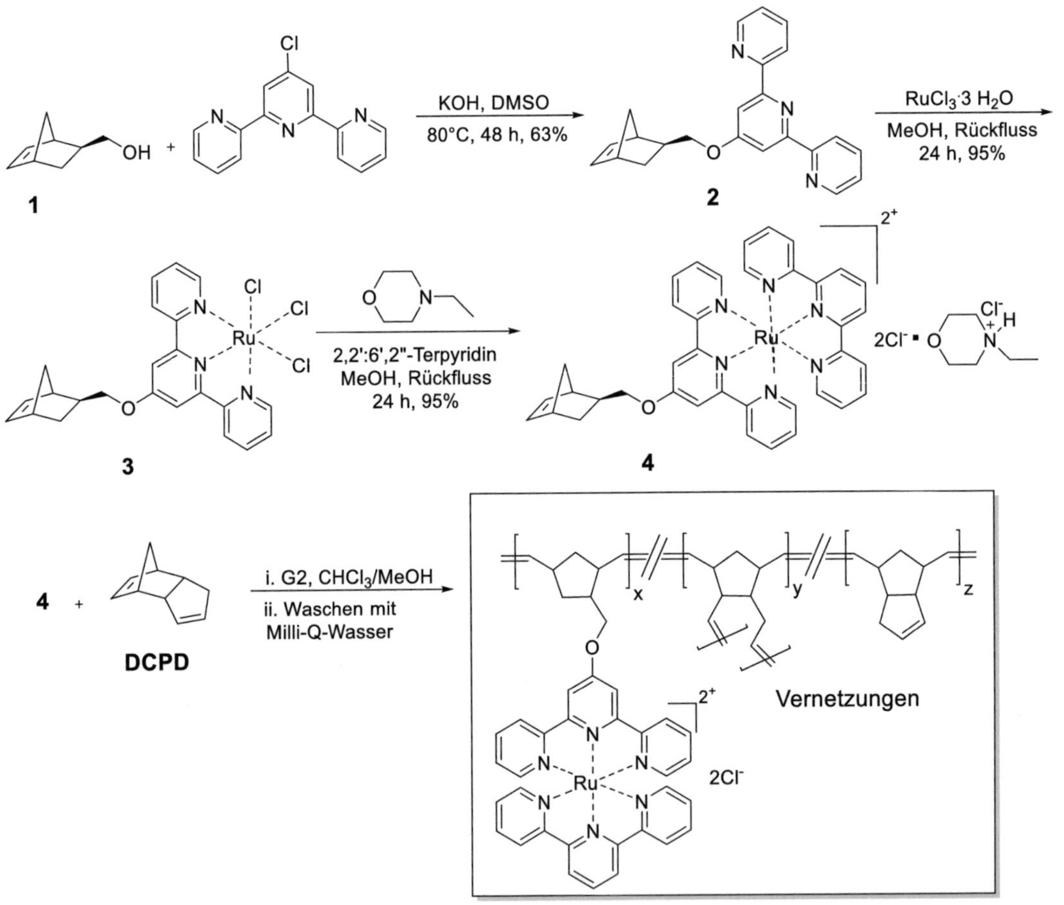

Abbildung 2.11: Synthese des Monomers **4** und die entsprechende Anionenaustauschermembran (AAM) (entnommen aus der Literatur 131, Abb.1).

Aufgrund ihrer Ligandeneigenschaften sowie der Möglichkeit einer vielfältigen Funktionalisierung verfügen Terpyridinderivate über zahlreiche Anwendungsmöglichkeiten in der supramolekularen Chemie. Unter anderem beschäftigt sich die Arbeitsgruppe um *U. Schubert* intensiv mit der metallo-supramolekularen Chemie der Terpyridine.[132,133] Im Mittelpunkt stehen selbstorganisierte Koordinationspolymere, die auf Terpyridinli-ganden basieren.[134,135] Die metallo-supramolekularen Polymernetzwerke wurden mit Hilfe verschiedener Metallzentren wie Cd(II), Cu(II), Co(II), Ni(II) und Fe(II) durch einen Selbstorganisationsprozess aufgebaut.[136] 4'-funktionalisierte Terpyridine

Theoretischer Teil

haben sich als besonders vorteilhafte Bausteine zum Aufbau supramolekularer Komplexe und Polymere erwiesen, da diese eine genau co-lineare Anordnung zweier Struktureinheiten ermöglichen. Des Weiteren sind aufgrund der Symmetrie der Komplexe mit einer Rotationsachse durch die 4'-Position keine Isomerengemische bei der Komplexbildung möglich.[137]

Die ersten Versuche zur Inkorporation von **TPY**-Liganden in Polymer-Seitenketten durch freie radikalische Polymerisation wurden von *Potts* und *Usifer* durchgeführt.[138] Durch die Zugabe von Metallionen zum Polymer wurden unlösliche Polymer-Metallkomplexe gebildet. Die Rückgewinnung des freien Polymers gelang durch Nachbehandlung mit heißer konzentrierter Salzsäure.

2.3.2 Benzimidazolyl- und Benzothiazolylpyridin-Metall-Komplexe

Weitere Vertreter von N-haltigen dreizähnigen Liganden, die auch imstande sind, mit Metallionen stabile Komplexe aufzubauen, sind 2,6-Bis(1'-methylbenzimidazol-2-yl)-pyridin (Me-**BIP**) und 2,6-Bis(benzothiazol-2-yl)pyridin (**BTP**) (Abb. 2.12).[139,140]

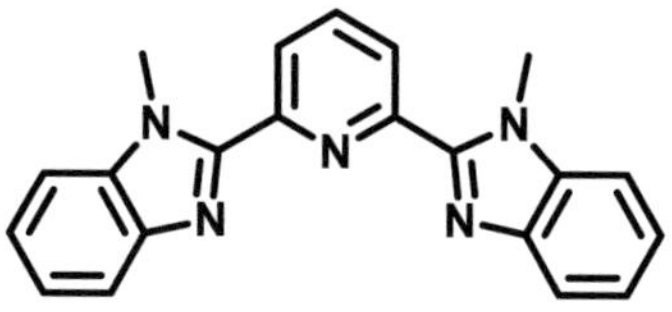

2,6-Bis(1-methylbenzimidazol-2-yl)pyridin
(**Me-BIP**)

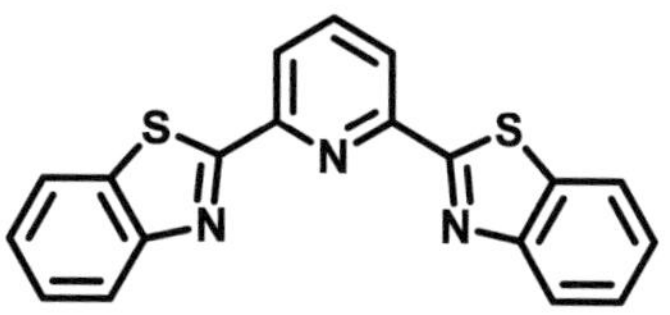

2,6-Bis(benzothiazol-2-yl)pyridin
(**BTP**)

Abbildung 2.12: Weitere dreizähnige Liganden **Me-BIP** und **BTP** (entnommen aus der Literatur 47, Abb. 10).

Einen grundlegenden Baustein aller Benzimidazolyl- und Benzothiazolyl-Liganden bildet die Chelidamsäure, die aufgrund ihrer Substitution mit Carbonsäuregruppen als Ausganssubstanz bei der Synthese vieler heterocyclischer Verbindungen dient.[141] Die erste Synthese von Benzimidazolylpyridin und seine Komplexierung mit Eisen wurde im Jahre 1987 beschrieben.[142] Durch die Stellung von Me-**BIP** an den Enden eines konjugierten Systems wurden neue lichtemittierende Systeme zugänglich.[143,144] Im Jahre 2004 gelang es *Weder* und *Rowan et al.*, Koordinationspolymere durch eine selbstorganisierende Polymerisation von ditopischen konjugierten und nicht-konjugierten benzimidazolbasierten Liganden mit Metallionen herzustellen.[145] Eine Erweiterung des **BIP**-Gerüstes durch eine Hydroxy-Gruppe (HO-**BIP**) erlaubt die Herstellung von neuen langen Polymer-Architekturen.[146] So wurden von *Rowan et al.* Polymere durch einen Selbstorganisationsprozess von ditopischen Makromolekülen mit Poly(2,5-dialkoxy-p-phenylenethinylen)-Einheiten und HO-**BIP**-Liganden an beiden Enden über koordinative Metall-Ligand-Wechselwirkungen hergestellt.[147] Des Weiteren entwickelte *I. Welterlich* erstmals ein Phenylfluoren-Polymer mit **BIP**-Liganden in der Seitenkette, die über aliphatische Spacer mit der Hauptkette verbunden sind.[45] Nach einem Schicht-für-Schicht-Adsorptionsprinzip wurden fluoreszierende Koordinationspolymerfilme mit Metallionen hergestellt. Durch die Einbindung von Spacern wurde ein System mit unterbrochener Konjugation erzeugt, welches auch nach Komplexierung mit Metallionen die fluoreszierenden Eigenschaften der Polymerkette beibehält.[45]

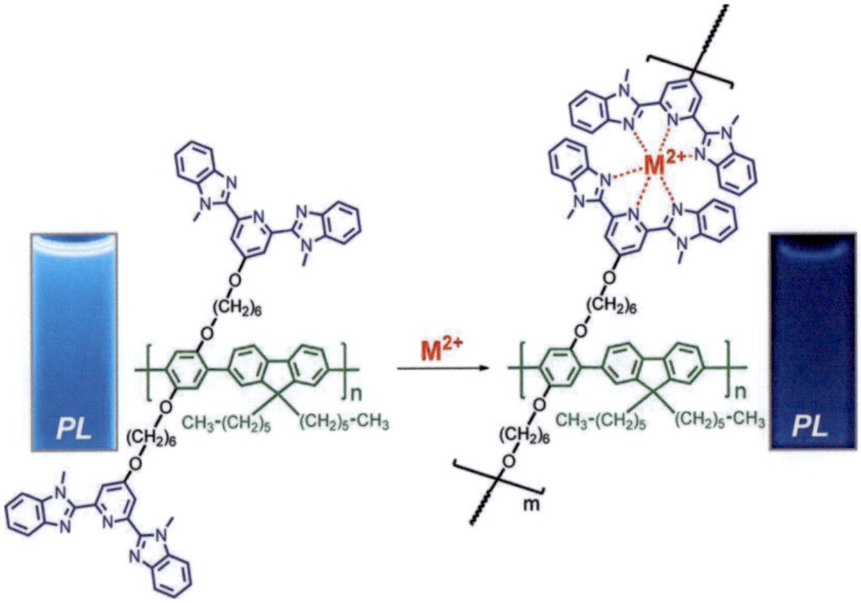

Abbildung 2.13: Schematische Darstellung des ersten netzwerkbildenden Koordinations-polymers mit **BIP**-Liganden in den Seitenketten (entnommen aus der Literatur 45, Abb. 5).

Lambeth et al. synthetisierte ein Poly(n-butylacrylat), welches durch eine RAFT-Polymerisation mit **BIP**-Liganden in der Seitenkette funktionalisiert und mit entweder Cu(II)-, Zn(II)- oder Co(II)-Ionen vernetzt wurde.[148] Sie untersuchten die Einwirkung der Metall-Ligand-Bindungsstärke auf die mechanischen Eigenschaften der Metallopolymerfilme. Durch Phasentrennung zwischen dem Metall-Ligand-Komplex und der polymeren Matrix weisen diese Polymere ein gummiartiges Plateaumodul auf, welches um das Zehnfache größer ist, als auf der Grundlage der Gummielastizitätstheorie erwartet wurde. Unterschiede in der Metall-Ligand-Bindungsstärke beeinflussten die mechanischen Eigenschaften bei hohen Temperaturen und Spannungen. Aufgrund der besonders schwachen Bindungsstärke des Kupfer-Komplexes baut sich das Cu-haltige Metallopolymer bei einer niedrigeren Temperatur ab und weist eine geringere Streckgrenze, Reißfestigkeit und Kriechfestigkeit auf als Polymere, die Kobalt und Zink enthalten. Um die Eigenschaften des Polymers weiterhin verbessern zu können, wurde ein Polymer mit Cu- und Co-Ionen hergestellt. Das Hybridpolymer vereint die Eigenschaften des steiferen Co-enthaltenden Polymers mit dem nachgiebigeren, Cu-enthaltenden Polymer (Abb. 2.14).[148]

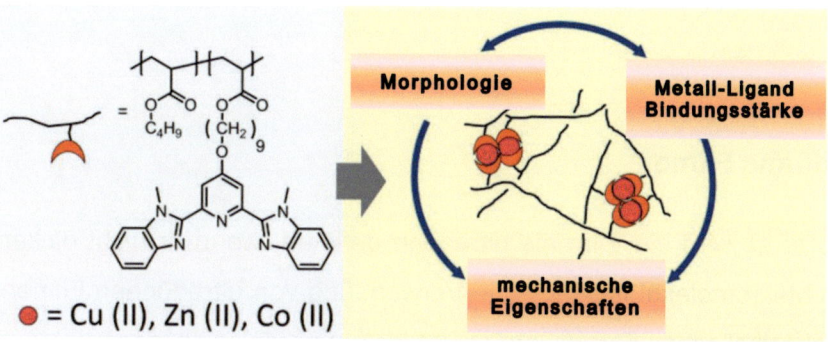

Abbildung 2.14: Schematische Darstellung des Poly(n-butylacrylats) und der Einfluss der Metall-Ligand-Bindungsstärke auf Morphologie und mechanische Eigenschaften (entnommen aus der Literatur 148).

In ihren weiterführenden Arbeiten konnten *Jackson et al.* durch den Zusatz von ungebundenen Me-**BIP**-Einheiten zu den an das Polymer gebundenen Metall-Ligand-Komplexen die mechanischen Eigenschaften weiter verbessern.[149] Die π-π-sowie Coulomb-Wechselwirkungen zwischen losen und gebundenen Metall-Ligand-Komplexen halten die Metall-Ligandreiche Phase zusammen und ergeben verbesserte mechanische Eigenschaften im Vergleich zu den gebundenen Metallopolymeren. Speichermodul, Oberflächenelastizitätsmodul und eine hohe Temperaturstabilität dieser Metallopolymere nehmen mit zunehmender Konzentration an Metall-Ligand-Komplex im Polymer zu. Letztlich ist die erfolgreiche Addition von ungebundenen Metall-Ligand-

Komplexen als Festphase in einer Polymermatrix gelungen, die einen wichtigen Baustein für die Konstruktion eines neuen Typs von supramolekularen Nano-Materialien darstellt (Abb. 2.15).[149]

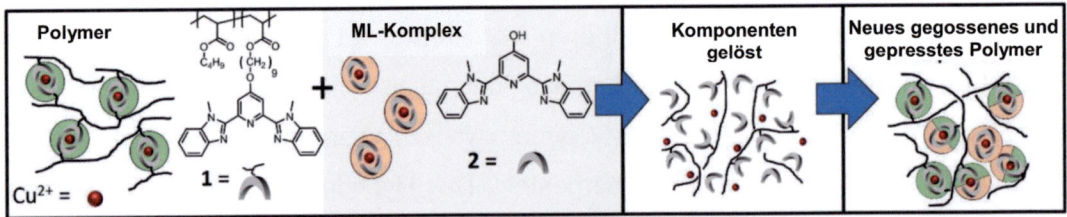

Abbildung 2.15: Herstellung von Polymeren, die mit Metall-Ligand-Bindungen vernetzt sind und gleichzeitig ungebundene Metall-Ligand-Komplexe enthalten (entnommen aus der Literatur 149, Abb.1)

2.4 Ultradünne Filme

Nach *Shuto et al.* wird ein Film als ultradünn definiert, wenn er nicht dicker als ein ungestörtes Makromolekül ist.[150,151] Die Verwendung von ultradünnen Filmen ist aufgrund ihrer physikalischen Eigenschaftskombination so vielseitig, dass sie angefangen bei der Membrantechnologie bis zur Sensorik, Elektronik und Medizin[152] eingesetzt werden können. Zu den am häufigsten verwendeten Techniken für die Herstellung ultradünner Polymerfilme gehören das Schleuder-Beschichtungsverfahren (spin-coating), die Abscheidung aus der Gasphase, Elektropolymerisation und die Tauchlackierung. Die Methode des Multischichtaufbaus, bei der ein Film Schicht für Schicht auf ein Substrat aufgebracht wird, bildet die Voraussetzung für den Aufbau organisierter Polymerfilme definierter Dicke im Nanometerbereich.[153] Organisierte Filme werden hauptsächlich mithilfe von drei Verfahren hergestellt: Langmuir-Blodgett-Technik, Chemisorption und Physisorption.

Die Langmuir-Blodgett-Technik (LB) wurde erstmals im Jahr 1934 von *Blodgett* vorgestellt und bietet eine Erweiterung der von *Langmuir* entwickelten Methode zur Herstellung von Oberflächenfilmen an der Luft-Wasser Grenzfläche.[154-156] Bei der LB-Technik werden organisierte Mono- und Multischichten aus Seifenmolekülen und amphiphilen Substanzen mit definierter Schichtdicke aufgebaut.[157] Dabei wird ein Substrat in eine Wasserphase getaucht, deren Oberfläche komplett von amphiphilen Molekülen bedeckt ist. Die geordneten Multilagen entstehen dann durch wiederholtes Eintauchen und Herausziehen des Trägers.

Im Gegensatz zur Chemisorption, bei der ein Adsorbat unter Ausnutzung kovalenter Bindungen an die Oberfläche gebunden wird,[158] werden bei der Physisorption adsorbierte Moleküle durch unterschiedliche intermolekulare Kräfte wie beispielsweise van-der-Waals-Kräfte, Wasserstoffbrückenbindungen, Charge-Transfer (CT) Wechselwirkungen, koordinative Bindungen sowie elektrostatische Anziehung auf einem Substrat zusammengehalten.

Der Multischichtaufbau durch elektrostatische Schicht-für-Schicht-Adsorption zwischen entgegengesetzt geladenen ionischen Komponenten auf einem geladenen Träger hat in den letzten zwanzig Jahren große Bedeutung erlangt.[19-23] Im Jahr 1966 zeigte *R. K. Iler* erstmals, dass der Aufbau von Multischichten durch alternierende elektrostatische Adsorption von Böhmit und kolloidalem Silikat möglich ist.[159] Etwa fünfundzwanzig Jahre später wurde dieser Ansatz von *G. Decher et al.* zur Untersuchung der Multischichten aus Bolaamphiphilen und Polyelektrolyten aufgegriffen.[19-21] Dabei spielt die elektrostatische Anziehung zwischen entgegengesetzt geladenen Komponenten eine entscheidende Rolle, da diese nach jedem Tauchvorgang zu einer Ladungsinversion der Substratoberfläche führt und somit die Anlagerung von entgegengesetzt geladenem Material im nächsten Adsorptionsschritt ermöglicht.

Das Verfahren der elektrostatischen Multischichtbildung eignet sich außerdem zur Herstellung von ultradünnen Kompositmembranen, wobei eine geladene, poröse Stützmembran mittels elektrostatischer Adsorption mit einer dünnen Polyelektrolytschicht beschichtet wird. In Abbildung 2.17 ist der Multischichtaufbau von zwei entgegengesetzt geladenen Polyelektrolyten auf einer negativ geladenen, porösen Stützmembran schematisch skizziert.[160] Die Schicht-für-Schicht-Adsorption kann beliebig oft wiederholt werden, wobei die Dicke der Polyelektrolytschichten durch die Anzahl der Tauchvorgänge bestimmt ist.

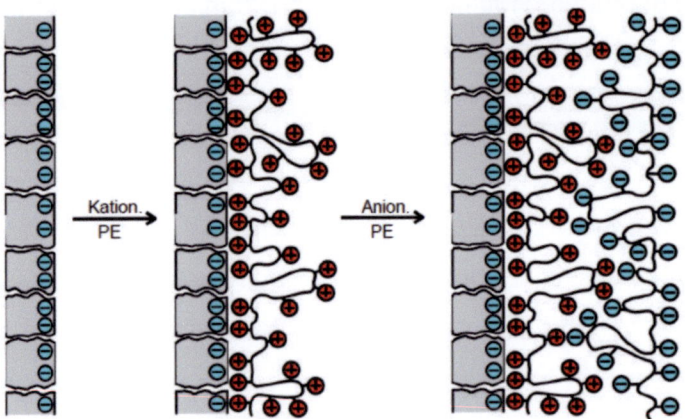

Abbildung 2.16: Schematische Darstellung des elektrostatischen Multischichtaufbaus von zwei entgegengesetzt geladenen Polyelektrolyten auf einer negativ geladenen, porösen Stützmembran (entnommen aus der Literatur 160, Abb. 1).

Die Verwendung von Polyelektrolytmultischichten als ultradünne Trennschichten in Kompositmembranen wurde in der Literatur von zahlreichen Forschungsgruppen beschrieben. Im Jahr 1996 gelang *Mc Carthy et al.* erstmals die Herstellung von Kompositmembranen aus **PAH** und **PSS** auf porenfreien Trägermembranen.[24] Die zur Gaspermeation eingesetzten Membranen wiesen gegenüber N_2 und O_2 eine höhere Selektivität als die unbeschichtete Membran auf. Wasserstoffmoleküle konnten hingegen ungehindert durch die Membran permeieren.

Van Ackern et al. berichteten 1997 über die Selektivität der Trennschichten bei Gaspermeation. Die Gaspermeationsmessungen wurden mit Ar, N_2, O_2 und CO_2 an den mit **PAH/PSS** beschichteten PAN/PET-, Polypropylen- und Polycarbonatmembranen durchgeführt. Diese Untersuchungen ergaben, dass die Wahl der Stützmembran einen wesentlichen Einfluss auf die Selektivität der Trennschichten hat.[25,26] Einige Jahre später untersuchten *Krasemann et al.* erstmals die Eignung dieser Membranen zur Trennung von ein- und zweiwertigen Ionen aus wässriger Lösung unter Dialysebedingungen. Aufgrund des multi-bipolaren Charakters der Polyelektrolytmembranen konnte insbesondere eine hohe Kationenselektivität erreicht werden.[27-30] *Bruening et al.* zeigten 2000, dass die mit Cu^{2+}-templatierten **PAH/PSS**-Membranen unter Bedingungen der Dialyse eine besonders hohe Anionenselektivität aufweisen.[161]

Eine weitere Anwendungsmöglichkeit für Polyelektrolytmembranen bietet die Entwässerung von Ethanol unter Pervaporationsbedingungen. Durch gezielte Variation der

Theoretischer Teil

Herstellungs- und Betriebsparameter gelang *van Ackern et al.* und *Krasemann et al.* die Herstellung von mit ultradünnen Polyelektrolytmultischichten beschichteten Pervaporationsmembranen, die ausgezeichnete Trenneigenschaften zeigten.[162-165] Dabei wurden die Membranstruktur und Trenneigenschaften von verschiedenen Faktoren wie z.B. Polyelektrolytstruktur, Zahl der adsorbierten Polyelektrolytdoppelschichten, Pervaporationstemperatur sowie von pH-Wert und Salzgehalt der Polyelektrolytlösungen beeinflusst. Als Weiterführung dieser Arbeiten untersuchten *Toutianoush et al.* den Ionentransport in wässriger Lösung durch **PVA/PVS**-Membranen unter Bedingungen der Diffusionsdialyse, der Nanofiltration und Reversosmose.[31-33] Durch die engmaschige Struktur dieser Membranen war ihre Verwendbarkeit für die Abtrennung von Alkohol/Wasser-Gemischen unter Pervaporationsbedingungen möglich. In darauffolgenden Arbeiten stellten *Hoffmann et al.* ultradünne Filme und Trennmembranen aus Polyelektrolyten, Makrozyklen und Polyelektrolyt-Blends her und untersuchten sie auf ihr Ionentrennverhalten unter Dialyse,- Nanofiltration- und Reversosmosebedingungen.[34-37] Hierbei wurde durch das Beimischen eines schwachen Polyelektrolyten eine negative Überschussladung in Blendmembranen erzeugt, was eine hohe Anionenselektivität unter Dialysebedingungen zur Folge hatte. Außerdem wurden kationische Polyelektrolyt-Blendmembranen hergestellt und ihr ionenselektives Trennverhalten unter Dialysebedingungen charakterisiert.[166] Des Weiteren wurde die Eignung von mit Polyelektrolyten und Polyelektrolyt-Blends beschichteten Kationen- und Anionenaustauschermembranen zur selektiven Ionentrennung unter Elektrodialysebedingungen studiert.[167] Aufbauend auf diesen Arbeiten haben *Deligöz et al.* ultradünne Filme aus Polyelektrolyten und Polyelektolyt-Blends auf Quarzglas und auf goldbeschichteten Quarzkristallen hergestellt und mit Hilfe der UV/Vis-Spektroskopie sowie mit der Quarzmikrowaage untersucht.[168]

Eine Alternative zur elektrostatischen Schicht-für-Schicht-Adsorption bietet der koordinative Multischichtaufbau, welcher durch Komplexierung von Metallionen mit polytopischen Liganden zur Bildung von Multischichten führt. Der Aufbau von Multischichtfilmen erfolgt durch sequentielles Tauchen eines funktionalisierten Substrats in eine metallsalzhaltige Lösung und in eine Lösung eines di- bzw. polytopischen Liganden, entsprechend dem elektrostatischen Schicht-für-Schicht-Aufbau.[38] Durch Bildung eines Bis-Komplexes mit zwei Liganden entsteht ein Koordinationspolymer. Durch den Einsatz von ditopischen Liganden können lineare Koordinationspolymere aufgebaut werden (Abb. 2.17 (a)), mit polytopischen Liganden entstehen Koordinationspolymernetzwerke (Abb. 2.17 (b)).

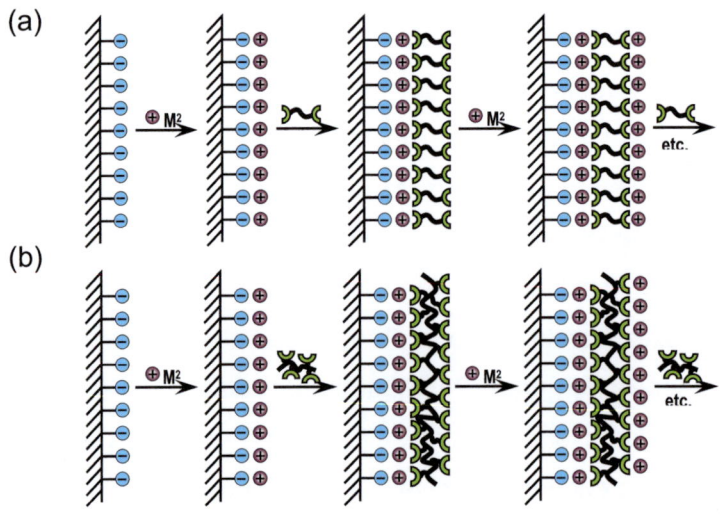

Abbildung 2.17: Schematische Darstellung eines koordinativen Schicht-für-Schicht-Aufbaus aus ditopischen (a) und polytopischen Liganden (b) (entnommen aus der Literatur 38, Abb. 1).

1998 bezog *Schütte et al.* durch einen zweistufigen Aufbauprozess metallo-supramolekulare Einheiten in die Struktur von Polyelektrolytmultischichtfilmen ein.[169,170] Durch die Verwendung von 1,4-Bis(2,2':6,2''-Terpyridin-4'-yl)benzol und Eisen(II)ionen ließ sich zuerst ein lineares metallo-supramolekulares Koordinationspolymer herstellen, welches anschließend als kationischer Polyelektrolyt in einen durch elektrostatischen Schicht-für-Schicht-Aufbau hergestellten Multischichtfilm eingebaut wurde. Als anionischer Polyelektrolyt diente Polystyrolsulfonat (**PSS**) (Abb. 2.18). Dieses Verfahren verwendeten auch *Kurth et al.* für die Herstellung der Filme aus verschiedenen **TPY**-haltigen Koordinationspolymeren und Polystyrolsulfonat.[171,172]

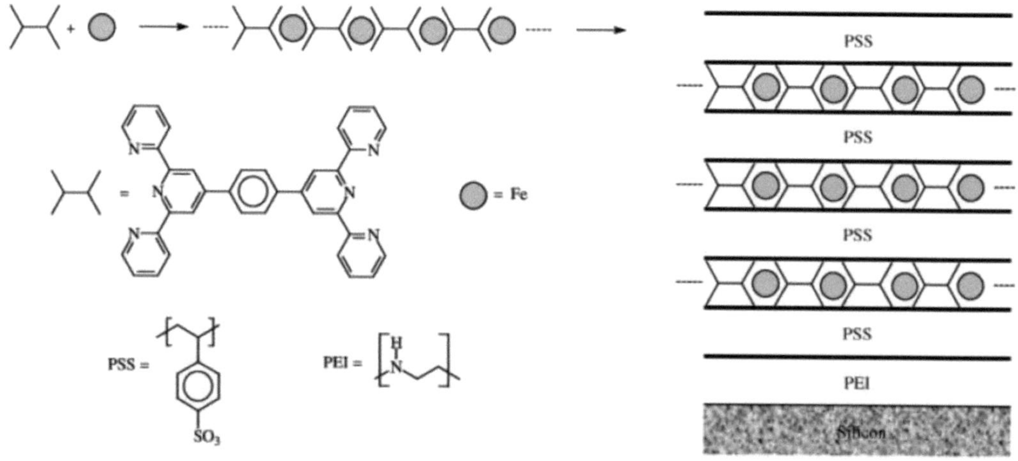

Abbildung 2.18: Schematische Darstellung eines alternierenden Schicht-für-Schicht-Aufbaus aus Polyethylenimin (PEI), Polystyrolsulfonat (PSS) und einem 1,4-Bis(2,2':6,2''-terpyridin-4'-yl)benzol/Fe^{2+}-Koordinationspolymer (entnommen aus der Literatur 171, Abb. 1 und 2).

Rabindranath et al.[173,174] und *A. Maier et al.*[42,43] stellten erstmals Filme von Koordinationspolymernetzwerken aus Metallionen und konjugierten polytopischen Liganden her. Hierzu wurden verschiedene Metallionen wie Zink(II) und Kupfer(II) mit Polyiminoarylenen, die **TPY**-Liganden in der Seitenkette tragen, abwechselnd auf einem funktionalisierten Substrat adsorbiert. Durch die Anwesenheit von Polyiminofluoren in der Hauptkette wiesen die Multischichtfilme elektrochrome und elektroluminiszierende Eigenschaften auf.[44]

Die Verwendung von polytopischen Liganden zur Herstellung von Koordinationspolymerfilmen ist gegenüber ditopischen Liganden vorteilhaft. Zu den wesentlichen Nachteilen eines Multischichtaufbaus mit ditopischen Liganden gehören eine Instabilität durch Neigung der ditopischen Liganden zur Kristallisation und eine begrenzte Filmdicke, weil Fehlstellen nicht ausgeheilt werden.

Polymerfilme mit anderen dreizähnigen Liganden wie z.B. **BIP**-Liganden in der Seitenkette sind auch aus der Literatur bekannt. So wurde von *Welterlich et al.* das erste netzwerkbildende Koordinationspolymer synthetisiert, welches aus einer Phenylenfluoren-Hauptkette mit **BIP**-Liganden in den nicht-konjugierten Seitenketten bestand.[45] Nach einem koordinativen Schicht-für-Schicht-Adsorptionsprinzip mit Metallionen gelang der Aufbau von Multischichtfilmen aus einem Koordinationspolymernetzwerk (s.

Abschn. 2.3.2). Des Weiteren wurde analog zu den Arbeiten von *A. Maier et al.* **BIP**-Liganden über einen konjugierten Abstandshalter in eine Polyiminofluorenkette eingebaut. Auch in diesem Fall wurden elektrochrome Multischichtfilme mit Metallionen nach einem Schicht-für-Schicht-Aufbau hergestellt.[46,47]

2.4.1 Quarzmikrowaage

Die Quarzmikrowaage (*Quarz Crystal Microbalance* = QCM) bietet die Möglichkeit, dünne Oberflächenfilme bezüglich ihrer physikalischen Eigenschaften wie z.B. Schichtdicke, Dichte und Viskosität zu charakterisieren.[175] Den Grundbaustein einer Quarzmikrowaage bildet ein Schwingquarz, der als piezoelektrischer Dickenscherschwinger dient.[176,177] Als Piezoelektrizität wird der von Gebrüdern Curie 1880 entdeckte Effekt bezeichnet, bei dem eine elektrische Ladung an der Oberfläche eines Festkörpers durch Druck, Zug oder Torsion erzeugt wird.[178]

Die Anregung der Quarzscheibe im benötigten Dickenscherschwingungsmodus wird durch zwei Bedingungen sichergestellt. Zum einen ist es wichtig, dass der AT-Schnitt der Quarzscheibe im vordefinierten Winkel von 35°10' zur optischen Achse des Quarzkristalls erfolgt. Die so erhaltenen Quarzscheiben weisen eine sehr geringe Temperaturempfindlichkeit auf. Zum anderen müssen beidseitig Metallelektroden angebracht werden, die an ein äußeres elektrisches Wechselspannungsfeld angeschlossen sind. Meistens finden dabei im Vakuum aufgedampfte Goldelektroden Verwendung, die zuvor mit einer dünnen Schicht Chrom oder Titan zur Verbesserung der Haftungseigenschaften bedampft wurden.[178] In Abbildung 2.19 **A** ist der AT-Schnitt durch einen Quarzkristall sowie der Verlauf einer transversalen akustischen Welle zwischen den aufgedampften Goldelektroden (grau) in einem AT-Schnitt-Quarz mit der Dicke d_q dargestellt (Abb. 2.19 **B**).[179]

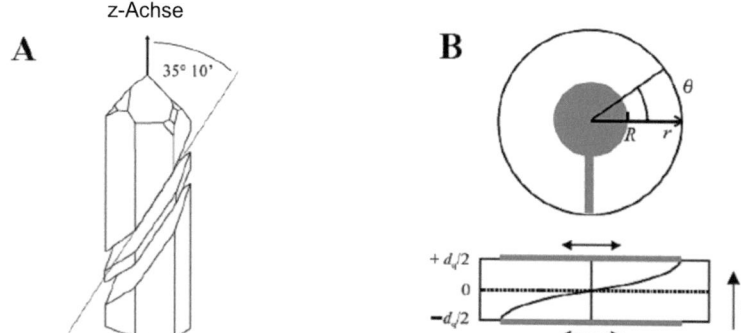

Abbildung 2.19: AT-Schnitt eines Quarzkristalls. Die Scheibe wird mit einem Winkel von 35°10' zur optischen Achse (z-Achse) aus einem stabförmigen Kristall geschnitten (**A**); Definition der Dicke d_q und des Radius r für einen kreisförmigen Quarzkristall. Die graue Fläche entspricht einer aufgedampften Metallelektrode, die durchgezogene Linie zeigt die Scherschwingung des Quarzkristalls (**B**) (entnommen aus der Literatur 177, Abb. 4 und 5).

Die elektrisch erzeugte Dickenscherschwingung stimmt mit einer Scherwelle überein, die an der Quarz-Luft-Grenzschicht reflektiert wird. Diese führt zur Bildung einer stehenden Welle im Quarz mit einer bestimmten Wellenlänge λ, die die Bedingung $d = \lambda/2$ erfüllt, wobei d die Dicke des Quarzplättchens bezeichnet. Daraus resultiert, dass die Dicke der Quarzscheibe seine Resonanzfrequenz festlegt, wobei die Wellenlänge mit der Frequenz f über die Gleichung $v = \lambda \cdot f$ zusammenhängt (v = Geschwindigkeit der Welle im Quarzmaterial). Eine Quarzscheibe mit einer Dicke d = 0,35 mm verfügt über eine Resonanzfrequenz f = 5 MHz (5·10⁶ Hz).[180]

Durch eine zusätzliche, gleichmäßige Massenablagerung Δm auf der Quarzscheibe wird die Resonanzfrequenz proportional zur abgeschiedenen Fremdmasse verringert. Dieser lineare Zusammenhang zwischen Frequenzänderung Δf und Massenbeladung Δm wird durch die Sauerbrey-Beziehung quantitativ erfasst:[181]

$$\Delta f = -\frac{2f_0^2}{\sqrt{\rho_q \mu_q}} \cdot \frac{\Delta m}{A} \qquad (2.13)$$

Hierin bezeichnet f_0 die Resonanzfrequenz des Quarzplättchens. ρ_q und μ_q sind die Dichte und der Schermodul des Quarzes, A die Elektrodenfläche und Δm die zusätzliche Massenbelegung durch die zu untersuchende Substanz. Mit Hilfe der Sauerbrey-Konstanten S_f lässt sich Gleichung (2.13) umformen zu:

$$\Delta f = -S_f \cdot \frac{\Delta m}{A} \tag{2.14}$$

Die Sauerbreykonstante, auch Schichtwägeempfindlichkeit genannt, ist eine materialspezifische Konstante.

Die Quarzmikrowaage findet Anwendung in der Umwelt- und Prozessanalytik als hochsensibler Massedetektor. Insbesondere durch technischen Fortschritt ist die Anwendbarkeit in der Biosensorik hervorzuheben, deren wachsende Bedeutung durch eine Vielzahl von Publikationen in den letzten Jahren belegt ist.[179,181,182]

3 Zielsetzung

Wie bereits aus früheren Doktorarbeiten in der Arbeitsgruppe bekannt war, lassen sich durch elektrostatische Schicht-für-Schicht-Adsorption von entgegengesetzt geladenen Polyelektrolyten,[25,27,31,37] Makrozyklen[37,183] und Polyelektrolyt-Blends[37] ultradünne, hochselektive Trennmembranen auf porösen Trägermembranen herstellen. Es wurde auch gezeigt, dass durch Beimischen eines schwachen Polyelektrolyten eine negative Überschussladung in Blendmembranen erzeugt werden kann, was eine hohe Anionenselektivität, insbesondere unter Dialyse- und Elektrodialysebedingungen zur Folge hatte.[37,167]

Die neuesten Arbeiten befassten sich mit der Herstellung ultradünner elektrochromer Filme, die durch koordinative Schicht-für-Schicht-Adsorption von terpyridinsubstituierten Polyiminofluorenen und -carbazolylenen und Übergangsmetallsalzen aufgebaut wurden.[184] Nach dem gleichen Prinzip wurden auch Filme aus Metallionenkomplexen terpyridinsubstituierter Polyanilinderivate hergestellt, die ebenfalls elektrochrome Eigenschaften aufwiesen.[43] Des Weiteren ließen sich fluoreszierende Filme aus Metallionenkomplexen konjugierter Polymere mit Benzimidazolylpyridin-Liganden durch Schicht-für-Schicht-Adsorption aufbauen.[45,46] Diese Filme waren besonders auffällig und interessant, da die Filmbildung viel schneller und leichter als bei der elektrostatischen Adsorption mit Tauchzeiten von wenigen Sekunden erfolgte. Die Beschichtungen waren optisch, mechanisch und chemisch sehr stabil. Die elektrochromen Filme wiesen kurze Schaltzeiten auf, die auf schnellen Transport der Gegenionen in und aus den Filmen hindeuteten.

Aufbauend auf diesen Arbeiten war es das Ziel dieser Arbeit, neue polytopische Liganden zu synthetisieren, diese zur Herstellung von ultradünnen Koordinationspolymerfilmen und- membranen zu verwenden und das Transportverhalten der Membranen zu studieren. Zuerst sollten Polymere mit nicht-π-konjugierter Hauptkette und Ligandengruppen in der Seitenkette durch freie und kontrollierte radikalische Copolymerisation hergestellt werden. Als ligandenhaltige Comonomere sollten Monomere mit **TPY**- bzw. **BIP**-Einheiten dienen und als ligandenfreie Comonomere sollten **NIPAM** und **Styrol** in unterschiedlichen molaren Verhältnissen eingesetzt werden. Die Verwendung von ligandenfreien Comonomeren erlaubt die Herstellung von hydrophilen **NIPAM**- und hydrophoben **Styrol**-haltigen Polymeren.

Zielsetzung

Copolymere mit Ligandengruppen als Substituenten in den Seitenketten sind schon aus der Literatur bekannt, doch ihre Verwendung zur Herstellung dünner Filme und Membranen durch Schicht-für-Schicht-Adsorption unter Ausnutzung rein koordinativer Metall-Ligand-Wechselwirkungen ist noch nicht beschrieben worden. Auch sind bisher keine Untersuchungen des Stofftransportverhaltens derartiger Membranen durchgeführt worden. Die Koordinationspolymermembranen können interessant sein, da durch die Adsorption von Polymeren mit positiv geladenen Metallionen Membranen mit hoher positiver Überschussladung zugänglich werden, die als Anionenaustauschermembranen wirken können. Ferner weisen unterschiedliche Ligandengruppen verschiedene Komplexbindungsstärken auf. Der Einfluss verschiedener Ligandengruppen auf Transporteigenschaften soll untersucht werden. Weiterhin sollen durch Variation des Comonomerverhältnisses **x:y** die Netzwerkdichte der Membran verändert werden und dadurch der Fluss und die Ausschlussgröße bei Molekularsiebeffekten beeinflusst werden.

In diesen Punkten unterscheiden sich die über koordinative Wechselwirkungen erzeugten Membranen auch von Trennmembranen aus Polyelektrolytkomplexen, die zwar durch einen ähnlichen Schicht-für-Schicht-Aufbau über elektrostatische Wechselwirkungen hergestellt werden, aber die oben beschriebenen Effekte nicht zeigen. Der besondere Anreiz des Themas liegt in den verschiedenen Möglichkeiten, die Struktur der Copolymere zu variieren und für verschiedene Membrananwendungen maßzuschneidern. Die Filme aus vernetzten Koordinationspolymeren stellen einen neuen Typ von Trennmembranen dar, dessen Einsatzmöglichkeiten zur Stofftrennung grundlegend untersucht werden sollen.

Der Multischichtaufbau der Filme soll zum einen auf festen Substraten mit Hilfe der UV/Vis-Spektroskopie, zum anderen mit Hilfe der Quarzmikrowaage verfolgt werden. Schließlich sollen Koordinationspolymermembranen auf einer porösen PAN/PET-Trägermembran hergestellt werden. Das Permeationsverhalten verschiedener Alkali- und Erdalkalimetallsalze soll zunächst in wässriger und alkoholischer Lösung unter Bedingungen der Diffusionsdialyse untersucht werden. Außerdem soll auch das Permeationsverhalten von organischen Molekülen wie Naphthalin, Perylen und Pyren in alkoholischer Lösung studiert werden. Zusätzlich soll der Transport wässriger $MgCl_2^-$, NaCl- und Na_2SO_4-Lösungen durch beschichtete Kationen- bzw. Anionenaustauschermembranen unter Elektrodialysebedingungen untersucht werden.

4 Ergebnisse und Diskussion

4.1 Verwendete Monomere

Im Laufe dieser Arbeit wurden die ligandenhaltigen Comonomere wie 4'-Vinyl-2,2':6',2''-terpyridin (**M1**), 2,6-Bis((1-methyl-1H-benzo[*d*]imidazol-2-yl)pyridin-4-yl)-methacrylat (**M2**) und 9-(2,6-Bis(1-methyl-1*H*-benzo[*d*]imidazol-2-yl)pyridin-4-yloxy)-nonylacrylat (**M3**) nach bekannten Literaturvorschriften hergestellt (Abb. 4.1). Ligandenfreie Comonomere wie **NIPAM** oder **Styrol** wurden käuflich erworben.

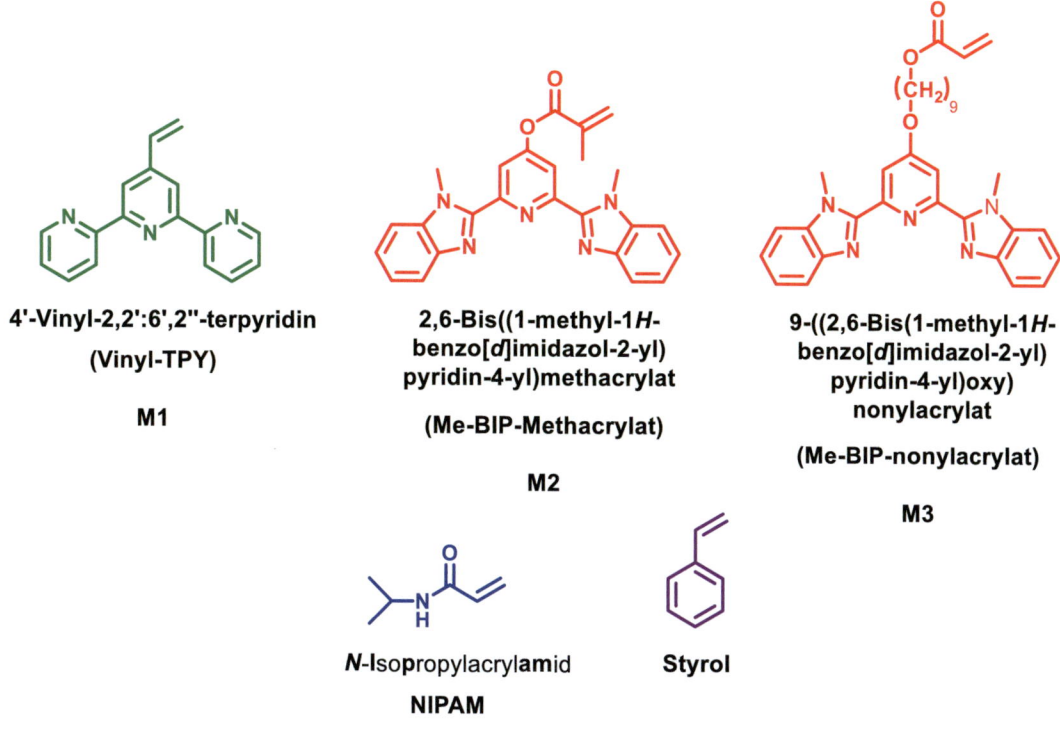

Abbildung 4.1: Übersicht verwendeter Comonomere.

Eine Zweistufensynthese zur Darstellung von 4'-substituiertem Terpyridin gelang in den 1990er Jahren *Constable* und *Ward* mit einer Ausbeute von 64%.[185] Dabei werden im ersten Reaktionsschritt in einer Claisen-Kondensation zwei Äquivalente Picolinsäureethylester mit Aceton zu einem 1,3,5-Triketon umgesetzt. Im nächsten Schritt findet die Bildung des Terpyridingrundgerüstes durch Kondensation von Triketon mit Ammoniumacetat zum Dipyridylpyridon statt. Daraufhin erfolgt eine Substitution mit Trifluormethansulfonanhydrid und eine nachfolgende Stille-Kupplung mit Vinyltributylzinn liefert das gewünschte 4'-Vinyl-2,2':6',2''-terpyridin-Produkt (Abb. 4.2).[186]

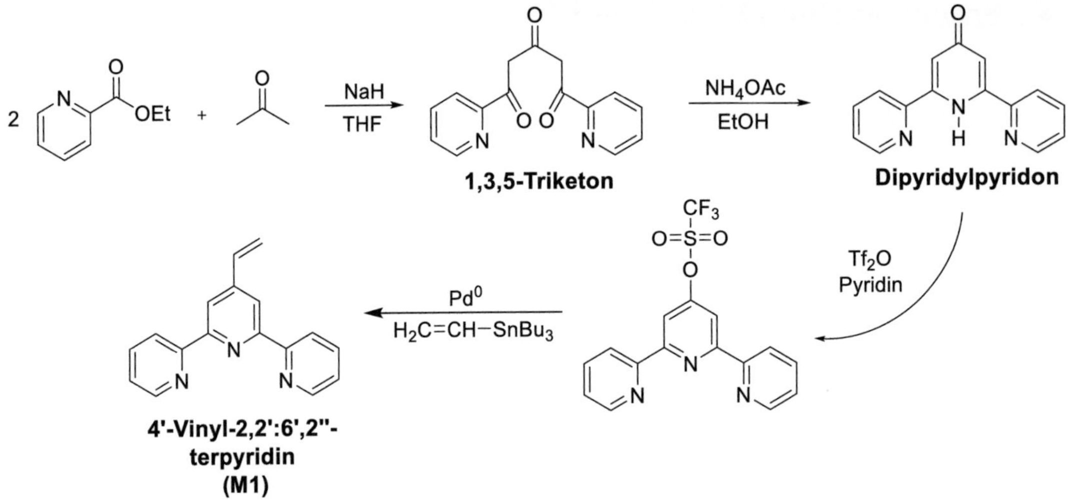

Ergebnisse und Diskussion

Abbildung 4.2: Synthese von 4'-Vinyl-2,2':6',2''-terpyridin (**M1**).[185,186]

Die erste Synthese von Benzimidazolylpyridin und seine Komplexbildung mit Eisen wurde im Jahre 1987 von *Addison et al.* durchgeführt.[142] Einige Jahre später wurde von *Rowan et al.* das **BIP**-Grundgerüst mit einer Hydroxy-Gruppe erweitert, wodurch die Herstellung von neuen Koordinationspolymeren durch einen Selbstorganisationsprozess von zweiwertigen Übergangsmetallionen und ditopischen Makromolekülen mit HO-**BIP**-Liganden an beiden Enden möglich wurde.[146] Ausgehend von Chelidamsäure und N-Methyl-phenylen-1,2-diamin wurde zuerst der 2,6-Bis(1'-methylbenzimidazolyl)-4-hydroxypyridin-Ligand (HO-**BIP**) hergestellt. Die darauffolgende Addition des Methacrylsäurechlorids unter Abspaltung des Chlorwasserstoffs führte zum Me-**BIP**-Methacrylat-Monomer **M2** (Abb. 4.3).

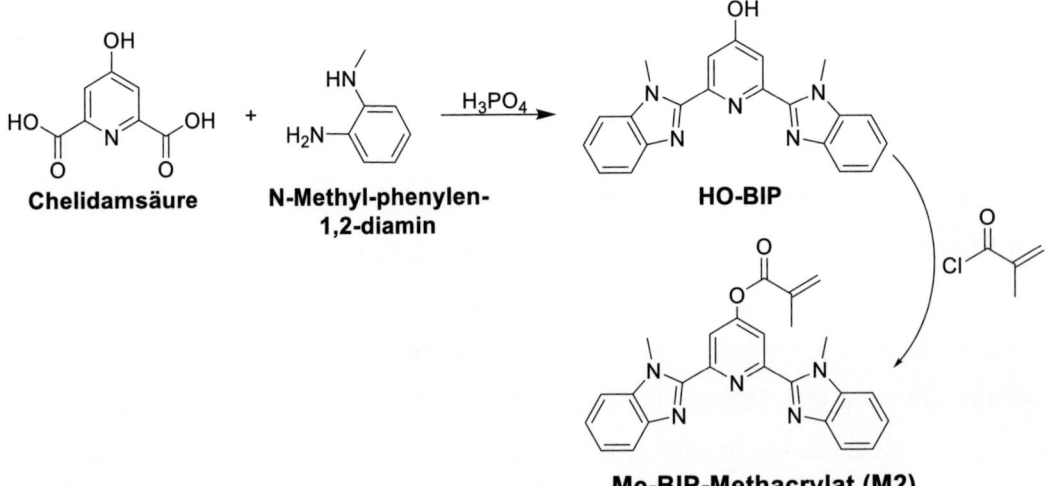

Abbildung 4.3: Synthese von Me-**BIP**-Methacrylat (**M2**).

Ergebnisse und Diskussion

Die Synthese von **M3** erfolgte in Anlehnung an die Literaturvorschrift von *Lambeth et al.*[148] Ausgehend vom HO-**BIP**-Liganden wurde in diesem Fall durch nukleophile Substitution von 9-Bromo-1-nonanol zuerst die Alkyl-Kette eingebaut. Durch nachfolgende Addition des Acrylsäurechlorids bildete sich dann 9-(2,6-Bis(1-methyl-1*H*-benzo[*d*]imidazol-2-yl)pyridin-4-yloxy)nonylacrylat (Me-**BIP**-nonylacrylat) als Produkt (Abb. 4.4).

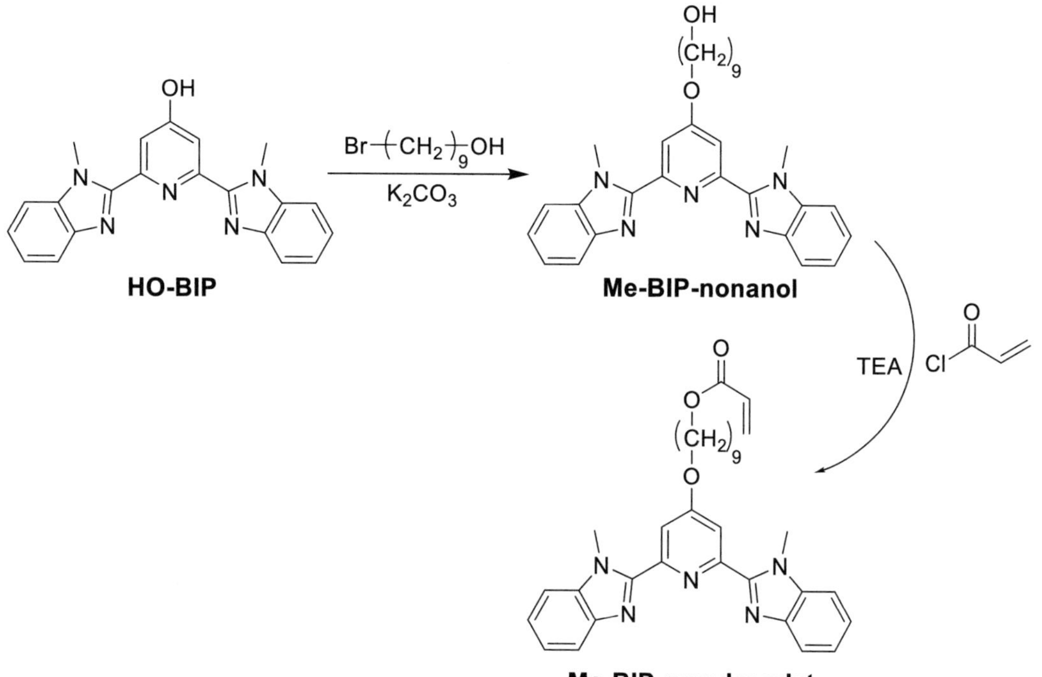

Abbildung 4.4: Synthese von Me-**BIP**-nonylacrylat (**M3**).[148]

Alle Monomere wurden NMR-spektroskopisch untersucht. Die Ergebnisse sind in Abschnitt 5, Experimenteller Teil, aufgeführt.

4.2 Darstellung und Charakterisierung von Copolymeren

Im Rahmen dieser Arbeit wurden Copolymere durch radikalische und kontrollierte radikalische Polymerisation mit nicht-π-konjugierter Hauptkette synthetisiert. Die Copolymere bestehen aus ligandenhaltigen Vinyl-, Acryl- und Methacrylmonomeren mit 2,2':6,2''-Terpyridin (**TPY**)- bzw. 2,6-Bis(1-methylbenzimidazol-2-yl)pyridin (**BIP**)-Ligan-den als Substituenten in den Seitenketten und ligandenfreien Comonomeren

Ergebnisse und Diskussion

NIPAM oder **Styrol** in unterschiedlichen molaren Verhältnissen. Durch die Verwendung von **NIPAM** bzw. **Styrol** war die Synthese von hydrophilen bzw. hydrophoben Copolymeren möglich. Eine Übersicht über die hergestellten Copolymere und ihre Bezeichnung ist in Abbildung 4.5 gezeigt.

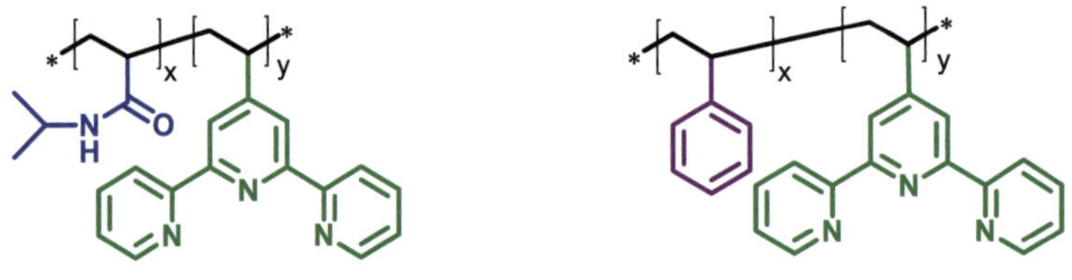

NIPAM-TPY (P1a/P1b)   **Styrol-TPY (P2a/P2b)**

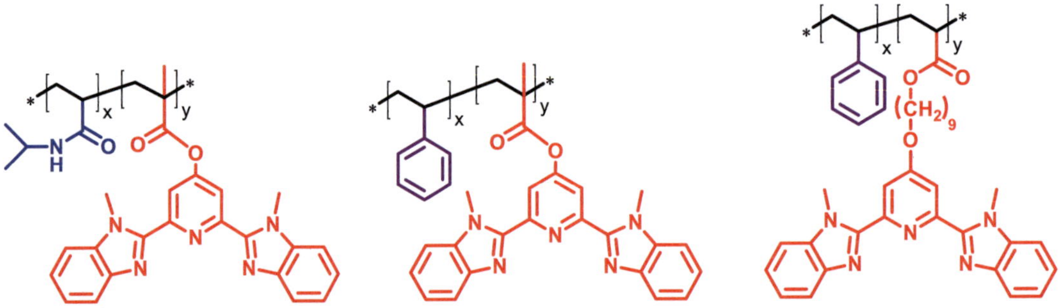

NIPAM-BIP (P3a/P3b)   **Styrol-BIP (P4a/P4b)**   **Styrol-BIP-nonyl (P5)**

Abbildung 4.5: Liste der hergestellten Copolymere. Die Zusätze a und b bezeichnen verschiedene Proben mit unterschiedlichen Molekulargewichten und unterschiedlichen Comonomerzusammensetzungen (s. auch Tab. 4.1).

Eine genaue Beschreibung der einzelnen Synthesen sowie eine Charakterisierung der Copolymere mittels ^{1}H-NMR-Spektroskopie erfolgt im experimentellen Teil (Abschn. 5).

Die hergestellten Copolymere sind gut in gängigen organischen Lösungsmitteln wie Chloroform, Dichlormethan, Tetrahydrofuran und Dimethylformamid löslich. Die Molekulargewichte der Copolymere wurden mit Hilfe der Gelpermeationschromatographie (GPC) ermittelt. Das höchste Molekulargewicht M_w von 45100 g/mol wurde für **Styrol-TPY** (**P2b**) erhalten. Das niedrigste Molekulargewicht M_w von 12200 g/mol besitzt **NIPAM-BIP** (**P3b**). Die Molekulargewichte der hergestellten Copolymere sind in Tabelle 4.1 aufgelistet.

Ergebnisse und Diskussion

Tabelle 4.1: Molekulargewichte der hergestellten Copolymere.

	M_w [kg/mol]	M_n [kg/mol]
NIPAM-TPY (P1a)	22,7	10,3
NIPAM-TPY (P1b)	39,8	17,8
Styrol-TPY (P2a)	35,1	18,2
Styrol-TPY (P2b)	45,0	24,9
NIPAM-BIP (P3a)	25,8	16,8
NIPAM-BIP (P3b)	12,2	5,9
Styrol-BIP (P4a)	17,5	6,9
Styrol-BIP (P4b)	30,8	22,4
Nonyl-Styrol-BIP (P5)	12,7	8,0

4.2.1 Bestimmung der Copolymerzusammensetzung

Da die Comonomere unterschiedliche Reaktivitäten aufweisen, entspricht die Zusammensetzung des Copolymers oft nicht dem Molverhältnis der eingesetzten Comonomere. Die Copolymerzusammensetzung x:y wurde mit Hilfe der UV/Vis-Spektroskopie ermittelt. Zunächst wird das UV/Vis-Spektrum des Copolymers mit den Absorptionsbanden der Liganden aufgenommen. Hieraus lässt sich bei bekannter Massenkonzentration ein Massen-Extinktionskoeffizient $\varepsilon_{g,Pol}$ mit Hilfe der Gleichung (4.1) bestimmen:

$$\varepsilon_{g,Pol} = \frac{A}{c \cdot d} \left[\frac{L}{g(\text{Polymer}) \cdot cm} \right] \quad (4.1)$$

Als nächstes wird der molare Extinktionskoeffizient des entsprechenden ligandenhaltigen Comonomers $\varepsilon_{m,Lig}$ UV-spektroskopisch mit Hilfe einer Konzentrationsreihe bestimmt. Die Auftragung der Absorptionsmaxima gegen die Konzentration liefert eine Gerade, aus deren Steigung sich $\varepsilon_{m,Lig}$ ergibt. Dann werden die ermittelten Extinktionskoeffizienten des Copolymers $\varepsilon_{g,Pol}$ und des ligandenhaltigen Comonomers $\varepsilon_{m,Lig}$ ins Verhältnis gesetzt und die Molzahl n'_{Lig} des ligandenhaltigen Monomers pro Gramm Polymer bestimmt:

$$\frac{\varepsilon_{g,Pol}}{\varepsilon_{m,Lig}} = n'_{Lig} \left[\frac{\text{mol (Lig)}}{\text{g (Pol)}} \right] \quad (4.2)$$

Ergebnisse und Diskussion

Durch Multiplizieren von n'_{Lig} mit der molaren Masse des ligandenhaltigen Comonomers M_{Lig} wird der Massenanteil w_{Lig} des ligandenhaltigen Comonomers im Copolymer erhalten:

$$w_{Lig}\left[\frac{g\,(Lig)}{g\,(Pol)}\right] = n'_{Lig}\left[\frac{mol\,(Lig)}{g\,(Pol)}\right] \cdot M_{Lig}\left[\frac{g\,(Lig)}{mol\,(Lig)}\right] \quad (4.3)$$

und

$$w_{Lig} = \frac{\varepsilon_{g,Pol}}{\varepsilon_{m,Lig}} \cdot M_{Lig} \quad (4.4)$$

Aus w_{Lig} lässt sich das Molverhältnis der beiden Comonomere im Copolymer (hier bezeichnet als "Lig" und "Com") mit $m_{Pol} = m_{Lig} + m_{Com}$ ermitteln:

$$w_{Lig}\left[\frac{g\,(Lig)}{g\,(Pol)}\right] = \frac{m_{Lig}}{m_{Pol}} = \frac{n_{Lig} \cdot M_{Lig}}{m_{Lig} + m_{Com}} = \frac{n_{Lig} \cdot M_{Lig}}{n_{Lig} \cdot M_{Lig} + n_{Com} \cdot M_{Com}} \quad (4.5)$$

In Gleichung (4.5) sind m_{Pol}, m_{Lig} und m_{Com} die Massen des Copolymers, des ligandenhaltigen Comonomers und des zweiten Comonomers (**Styrol** oder **NIPAM**) im Copolymer. M_{Lig} und M_{Com} bezeichnen die Molekulargewichte des ligandenhaltigen und des zweiten Cobausteins, n_{Lig} und n_{Com} die entsprechenden Molzahlen. Erweitern von Gleichung (4.5) mit $1/n_{Lig}$ liefert:

$$w_{Lig}\left[\frac{g\,(Lig)}{g\,(Pol)}\right] = \frac{n_{Lig} \cdot M_{Lig} \cdot \left(\frac{1}{n_{Lig}}\right)}{(n_{Lig} \cdot M_{Lig} + n_{Com} \cdot M_{Com}) \cdot \left(\frac{1}{n_{Lig}}\right)} = \frac{M_{Lig}}{M_{Lig} + \left(\frac{n_{Com}}{n_{Lig}}\right) \cdot M_{Com}} \quad (4.6)$$

Durch Auflösen von Gleichung (4.6) nach dem Molverhältnis n_{Com}/n_{Lig} der Comonomere im Copolymer ergibt sich:

$$\left(\frac{n_{Com}}{n_{Lig}}\right) = \left(\frac{1}{w_{Lig}} - 1\right) \cdot \frac{M_{Lig}}{M_{Com}} \quad (4.7)$$

Kombiniert man Gleichung (4.4) mit (4.7), so erhält man:

$$\frac{x}{y} = \left(\frac{n_{Com}}{n_{Lig}}\right) = \left(\frac{1}{M_{Lig} \cdot \frac{\varepsilon_{g,Pol}}{\varepsilon_{m,Lig}}} - 1\right) \cdot \frac{M_{Lig}}{M_{Com}} = \frac{\varepsilon_{m,Lig}}{M_{Com} \cdot \varepsilon_{g,Pol}} - \frac{M_{Lig}}{M_{Com}} \quad (4.8)$$

Diese Gleichung gestattet, das Molverhältnis der beiden Comonomere im Copolymer allein aus der Messung des ε_g-Wertes des Copolymers, des ε_m-Wertes des ligandenhaltigen Comonomers sowie der Molekulargewichte der beiden Comonomere zu bestimmen.

Im Folgenden ist anhand des Copolymers **P1b** (s. Tab. 4.1) bestehend aus dem ligandenhaltigen Comonomer **M1** und dem ligandenfreien Comonomer **NIPAM**, welche in einem molaren Verhältnis von 1:20 eingesetzt wurden, eine Beispielrechnung durchgeführt. In Abbildung 4.6 ist das UV/Vis-Spektrum von **P1b** in Dichlormethan dargestellt.

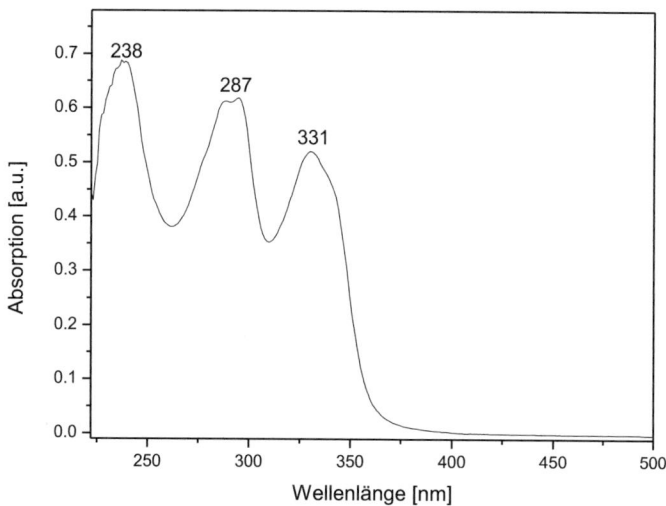

Abbildung 4.6: UV/Vis-Absorptionsspektrum von **P1b** in DCM.

Bei der Wellenlänge von 287 nm entspricht das Absorptionsmaximum einem Wert von $A = 0{,}60175$. Ausgehend von einer Massenkonzentration von 0,02 g/L und einer Schichtdicke d der Küvette von 1 cm lässt sich ein Massen-Extinktionskoeffizient $\varepsilon_{g,Pol}$ mit Hilfe der Gleichung (4.1) berechnen:

$$\varepsilon_{g,Pol} = \frac{A}{c \cdot d} = \frac{0{,}60175}{0{,}02\,\text{g} \cdot \text{L}^{-1} \cdot 1\,\text{cm}} = 30{,}09 \, \frac{\text{L}}{\text{g}(\text{Pol}) \cdot \text{cm}}$$

Ergebnisse und Diskussion

Der molare Extinktionskoeffizient des ligandenhaltigen Comonomers, $\varepsilon_{m,Lig}$, kann aus der Steigung der Geraden, die sich aus der UV-spektroskopischen Konzentrationsreihe ergibt, bestimmt werden:

$$\varepsilon_{m,Lig} = 36931{,}83 \ \frac{L}{mol \cdot cm}$$

Einsetzen von $\varepsilon_{g,Pol}$ und $\varepsilon_{m,Lig}$ sowie M_{Lig} = 259,31 g/mol und M_{Com} = 113,16 g/mol in Gleichung (4.8) liefert:

$$\frac{x}{y} = \frac{\varepsilon_{m,Lig}}{M_{Com} \cdot \varepsilon_{g,Pol}} - \frac{M_{Lig}}{M_{Com}} = \frac{36931{,}83 \ \frac{L}{mol \cdot cm}}{113{,}16 \ \frac{g}{mol} \cdot 30{,}09 \ \frac{L}{g(Pol) \cdot cm}} - \frac{259{,}31 \ \frac{g}{mol}}{113{,}16 \ \frac{g}{mol}} = 8{,}56$$

Aus diesem Ergebnis lässt sich schlussfolgern, dass **NIPAM** in einem molaren Verhältnis zum **TPY**-haltigen Comonomer von 8,6:1 eingebaut wurde. Das während der Reaktion vorgelegte molare Verhältnis der beiden Monomere betrug 20:1. In Tabelle 4.2 sind die während des Reaktionsansatzes vorgelegten molaren Verhältnisse der beiden Comonomere und die nach Gleichung (4.8) ermittelten Ergebnisse von allen hergestellten Copolymeren zusammengestellt. Es zeigt sich, dass in den meisten Fällen das ligandenhaltige Comonomer bevorzugt eingebaut wurde.

Tabelle 4.2: Vorgelegte Zusammensetzung x:y der Comonomermischung und ermittelte Zusammensetzung x:y der Copolymere.

	vorgelegte Zusammensetzung	ermittelte Zusammensetzung
NIPAM-TPY (P1a)	10:1	11:1
NIPAM-TPY (P1b)	20:1	8,6:1
Styrol-TPY (P2a)	10:1	10,9:1
Styrol-TPY (P2b)	20:1	16,8:1
NIPAM-BIP (P3a)	10:1	6,7:1
NIPAM-BIP (P3b)	20:1	13,6:1
Styrol-BIP (P4a)	10:1	6,7:1
Styrol-BIP (P4b)	20:1	9,2:1
Nonyl-Styrol-BIP (P5)	12:1	4,3:1

4.2.2 Komplexbildungseigenschaften

Die Copolymere und die ligandenhaltigen Comonomere sind imstande, über die Ligandengruppen mit Metallionen Komplexe auszubilden. Es ist die Entstehung von Mono-Komplexen zwischen einem Liganden und einem Metallion und auch von Bis-Komplexen zwischen zwei Liganden und einem Metallion möglich.[47] Die Komplexbildung lässt sich durch eine Ladungsübertragung vom d-Orbital des Metalls zum nicht besetzten π*-Orbital erklären (metal-to-ligand-charge-transfer, MLCT). Eine Folge dieses Übergangs ist eine Absorptionszunahme und -verschiebung im sichtbaren Spektralbereich, wobei die Form und Lage der MLCT-Bande sowohl vom Liganden und seinem zugehörigen konjugierten System als auch vom Metallion selbst entscheidend beeinflusst werden. In Abbildung 4.7 ist der Mechanismus der Komplexierung am Beispiel des **Styrol-TPY**-Copolymers unter Zugabe von Zinkacetat schematisch wiedergegeben.

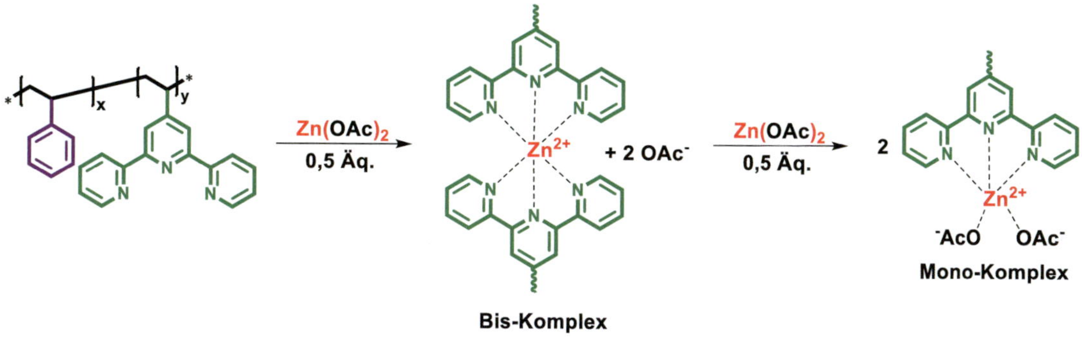

Abbildung 4.7: Bildung der Bis- und Mono-Komplexe des **Styrol-TPY**-Copolymers unter Zugabe von Zn(OAc)$_2$.[43]

Die Entstehung der Mono- und Bis-Komplexe wird durch die Komplexbildungskonstanten K_{Bis} bzw. K_{Mon} bestimmt, die wie folgt definiert sind:

$$K_{Bis} = \frac{[ML_2^{2+}]}{[M^{2+}][L]^2} \quad (4.9)$$

$$K_{Mon} = \frac{[ML^{2+}]}{[M^{2+}][L]} \quad (4.10)$$

Hierin bezeichnen [M^{2+}] und [L] die Konzentrationen der freien Metallionen und der freien Liganden. [ML^{2+}] und [ML$_2$$^{2+}$] sind die Konzentrationen der Mono- bzw. der Bis-Komplexe. Da K_{Bis} meist kleiner als K_{Mon} ist, entsteht bei Zugabe von Metallionen zu freien Liganden zunächst der Bis-Komplex und erst bei höherer Metallionenkonzentration (Ligand:Metallion = 1:1) der Mono-Komplex. Mit der Komplexierung der Metall-

Ergebnisse und Diskussion

ionen ist beim 2:1-Komplex eine Vernetzung der Polymerketten verbunden. Deshalb ist der 2:1-Komplex schlecht löslich. Liegt eine zu hohe Löslichkeit des Polymers oder des Metallions im verwendeten Lösungsmittel vor, verlagert sich das Gleichgewicht in Richtung des dissoziierten Komplexes. Folglich beeinflussen sowohl das Lösungsmittel als auch die Polymer- und Ionenkonzentration die Komplexbildung. Eine steigende Konzentration der eingesetzten Lösungen führt zur Verschiebung des Gleichgewichts zugunsten des Bis-Komplexes.

Um die Komplexbildungseigenschaften zu untersuchen, wurden sowohl Copolymere als auch das Comonomer **M1** mit und ohne **NIPAM** und unterschiedlichen divalenten Metallsalzen wie Zinkacetat und Kupfer(II)chlorid titriert und die Veränderung der Absorption bei der Komplexbildung mittels UV/Vis-Spektroskopie quantitativ verfolgt.

4.2.2.1 Komplexbildung des Comonomers M1 mit Zinkacetat

Als erstes wurde die Komplexbildung des **Vinyl-TPY**-Comonomers **M1** mit Zinkacetat mittels UV/Vis-Spektroskopie verfolgt. Die Titration fand in einer Mischung aus Chloroform und Methanol im Verhältnis von 25:1 (v/v) statt. Die Konzentration des Comonomers betrug $2,16 \cdot 10^{-7}$ mol/L, die Metallsalzlösung hatte eine Konzentration von $3,95 \cdot 10^{-2}$ mol/L. Abbildung 4.8 zeigt die Änderung der Absorption von **M1** bei schrittweiser Zugabe von $Zn(OAc)_2$.

Das UV/Vis-Absorptionsspektrum des unkomplexierten Comonomers weist drei $\pi \rightarrow \pi^*$-Banden mit Absorptionsmaxima bei 280, 320 und 330 nm auf (Abb. 4.8). Während der schrittweisen Zugabe von Zn^{2+}-Ionen in Form der $Zn(OAc)_2$-Lösung nimmt die Intensität der MLCT-Banden mit Maxima bei 328 und 341 nm zu. Es sind drei isosbestische Punkte bei 257, 287 und 314 nm zu erkennen. Es findet eine Abnahme der Absorption im Bereich zwischen den beiden isosbestischen Punkten bei 287 und 314 nm sowie eine Absorptionszunahme bei 278 nm statt. Der elektronenziehende Effekt der komplexierten Zn^{2+}-Ionen bewirkt eine Verarmung des π-Systems der **TPY**-Einheiten an Elektronen, was eine Intensitätsabnahme der $\pi \rightarrow \pi^*$-Bande zur Folge hat. Nach Zugabe von 0,5 Äquivalenten Zn^{2+}-Ionen ist der Anstieg der MLCT-Bande beendet. Dies deutet auf die Bildung des Bis-Komplexes hin. Bei weiterer Zugabe von Metallsalz wird keine weitere Absorptionsänderung im UV/Vis-Spektrum mehr beobachtet.

Ergebnisse und Diskussion

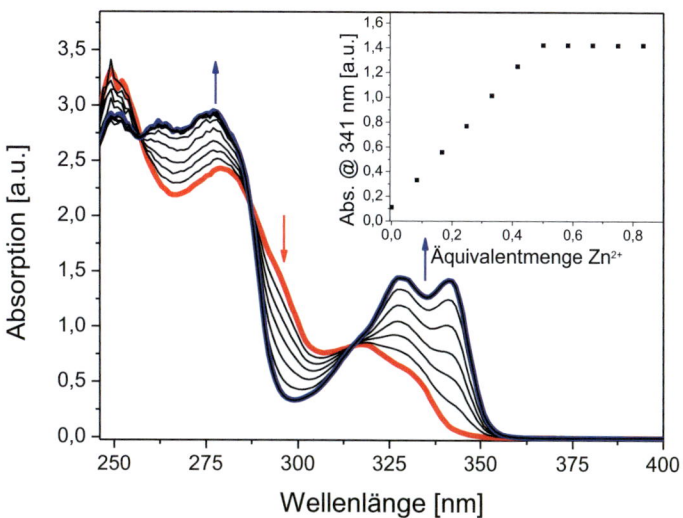

Abbildung 4.8: UV/Vis-Absorptionsspektren des **Vinyl-TPY**-Comonomers **M1** (20 mg/L) in CHCl$_3$/MeOH vor und nach der schrittweisen Titration mit Zn(OAc)$_2$. Der Einsatz zeigt die Absorption bei 341 nm als Funktion der Äquivalentmenge von Zn(OAc)$_2$.

4.2.2.2 Komplexbildung des Styrol-TPY-Copolymers P2a mit Zinkacetat

Die Komplexbildung des **Styrol-TPY**-Copolymers **P2a** wurde analog zum Comonomer **M1** durch Titration mit Zinkacetat untersucht. Als Lösungsmittelgemisch wurden Chloroform und Methanol im Verhältnis von 25:1 (v/v) verwendet. Die Konzentration des Copolymers betrug 20 mg/L bzw. 2,81·10^{-8} monomol/L (monomol = Molmasse einer Wiederholungseinheit, d.h. Molmasse von x·Comonomereinheiten und einer ligandenhaltigen Comonomereinheit), die Zinkacetat-Lösung hatte eine Konzentration von 5,14·10^{-3} mol/L. 2,8 mL der Copolymerlösung wurden mit insgesamt 60 µL der Zinkacetat-Lösung in Aliquoten titriert. Abbildung 4.9 zeigt die Änderung der Absorption von **P2a** bei schrittweiser Zugabe von Zn(OAc)$_2$.

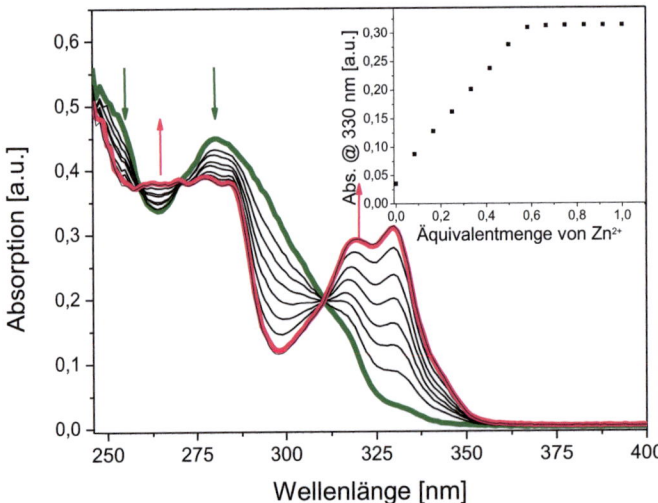

Abbildung 4.9: UV/Vis-Absorptionsspektren des **Styrol-TPY**-Copolymers **P2a** (20 mg/L) in CHCl$_3$/MeOH vor und nach der schrittweisen Titration mit Zn(OAc)$_2$. Der Einsatz zeigt die Absorption bei 330 nm als Funktion der Äquivalentmenge von Zn(OAc)$_2$.

Das UV/Vis-Absorptionsspektrum des unkomplexierten Copolymers weist eine breite π→π*-Bande mit einem Absorptionsmaximum bei 280 nm auf (Abb. 4.9). Durch Zugabe von Zn^{2+}-Ionen in Form der Zn(OAc)$_2$-Lösung entsteht ein MLCT-Komplex, erkennbar an der MLCT-Bande mit Absorptionsmaxima bei 324 und 330 nm. Zusätzlich ist der Rückgang des Absorptionsmaximums bei 280 nm, die dem π→π*-Übergang des unkomplexierten Copolymers entspricht, zu erkennen. Durch die elektronenziehende Wirkung des komplexierten Zn^{2+}-Ions verarmt das π-System der **TPY**-Einheit an Elektronen, was zur Intensitätsabnahme der π→π*-Bande führt. Es entstehen drei isosbestische Punkte bei 259, 270 und 310 nm. Bis zur Zugabe von 0,5 Äquivalenten Zn^{2+}-Ionen bildet sich nach Abbildung 4.7 der Bis-Komplex unter koordinativer Vernetzung des Copolymers. Nach Zugabe von mehr als 0,5 Äquivalent an Metallsalz ist keine weitere Veränderung der Absorption mehr erkennbar.

4.2.2.3 Komplexbildung des Comonomers M1 und NIPAM mit Zinkacetat

Um einen möglichen Einfluss des Comonomers **NIPAM** auf die Komplexbildung von Terpyridin mit Zn^{2+}-Ionen zu untersuchen, wurde ein UV/Vis-Titrationsexperiment des

Vinyl-TPY-Comonomers **M1** in Anwesenheit von **NIPAM** mit Zinkacetat durchgeführt. Als Lösungsmittelgemisch dienten Chloroform/Methanol im Verhältnis von 25:1 (v/v). Die Konzentration des ligandenhaltigen Comonomers betrug $2{,}16 \cdot 10^{-7}$ mol/L, die des **NIPAM**-Comonomers $4{,}95 \cdot 10^{-7}$ mol/L. Die Zinkacetatlösung hatte eine Konzentration von $3{,}95 \cdot 10^{-2}$ mol/L. Abbildung 4.10 zeigt die Änderung der Absorption beider Comonomere bei schrittweiser Zugabe von $Zn(OAc)_2$.

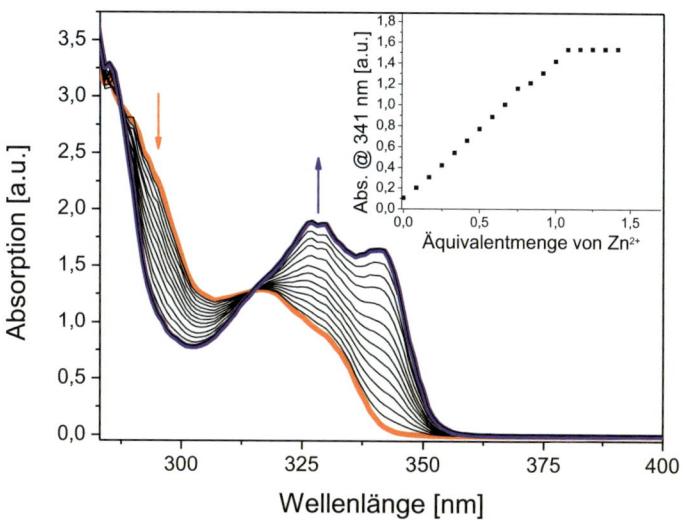

Abbildung 4.10: UV/Vis-Absorptionsspektren des Gemischs aus dem **Vinyl-TPY**-Comonomer **M1** (20 mg/L) und **NIPAM** in $CHCl_3$/MeOH vor und nach der schrittweisen Titration mit $Zn(OAc)_2$. Der Einsatz zeigt die Absorption bei 341 nm als Funktion der Äquivalentmenge von $Zn(OAc)_2$.

Im UV/Vis-Absorptionsspektrum des Gemischs aus **M1** und **NIPAM** treten drei $\pi \rightarrow \pi^*$-Banden mit Absorptionsmaxima bei 278, 320 und 332 nm auf (s. Abb. 4.10). Das Spektrum ähnelt stark dem Spektrum des reinen **M1** in Abbildung 4.8. Während der schrittweisen Titration mit Zinkacetat-Lösung steigt die Intensität der MLCT-Banden mit Absorptionsmaxima bei 328 und 341 nm kontinuierlich an. Außerdem geht das Absorptionsmaximum bei 278 nm zurück, was durch die Verarmung des π-Systems der **TPY**-Einheit an Elektronen verursacht wird, die wiederum durch den elektronenziehenden Effekt des komplexierten Zn^{2+}-Ions hervorgerufen wird. Es ist ein isosbestischer Punkt bei 315 nm zu erkennen. Die Absorptionszunahme erfolgt bis zu einer Zugabe von etwa 1,1 Äquivalenten an Metallsalz (bezogen auf **TPY**-Einheiten), sodass die Bildung eines Mono-Komplexes wahrscheinlich ist. Dies ist anders als beim **Styrol-**

Ergebnisse und Diskussion

TPY-Copolymer und beim **Vinyl-TPY**-Comonomer ohne Beisein des **NIPAM**-Comonomers. Es ist möglich, dass sich unter Beteiligung der freien Elektronenpaare der Stickstoffatome von benachbarten **NIPAM**-Einheiten ein Komplex mit quadratisch-pyramidaler Anordnung der N-Atome bildet (Abb. 4.11).

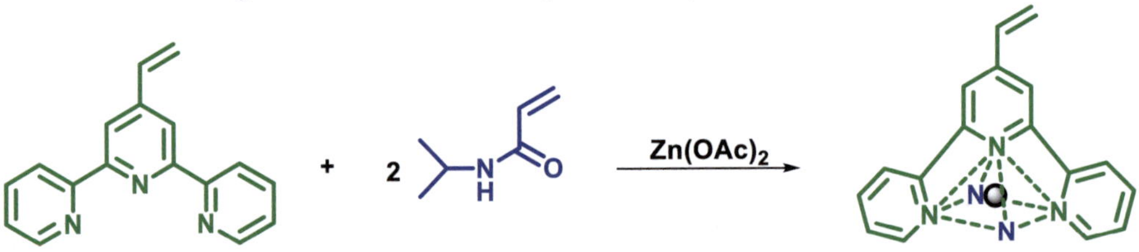

Abbildung 4.11: Bildung eines quadratisch-pyramidalen Mono-Komplexes des **Vinyl-TPY**-Comonomers bei Anwesenheit des **NIPAM**-Comonomers und Zugabe von Zn(OAc)$_2$.

4.2.2.4 Komplexbildung des NIPAM-TPY-Copolymers P1b mit Zinkacetat

Die Komplexbildung des **NIPAM-TPY**-Copolymers **P1b** mit Zinkacetat wurde ebenfalls untersucht (Abb. 4.12). Als Lösungsmittel wurden wie bei **P2a** wieder CHCl$_3$/MeOH (25:1 v/v) eingesetzt. Die Konzentration des Copolymers betrug 4,58·10^{-8} monomol/L, die Metallsalzlösung hatte eine Konzentration von 8,37·10^{-3} mol/L.

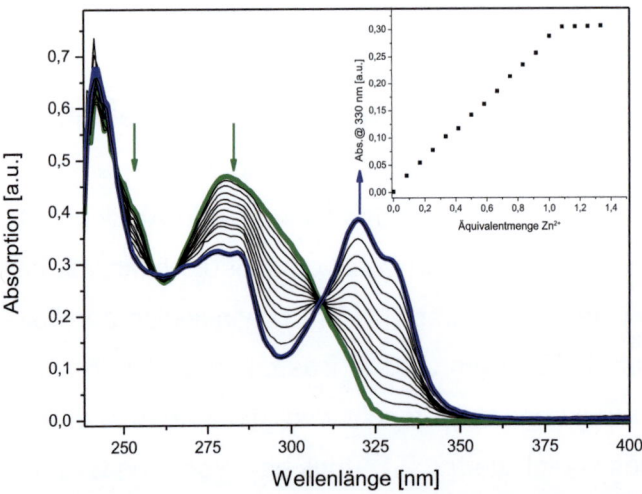

Abbildung 4.12: UV/Vis-Absorptionsspektren des **NIPAM-TPY**-Copolymers **P1b** (20 mg/L) in CHCl$_3$/MeOH vor und nach der schrittweisen Titration mit Zn(OAc)$_2$. Der Einsatz zeigt die Absorption bei 330 nm als Funktion der Äquivalentmenge von Zn(OAc)$_2$.

Ergebnisse und Diskussion

Das UV/Vis-Absorptionsspektrum weist zwei $\pi \rightarrow \pi^*$-Banden mit Absorptionsmaxima bei 242 und 280 nm sowie eine Schulter bei 318 nm auf. Im Laufe der Titration wird ein ähnliches Verhalten wie beim **Styrol-TPY**-Copolymer **P2a** beobachtet. Die Intensität der Absorptionsmaxima bei 242 und 280 nm nimmt durch den elektronenziehenden Effekt des komplexierten Zinkions ab und gleichzeitig entstehen neue Maxima bei 320 und 330 nm, welche als Nachweis für die Bildung der Terpyridin-Komplexe mit Zinkionen dienen. Auch hier sind vier isosbestische Punkte bei 248, 260, 265 und 309 nm zu erkennen. Wie bei der Mischung aus dem **Vinyl-TPY**-Comonomer **M1** und **NIPAM** ändert sich die Absorption bis zur Zugabe des einfachen Äquivalents an Metallsalz (bezogen auf **TPY**-Einheiten), sodass sich auch hier ein Mono-Komplex und nicht der Bis-Komplex wie im Falle des **Styrol-TPY**-Copolymers **P2a** bildet. Eine Ursache hierfür sind vermutlich die freien Elektronenpaare der Stickstoffatome von benachbarten **NIPAM**-Einheiten, die ähnlich wie bei der Mischung aus dem **Vinyl-TPY**-Comonomer **M1** und **NIPAM** zur Bildung eines Komplexes mit quadratisch-pyramidaler Anordnung der Stickstoffatome führt (s. Abb. 4.11).

4.2.2.5 Komplexbildung des NIPAM-BIP-Copolymers P3b mit Kupfer(II)chlorid

Um die Komplexbildungseigenschaften des **NIPAM-BIP**-Copolymers **P3b** zu untersuchen, wurde das Copolymer mit Kupfer(II)chlorid titriert. Das Lösungsmittelgemisch bestand aus Chloroform und Methanol im Volumenverhältnis 25:1. Die Konzentration des Copolymers betrug $3{,}68 \cdot 10^{-8}$ monomol/L, die Metallsalzlösung hatte eine Konzentration von $5{,}23 \cdot 10^{-3}$ mol/L. Abbildung 4.13 zeigt die Absorptionsspektren von **P3b** nach Zugabe verschiedener Mengen an $CuCl_2$.

Die Zugabe der Cu^{2+}-Ionen führt zur Entstehung der MLCT-Bande bei 366 nm, die von einem Rückgang des Absorptionsmaximums bei 315 nm begleitet ist. Die Absorptionsspektren weisen drei isosbestische Punkte bei 247, 281 und 338 nm auf. Der Anstieg der MLCT-Bande erfolgt bis zum Erreichen eines Metallion:Ligand-Verhältnisses von 1:1, wie bereits in früheren Arbeiten beschrieben wurde.[46,47]

Ergebnisse und Diskussion

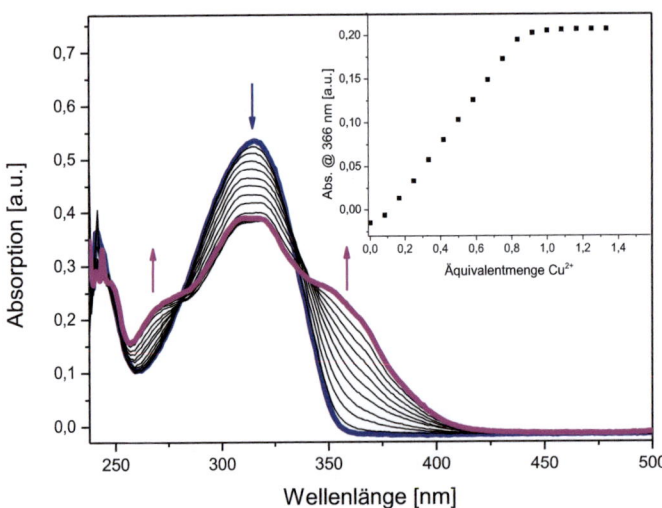

Abbildung 4.13: UV/Vis-Absorptionsspektren des **NIPAM-BIP**-Copolymers **P3b** (20 mg/L) in CHCl$_3$/MeOH vor und nach der schrittweisen Titration mit CuCl$_2$. Der Einsatz zeigt die Absorption bei 366 nm als Funktion der Äquivalentmenge von CuCl$_2$.

Vermutlich wird auch in diesem Fall ein Mono-Komplex nach Abbildung 4.14 gebildet.

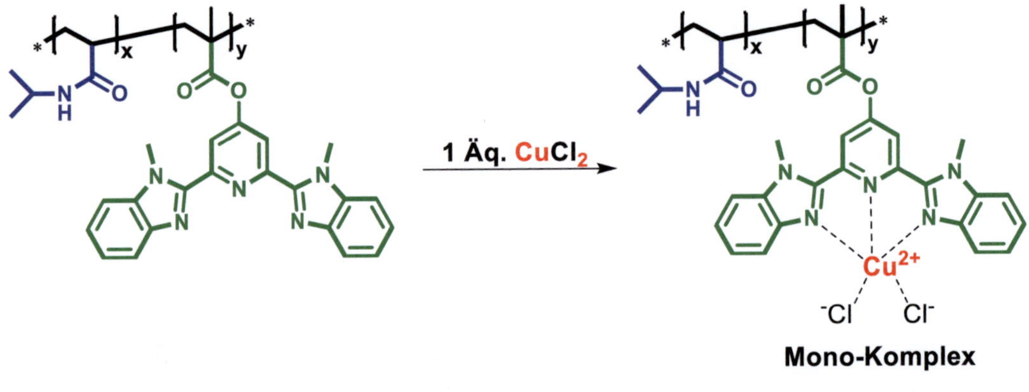

Abbildung 4.14: Bildung des Mono-Komplexes des **NIPAM-BIP**-Copolymers **P3b** unter Zugabe von CuCl$_2$.

Durch weitere Zugabe von Metallionen wird keine Absorptionsveränderung im Spektrum festgestellt, sodass die Titration nach Zugabe der einfachen Äquivalentmenge an Metallsalz abgeschlossen ist.

4.2.2.6 Komplexbildung des Styrol-BIP-Copolymers P4a mit Kupfer(II)chlorid

Um die Komplexbildungseigenschaften des **Styrol-BIP**-Copolymers **P4a** zu untersuchen, wurde das Copolymer mit Kupfer(II)chlorid titriert. Das Lösungsmittelgemisch bestand aus Chloroform und Methanol im Verhältnis 25:1 (v/v). Die Konzentration des Copolymers betrug $5{,}02 \cdot 10^{-8}$ monomol/L, die Kupferchloridlösung hatte eine Konzentration von $7{,}14 \cdot 10^{-3}$ mol/L. Abbildung 4.15 zeigt die UV/Vis-Absorptionsspektren von **P4a** nach Zugabe verschiedener Mengen an $CuCl_2$.

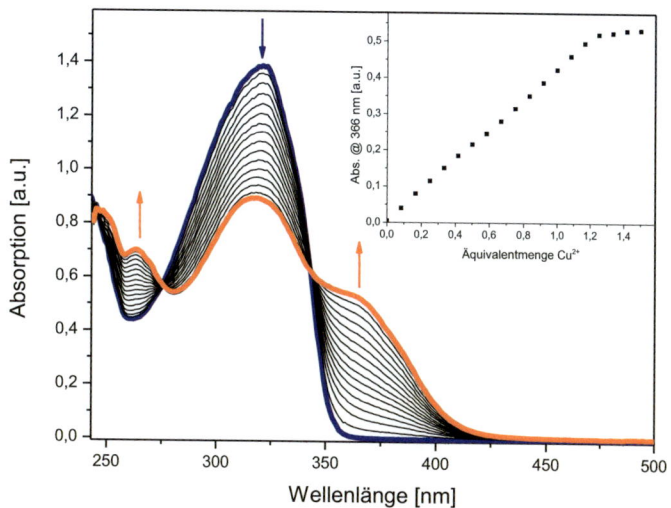

Abbildung 4.15: UV/Vis-Absorptionsspektren des **Styrol-BIP**-Copolymers **P4a** (20 mg/L) in $CHCl_3$/MeOH vor und nach der schrittweisen Titration mit $CuCl_2$. Der Einsatz zeigt die Absorption bei 366 nm als Funktion der Äquivalentmenge von $CuCl_2$.

Im Laufe der Titration wird eine ähnliche Änderung der Absorptionsspektren wie beim **NIPAM-BIP**-Copolymer **P3b** beobachtet. Bei Zugabe der Cu^{2+}-Ionen entsteht eine MLCT-Bande mit Absorptionsmaximum bei 366 nm, deren Absorption bis ca. 450 nm reicht. Die Intensität der $\pi \rightarrow \pi^*$-Bande bei 321 nm wird reduziert und hypsochrom nach 316 nm verschoben. Es sind zwei isosbestische Punkte bei 275 und 344 nm zu erkennen. Die Absorptionszunahme im Bereich der MLCT-Bande verläuft bis zu einer Zugabe von etwa 1,2 Äquivalenten linear. Danach erfolgt kein weiterer Anstieg der Absorption mehr. Der zur Bildung der Mono-Komplexe notwendige geringfügige Überschuss an Metallionen deutet auf einen relativ schwachen Komplex hin.

4.2.2.7 Komplexbildung des Styrol-BIP-nonylacrylat Copolymers P5 mit Kupfer(II)chlorid

Analog zu den anderen Copolymeren wurden die Komplexbildungseigenschaften des **Styrol-BIP-nonylacrylat**-Copolymers **P5** mit Hilfe einer UV/Vis-Titration mit Kupfer(II)-chlorid quantitativ verfolgt. Das Lösungsmittelgemisch enthielt Chloroform und Methanol in einem Volumenverhältnis von 25:1. Die Konzentration des Copolymers betrug $5,63 \cdot 10^{-8}$ monomol/L, die Metallsalzlösung hatte eine Konzentration von $7,99 \cdot 10^{-3}$ mol/L. Abbildung 4.16 zeigt die Absorptionsänderung der **Styrol-BIP-nonylacrylat**-Copolymerlösung bei schrittweiser Zugabe von $CuCl_2$.

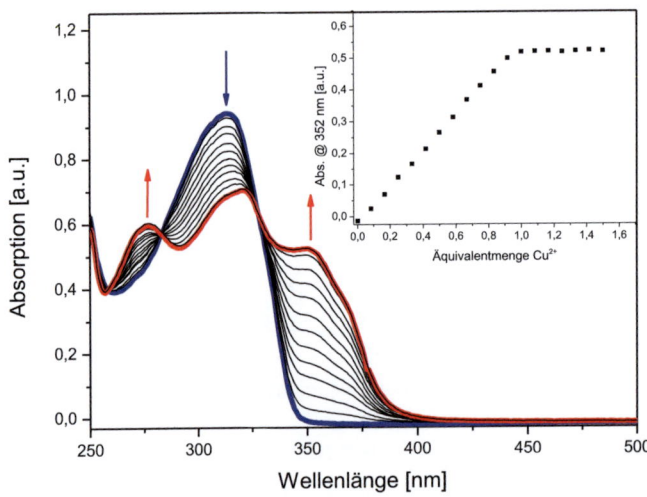

Abbildung 4.16: UV/Vis-Absorptionsspektren des **Styrol-BIP-nonylacrylat**-Copolymers **P5** (20 mg/L) in $CHCl_3$/MeOH vor und nach der schrittweisen Titration mit $CuCl_2$. Der Einsatz zeigt die Absorption bei 352 nm als Funktion der Äquivalentmenge von $CuCl_2$.

Ähnlich wie bei den Titrationsexperimenten mit den **Styrol-BIP**- und **NIPAM-BIP**-Copolymeren bildet sich durch Zugabe der Cu^{2+}-Ionen eine MLCT-Bande mit Absorptionsmaximum bei 352 nm und einer Schulter bei 370 nm. Die Intensität der $\pi \rightarrow \pi^*$-Bande bei 314 nm nimmt ab. Die Bande wird bathochrom nach 321 nm verschoben. Es sind drei isosbestische Punkte bei 258, 283 und 329 nm zu erkennen. Die Absorptionszunahme im Bereich der MLCT-Bande verläuft bis zu einer Zugabe von einem Äquivalent linear und führt zur Bildung der Mono-Komplexe, wie schon für das **NIPAM-BIP**-Copolymer **P3b** in Abbildung 4.14 gezeigt wurde. Bei weiterer Zugabe des Metallsalzes wird kein Anstieg der Absorption mehr beobachtet.

Ergebnisse und Diskussion

Aus den UV/Vis-Titrationsexperimenten lässt sich schließen, dass die hergestellten Copolymere in der Lage sind, mit verschiedenen Metallionen wie Zn^{2+} und Cu^{2+} Komplexe zu bilden. Je nach Ligand und Metallion können Bis- und Mono-Komplexe entstehen. Zn^{2+}-Ionen und **TPY** bilden bei Gegenwart von **NIPAM** Monokomplexe, weil vermutlich **NIPAM** als konkurrierender Ligand zu **TPY** die Bildung quadratisch-pyramidaler Zn-Komplexe bewirkt.

4.3 Herstellung und Charakterisierung von Koordinationspolymerfilmen

Die ultradünnen Koordinationspolymerfilme wurden aus polytopischen Liganden und divalenten Metallionen unter Ausnutzung rein koordinativer Wechselwirkungen auf vorbehandelten Quarzsubstraten hergestellt. Um die Ladungsverteilung auf der Substratoberfläche zu homogenisieren und die Ladungsdichte zu erhöhen, wurden die Quarzsubstrate vor dem Schichtaufbau zunächst silanisiert und anschließend mit drei Doppelschichten der Polyelektrolyten **PSS** und **PEI** vorbeschichtet. Als letzte Schicht wurde **PSS** adsorbiert, was eine negativ geladene Oberfläche zur Folge hatte. Die Multischichten wurden dann durch alternierendes Tauchen von Quarzträgern in eine Metallsalzlösung und eine Polymerlösung aufgebaut. Der Lösung der Metallionen wurde zusätzlich Kaliumhexafluorophosphat hinzugefügt, um die Löslichkeit der gebildeten Polymerkomplexe zu verringern und so die Adsorption auf Trägern zu verbessern. Abbildung 4.17 zeigt eine schematische Darstellung des koordinativen Schicht-für-Schicht-Aufbaus auf Quarzträgern.[43]

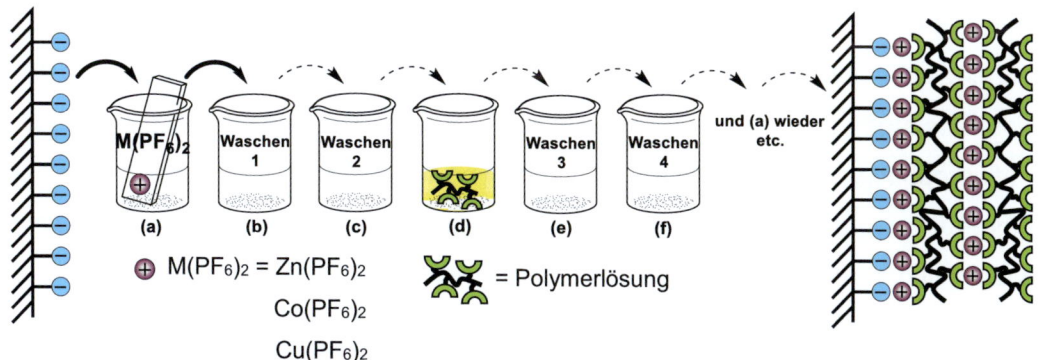

Abbildung 4.17: Schematische Darstellung des koordinativen Schicht-für-Schicht-Aufbaus durch alternierende Adsorption von polytopischen Liganden und Metallionen (entnommen aus der Literatur 43, Abb. 3.1).

Ergebnisse und Diskussion

Der Tauchvorgang für den Multischichtaufbau verlief im Wesentlichen in sechs Schritten: Erstens wurden die durch die Vorbeschichtung negativ geladenen Quarzträger in die Metallsalzlösung getaucht (Schritt (a)). Anschließend wurden die ungebundenen Metallionen durch zweimaliges Waschen der Träger in Waschlösungen entfernt. (Schritte (b) und (c)). Hierbei stimmte die Zusammensetzung der ersten Waschlösung mit der vorangegangenen Metallsalzlösung überein, während die zweite Waschlösung die Zusammensetzung der darauffolgenden Polymerlösung hatte. Dann wurde das Substrat in eine Polymerlösung getaucht (Schritt (d)), wobei die Adsorption des polytopischen Ligandenmoleküls an den Metallionen durch koordinative Bindung erfolgte. Schließlich wurde der Träger erneut zweimal gewaschen (Schritte (e) und (f)). Diese Abfolge wurde mehrere Male wiederholt und lieferte ein Multischichtensystem. Zur Kontrolle der Regelmäßigkeit des Multischichtaufbaus wurde die UV/Vis-Absorption der Träger gemäß Abschnitt 5.3.9 nach jeweils zwei Tauchzyklen gemessen. Für die Filmherstellung wurden organische Lösungsmittelgemische wie ACN/CHCl$_3$ oder DMF/MeOH/Toluol/n-Hexan eingesetzt. Die genauen Angaben über Mischungsverhältnisse der Tauchlösungen sowie die Tauchzeiten und Konzentrationen der jeweiligen Lösungen sind folgenden Abschnitten zu entnehmen.

4.3.1 Multischichten aus P1a und Zink- oder Kobaltacetat

Die Koordinationspolymerfilme mit **P1a** wurden aus $5 \cdot 10^{-4}$ monomolaren Lösungen des polytopischen Liganden und verschiedenen divalenten Metallsalzen wie Zink- und Kobaltacetat hergestellt. Der Multischichtaufbau verlief erfolgreich, wenn als Lösungsmittel für das Polymer, die Metallsalze und für die Waschlösungen eine Mischung aus DMF/MeOH/Toluol/n-Hexan (0,5:1:3:0,5 v/v) verwendet wurde. Es wurden $5 \cdot 10^{-3}$ molare Lösungen der Übergangsmetallacetatsalze eingesetzt, die zusätzlich Kaliumhexafluorophosphat im molaren Verhältnis 2:1 von Alkali- zu Übergangsmetallsalz enthielten. KPF$_6$ wurde zugesetzt, damit die Löslichkeit der gebildeten Polymerkomplexe reduziert und somit die Adsorption der Koordinationspolymere auf Quarzsubstraten begünstigt wird. Die Tauchzeiten waren 10 min. In Abbildung 4.18 sind die UV/Vis-Absorptionsspektren nach 12 Tauchzyklen zusammengestellt. Sie weisen eine gewisse Ähnlichkeit mit jenen der Copolymer-Metallionen-Komplexe in Lösung auf (s. Abschn. 4.2.2.4), was die Komplexbildung im Film bestätigt. Die Absorptionsmaxima der mit Zn^{2+}-Ionen adsorbierten Filme liegen bei 238, 282 und 323 nm. Ferner tritt eine Schulter bei 337 nm auf. Die Aufspaltung der MLCT-Bande ist bereits aus Abschnitt 4.2.2.4 bekannt. Die mit Kobaltionen adsorbierten Filme weisen drei Absorptionsmaxima bei 241, 285 und 326 nm sowie eine Schulter bei 335 nm auf. Die Zunahme der optischen Absorption mit der Anzahl der Tauchzyklen ist annähernd linear. Dies deutet auf die Adsorption gleicher Mengen Substanz während jedes Tauchvorgangs hin. Die nach 12 Tauchzyklen mittels Profilometrie ermittelten Filmdicken liegen für einen Film aus **P1a** und Zink bei 115,7 nm, für einen Film mit Kobalt bei 55,3 nm. Die unterschiedlichen Filmdicken nach der gleichen Anzahl der Tauchzyklen lassen sich durch die Stärke der Komplexbildungskonstanten sowie die Löslichkeit der Metallion-Polymer-Komplexe im verwendeten Lösungsmittel erklären. Dieses Verhalten wurde bereits in der Doktorarbeit von *A. Maier* beschrieben.[4]

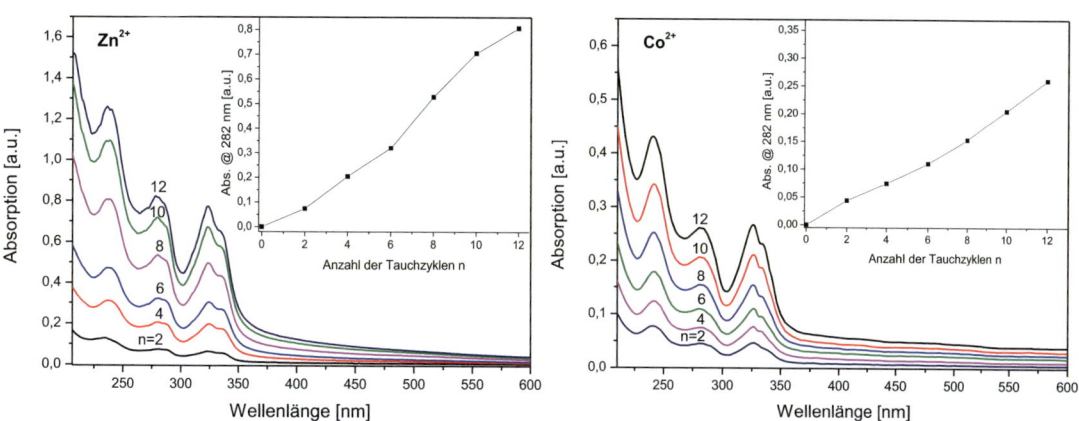

Abbildung 4.18: UV/Vis-Absorptionsspektren von Koordinationspolymerfilmen aus **P1a** und Zn^{2+}- (links) oder Co^{2+}-Ionen (rechts) nach jeweils zwei Tauchzyklen. Die Einsätze zeigen die Zunahme der maximalen Absorption mit der Anzahl der Tauchzyklen *n*.

Eine Elementaranalyse der auf ITO-Glas hergestellten Filme aus Zn-**P1a** und Co-**P1a** wurde mit Hilfe der energiedispersiven Röntgenspektroskopie (EDX) durchgeführt. Abbildung 4.19 zeigt die EDX-Spektren mit Signalen bei 1,0, 8,63 und 9,58 keV, die Zink zuzuordnen sind (Spektrum (a)), und Signalen bei 0,8, 7,0 und 7,75 keV, die von Kobalt stammen (Spektrum (b)). Außerdem findet man im EDX-Spektrum des Zn-**P1a**-Films ein Signal von Fluor bei 0,68 keV, welches auf das Vorhandensein von Hexafluorophosphat-Anionen zurückzuführen ist. Des Weiteren sind Signale von Zinn, Indium,

Silizium und Sauerstoff zu sehen, da als leitendes Material ein mit Indiumzinnoxid beschichtetes Glassubstrat verwendet wurde (Spektrum (b)).

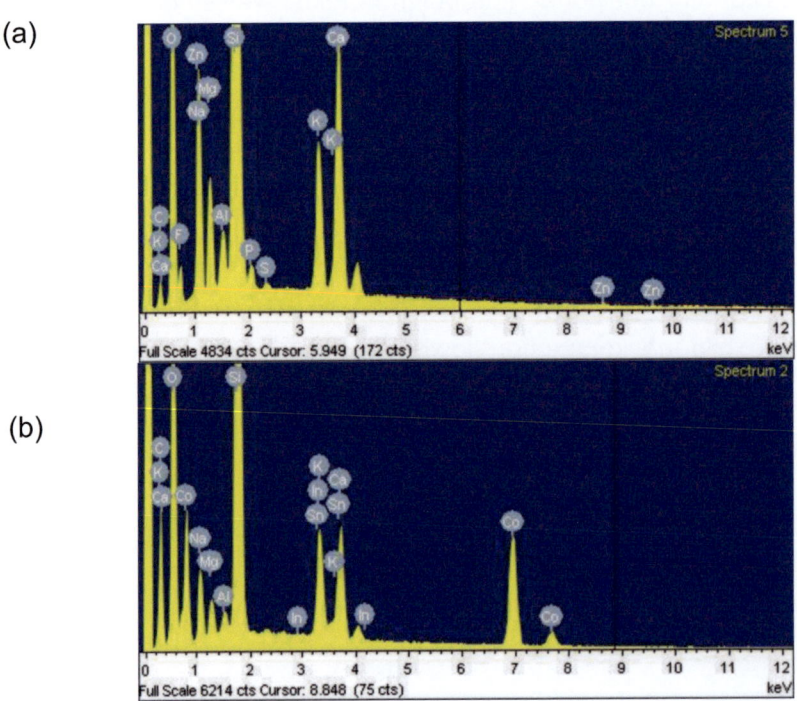

Abbildung 4.19: EDX-Spektren der Zn- (a) und Co-**P1a**-Filme (b) auf ITO-Glas nach 12 Tauchzyklen.

In Abbildung 4.20 sind die REM-Aufnahmen der nach 12 Tauchzyklen hergestellten Zn- und Co-**P1a**-Filme gezeigt. Der Koordinationspolymerfilm mit Zink weist eine sehr unebene Oberfläche mit größeren Aggregaten an vielen Stellen auf, während der Co-**P1a**-Film eine gleichmäßig beschichtete Oberfläche besitzt.

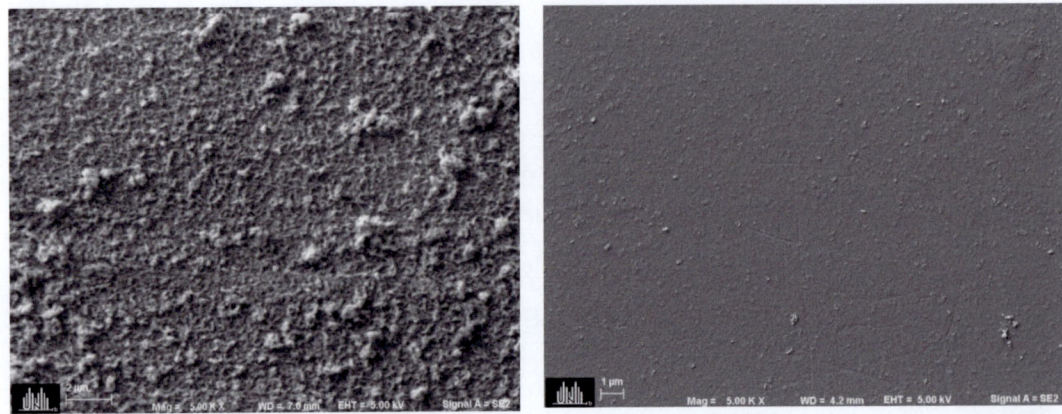

Abbildung 4.20: REM-Aufnahmen der Zn- (links) und Co-**P1a**-Filme (rechts) nach 12 Tauchzyklen.

4.3.2 Multischichten aus P1b und Zink- oder Kobaltacetat

Nach dem in Abbildung 4.17 dargestellten Prinzip wurden auch Koordinationspolymerfilme aus **P1b** mit zweiwertigen Übergangsmetallsalzen wie Zink- oder Kobaltacetat hergestellt. Als Tauchlösungen für das Polymer und die Metallsalze sowie für die Waschlösungen diente ein Lösungsmittelgemisch aus DMF/MeOH/Toluol/n-Hexan (0,5:1:3:0,5 v/v). Die Konzentrationen der Polymer- und der Metallacetat/KPF$_6$-Salzlösungen waren die gleichen wie bei **P1a** (s. Abschn. 4.3.1). Die Tauchzeiten betrugen 10 min. Abbildung 4.21 zeigt die UV/Vis-Spektren nach 2 bis 12 Tauchzyklen.

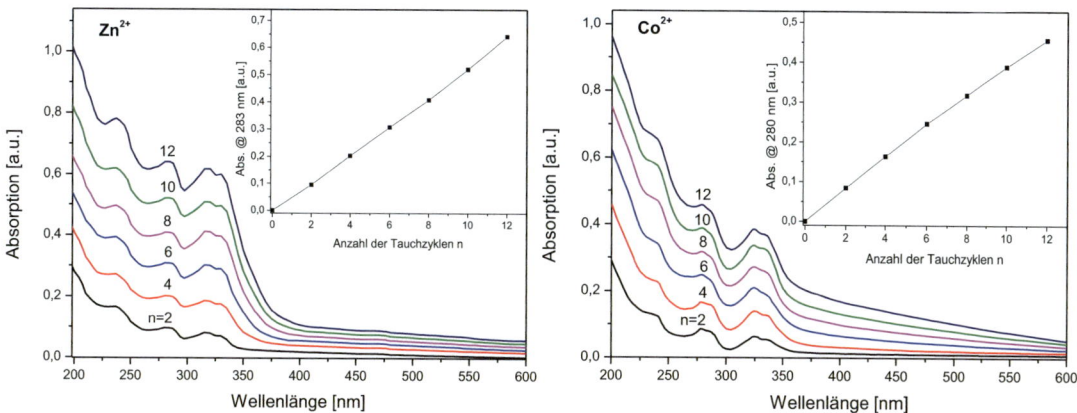

Abbildung 4.21: UV/Vis-Absorptionsspektren von Koordinationspolymerfilmen aus **P1b** und Zn^{2+}- (links) oder Co^{2+}-Ionen (rechts) nach jeweils zwei Tauchzyklen. Die Einsätze zeigen die Zunahme der maximalen Absorption mit der Anzahl der Tauchzyklen n.

Die Absorptionsspektren ähneln jenen der **P1a**-Komplexe mit Zink. Die Absorptionsmaxima der mit Zinkionen adsorbierten Filme liegen bei 238, 283 und 318 nm. Es tritt eine leichte Schulter bei 330 nm auf. Die mit Kobaltionen adsorbierten Filme haben Absorptionsmaxima bei 240, 280 und 324 nm sowie eine Schulter bei 333 nm. Die Auftragung der Absorption bei 283 nm für Zn-**P1b** und bei 280 nm für Co-**P1b** gegen die Anzahl n der adsorbierten Tauchzyklen liefert einen nahezu linearen Verlauf, welcher auf die Adsorption gleicher Mengen in jedem Tauchvorgang schließen lässt. Profilometrische Untersuchungen ergaben nach zwölf Tauchzyklen Filmdicken von 89,5 nm für den Zinkkomplex und 68,6 nm für einen Film des Kobaltkomplexes. Ähnlich wie im Falle der Zn- und Co-**P1a**-Filme weisen die Filmdicken nach der gleichen Anzahl

Ergebnisse und Diskussion

der Tauchzyklen unterschiedliche Werte auf, was wiederum auf die Stärke der Komplexbildungskonstanten sowie die Löslichkeit der Metallion-Polymer-Komplexe im verwendeten Medium zurückzuführen ist.[43]

4.3.3 Multischichten aus P2a und Zink- oder Kobaltacetat

Auch mit dem Copolymer **P2a** gelang die Herstellung von Koordinationspolymerfilmen mit Zink- oder Kobaltacetat (Abb. 4.22). Als Lösungsmittel für die Tauch- und Waschlösungen des Copolymers und der Metallsalze wurde eine Mischung aus DMF/MeOH/Toluol/n-Hexan im Volumenverhältnis 0,5:1:3:0,5 verwendet. Die Konzentration des polytopischen Liganden betrug $5 \cdot 10^{-4}$ monomol/L, die der Metallacetat/KPF$_6$-Salzlösungen $5 \cdot 10^{-3}$ mol/L. Die Tauchzeiten lagen bei 10 min.

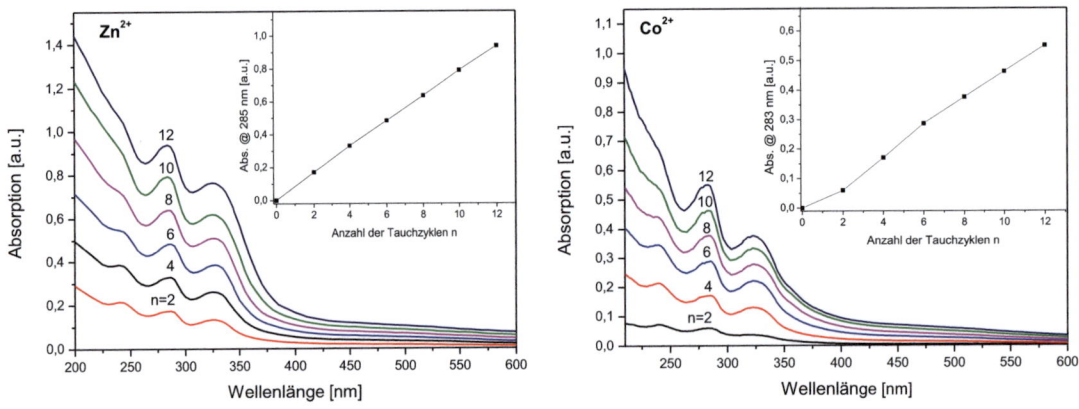

Abbildung 4.22: UV/Vis-Absorptionsspektren von Koordinationspolymerfilmen aus **P2a** und Zn^{2+}- (links) oder Co^{2+}-Ionen (rechts) nach jeweils zwei Tauchzyklen. Die Einsätze zeigen die Zunahme der maximalen Absorption mit der Anzahl der Tauchzyklen n.

Die UV/Vis-Absorptionsspektren der mit Zinkionen adsorbierten Filme weisen drei Maxima bei 240, 285 und 330 nm auf, die mit Kobaltionen adsorbierten Filme haben auch drei Absorptionsmaxima bei 240, 283 und 324 nm. Der lineare Absorptionsanstieg mit der Anzahl n der Tauchzyklen ist in den Einsätzen der Abbildung 4.22 gezeigt und deutet auf die Adsorption gleicher Mengen in jedem Tauchzyklus hin. Die nach 12 Tauchzyklen mittels Profilometrie ermittelten Filmdicken liegen für einen Film aus Zn-**P2a** bei einem Wert von 106,3 nm, für einen Film aus Co-**P2a** bei 69,4 nm. Die unterschiedlichen Filmdicken kommen vermutlich durch die Stärke der Komplexbildungskonstanten von Zink- und Kobaltionen mit Terpyridin-Liganden zustande. Außerdem ist die Löslichkeit der gebildeten Metallion-Polymer-Komplexe im während der Filmherstellung verwendeten Lösungsmittel von großer Bedeutung.[43]

4.3.4 Multischichten aus P2b und Zinkacetat

Koordinationspolymerfilme von **P2b** wurden nur mit Zinkacetat hergestellt. Die UV/Vis-Absorptionsspektren der Filme, gemessen nach unterschiedlicher Anzahl von Tauchzyklen, sind in Abbildung 4.23 dargestellt. Alle Herstellungsbedingungen wie das Lösungsmittelgemisch für Tauch- und Waschlösungen und die Konzentration der Polymerlösung und die des Zinkacetat/KPF$_6$-Salzgemischs waren die gleichen wie bei **P2a** (s. Abs. 4.4.3).

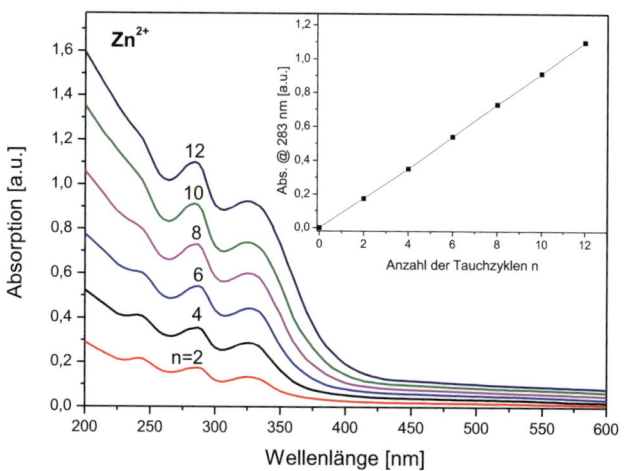

Abbildung 4.23: UV/Vis-Absorptionsspektren von Koordinationspolymerfilmen aus **P2b** und Zn^{2+}-Ionen nach jeweils zwei Tauchzyklen. Der Einsatz zeigt die Zunahme der maximalen Absorption mit der Anzahl der Tauchzyklen *n*.

In den vorliegenden UV/Vis-Spektren treten drei Absorptionsmaxima bei 243, 283 und 327 nm auf. Die Linearität der Absorptionszunahme mit der Anzahl der Tauchzyklen ist im Einsatz der Abbildung 4.23 erkennbar, was ein Anzeichen dafür ist, dass gleiche Mengen Substanz während jedes Tauchvorgangs adsorbiert werden. Die mit Hilfe der Profilometrie gemessene Filmdicke beträgt 167,8 nm und liegt somit deutlich über den Werten der Filme von **P2a** mit Zink und Kobalt. Die unterschiedlichen Filmdicken sind

Ergebnisse und Diskussion

möglicherweise auf eine weniger dichte und quellbare Netzwerkstruktur zurückzuführen, die aufgrund des unterschiedlichen molaren Verhältnisses der Comonomere im Copolymer, (**Styrol:M1** von 10,9:1 für **P2a** und **Styrol:M1** von 16,8:1 für **P2b**), zustande kommt.

In Abbildung 4.24 ist eine REM-Aufnahme des Zn-**P2b**-Films gezeigt. Der hohe Schichtdickenwert von 167,8 nm ist mit einer sehr inhomogenen Oberflächenstruktur verbunden. An einigen Stellen sind Vertiefungen zu erkennen, die Fehlstellen im Polymerfilm darstellen können.

Abbildung 4.24: REM-Aufnahme des Zn-**P2b**-Fims nach 12 Tauchzyklen.

4.3.5 Multischichten aus P3a und Zink- oder Kupfer(II)chlorid

Es wurde auch versucht, die Koordinationspolymerfilme aus **P3a** mit zweiwertigen Übergangsmetallsalzen wie Zink- oder Kupfer(II)chlorid herzustellen. Der Aufbau von Filmen mit Zink gelang, wenn als Tauchlösungen für das Polymer und das Metallsalz sowie für die Waschlösungen ein Lösungsmittelgemisch aus Acetonitril/Chloroform (1:1 v/v) eingesetzt wurde. Um Filme aus **P3a** und Cu^{2+}-Ionen herzustellen, wurde für das Polymer und für die Waschlösungen eine Mischung aus MeOH/Toluol/n-Hexan (1:84:15 v/v) verwendet. Das Lösungsmittel für Kupferchlorid/Kaliumhexafluorophosphat bestand aus dem Gemisch DMF/MeOH/Toluol/n-Hexan (0,5:1:3:0,5 v/v). Die Konzentration der Polymere war $5 \cdot 10^{-4}$ monomolar, die der Metallsalzlösungen $5 \cdot 10^{-3}$ molar. Die Tauchzeiten lagen bei 10 Minuten. Abbildung 4.25 zeigt die UV/Vis-Absorptionsspektren nach 2 bis 12 Tauchzyklen.

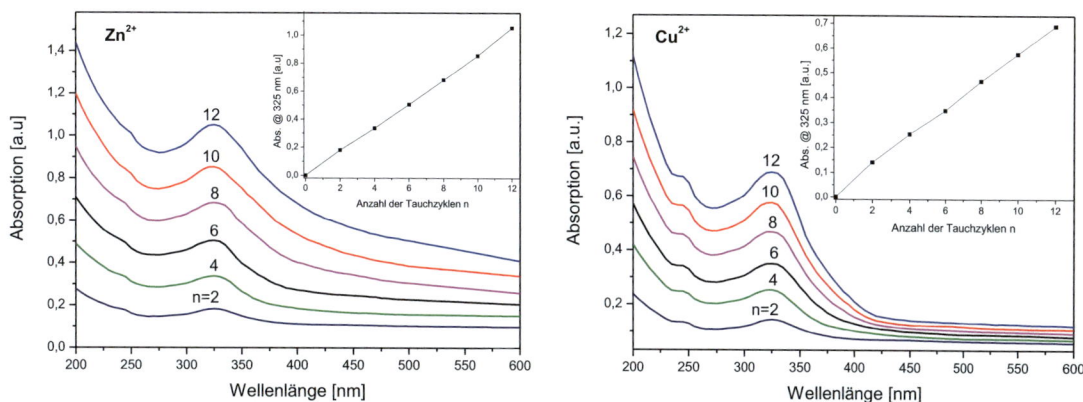

Abbildung 4.25: UV/Vis-Absorptionsspektren von Koordinationspolymerfilmen aus **P3a** und Zn^{2+}- (links) oder Cu^{2+}-Ionen (rechts) nach zwei bis zwölf Tauchzyklen. Die Einsätze zeigen die Zunahme der maximalen Absorption mit der Anzahl der Tauchzyklen n.

Die Bildung der Filme mit Zink- und Kupferionen verlief ebenso linear wie der Schichtaufbau mit den **TPY**-haltigen Copolymeren **P1b** und **P2a**. Die UV/Vis-Absorptionsspektren beider Filme weisen ein breites Maximum bei 325 nm auf. Jedoch ist die Absorptionszunahme bei den Filmen mit Zinkionen größer als bei den Filmen mit $CuCl_2$, was auf einen stabileren Komplex schließen lässt. Eine mögliche Erklärung liegt in der Koordinationssphäre der beteiligten Metallionen. Zink(II)-Verbindungen haben eine d^{10}-Elektronenkonfiguration und bilden bevorzugt tetraedrische Komplexe der Koordinationszahl vier aus, wohingegen Kupfer(II)-Ionen bedingt durch die d^9-Elektronenkonfiguration zur Bildung quadratisch-planarer Komplexe neigen, welche aufgrund sterischer Hinderung eine leichte Verzerrung aufweisen. Die profilometrisch ermittelten Schichtdicken liegen für den Film des Zinkkomplexes bei 122,7 nm und für den Film des Kupferkomplexes bei 74,8 nm.

Abbildung 4.26 zeigt die REM-Aufnahmen der nach zwölf Tauchzyklen hergestellten Zn- und Cu-**P3a**-Filme. Die Oberfläche des Cu-**P3a**-Films sieht weitgehend homogen aus. Dagegen besitzt der Film aus Zn-**P3a** eine uneinheitliche und raue Oberflächenmorphologie. Vermutlich stellen die Ablagerungen auf der Oberfläche Salzreste dar,

Ergebnisse und Diskussion

welche während des Waschvorgangs nicht vollständig abgespült wurden. Die Schichtdicke von 122,7 nm gibt einen Hinweis auf einen dickeren Film als beim Cu-**P3a**-Film, was im Einklang mit der höheren Absorption in den UV/Vis-Absorptionsspektren steht.

 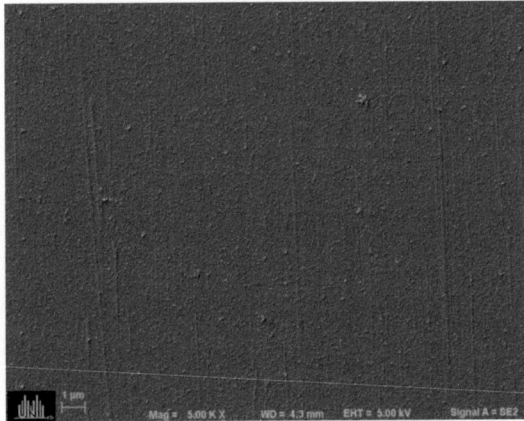

Abbildung 4.26: REM-Aufnahmen der Zn- (links) und Cu-**P3a**-Filme (rechts) nach 12 Tauchzyklen.

4.3.6 Multischichten aus P3b und Zink- oder Kupfer(II)chlorid

Die Koordinationspolymerfilme aus **P3b** wurden wie die Polymerfilme aus **P3a** mit Zink- oder Kupfer(II)-Ionen unter gleichen Bedingungen hergestellt. Die Konzentration der Polymere war $5 \cdot 10^{-4}$ monomolar, die der Metallsalzlösungen $5 \cdot 10^{-3}$ molar. Die Zusammensetzungen der Tauchlösungen für Polymer, Metallsalz und Waschlösungen waren die gleichen wie beim **P3a**-Polymer. In Abbildung 4.27 sind die UV/Vis-Absorptionsspektren nach zwei bis zwölf Tauchzyklen zusammengestellt.

Die Spektren zeigen zwei Maxima bei 245 und 325 nm, wobei auch hier die Zunahme der Absorption beim Film mit Zinkionen stärker ist als beim Film mit Kupferionen. Die Auftragung der Absorption bei 325 nm gegen die Anzahl n der Tauchzyklen ergibt auch für Zn-**P3b**- und Cu-**P3b**-Filme einen linearen Anstieg. Dies deutet auf die Adsorption gleicher Mengen Substanz während jedes Tauchvorgangs hin. Die mittels der Profilometrie ermittelten Schichtdicken liefern für den Zn-**P3b**-Film einen Wert von 103,2 nm, für den Film des Kupferkomplexes einen Wert von 58,6 nm. Die unterschiedlichen Filmdicken nach derselben Anzahl der Tauchzyklen lassen sich durch unterschiedliche Bildungskonstanten der Komplexe und Löslichkeiten der Metallion-**BIP**-Komplexe im

Ergebnisse und Diskussion

verwendeten Lösungsmittelgemisch erklären. Ähnliche Beobachtungen wurden schon bei den **TPY**-haltigen Filmen gemacht (s. Abschn. 4.3.1).[43]

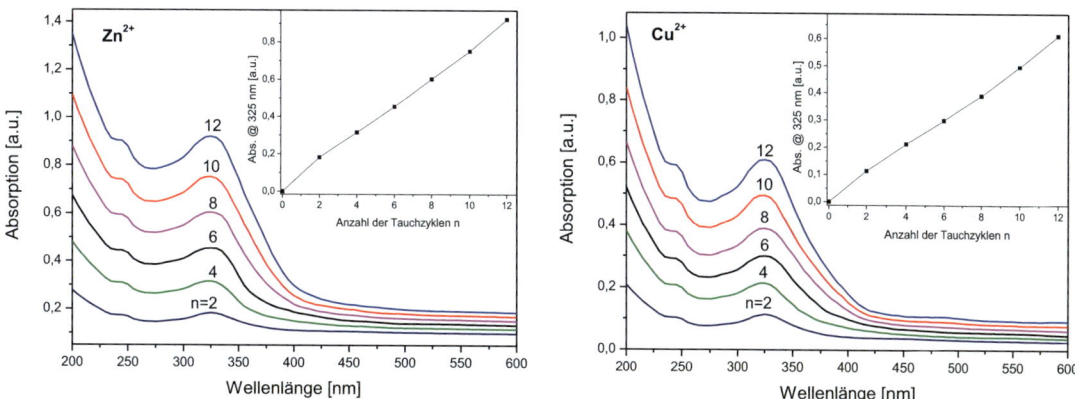

Abbildung 4.27: UV/Vis-Absorptionsspektren von Koordinationspolymerfilmen aus **P3b** und Zn^{2+}- (links) oder Cu^{2+}-Ionen (rechts) nach zwei bis zwölf Tauchzyklen. Die Einsätze zeigen die Zunahme der maximalen Absorption mit der Anzahl der Tauchzyklen n.

4.3.7 Multischichten aus P4a und Zink- oder Kupfer(II)chlorid

Die Herstellung von Koordinationspolymerfilmen aus Zn-**P4a** und Cu-**P4a** wurde mit zweiwertigem Zink- und Kupfer(II)chlorid/KPF$_6$ durchgeführt (Abb. 4.28). Die Zn-**P4a**-Filme wurden aus Tauchlösungen für das Polymer und Zinkchlorid sowie für die Waschlösungen hergestellt, die ein Gemisch aus ACN/CHCl$_3$ (1:1 v/v) als Lösungsmittel enthielten. Für Cu-**P4a**-Filme wurde für das Polymer und für die Waschlösungen eine Mischung aus MeOH/Toluol/n-Hexan (1:84:15 v/v) als Lösungsmittel eingesetzt. Das Lösungsmittelgemisch für Kupferchlorid/Kaliumhexafluorophosphat bestand aus DMF/MeOH/Toluol/n-Hexan (0,5:1:3:0,5 v/v). Die Konzentration der Polymere war $5 \cdot 10^{-4}$ monomolar, die der Metallsalze $5 \cdot 10^{-3}$ molar. Die Tauchzeiten lagen bei 10 Minuten.

Im Wesentlichen entsprechen die UV/Vis-Absorptionsspektren jenen der Zn- und Cu-**P3a/P3b**-Filme. Lediglich das erste Maximum bei 245 nm ist nur ganz schwach ausgeprägt, was auf das nicht als Ligand wirkende Comonomer Styrol zurückzuführen ist.

Ergebnisse und Diskussion

In den Einsätzen der Abbildung 4.28 ist eine lineare Absorptionszunahme mit der Anzahl der Tauchzyklen zu sehen. Profilometrische Untersuchungen ergaben nach zwölf Tauchzyklen Filmdicken von 74,1 nm für den Zn-**P4a**-Komplex und 52,8 nm für den Film des Kupferkomplexes. Da auch in diesem Fall die Filmdicken nach der gleichen Anzahl der Tauchzyklen unterschiedlich groß ausfallen und die Absorptionszunahme mit Zinkionen größer als mit Kupferionen ist, spielt offenbar die Comonomerzusammensetzung im Copolymer keine große Rolle, sondern die Filmbildung wird durch die Größe der Komplexbildungskonstanten und der Löslichkeit der Metallion-**BIP**-Komplexe im während der Filmherstellung verwendeten Lösungsmittel bestimmt.

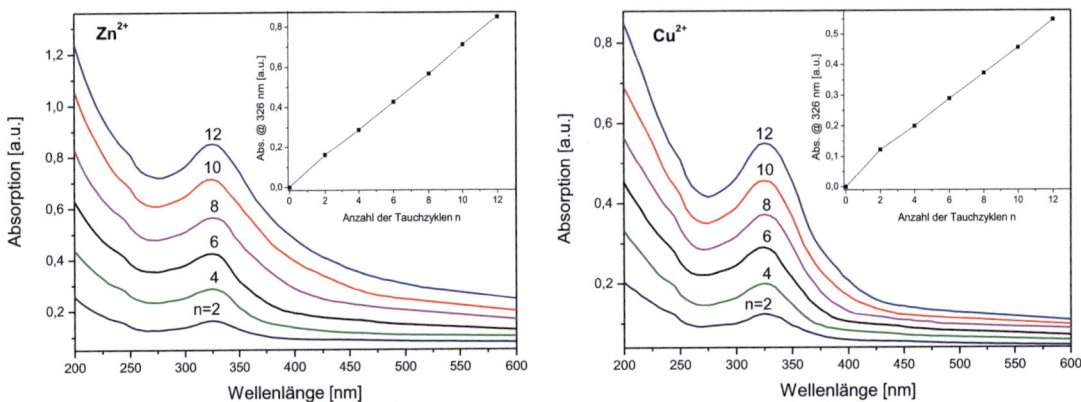

Abbildung 4.28: UV/Vis-Absorptionsspektren von Koordinationspolymerfilmen aus **P4a** und Zn^{2+}- (links) oder Cu^{2+}-Ionen (rechts) nach zwei bis zwölf Tauchzyklen. Die Einsätze zeigen die Zunahme der maximalen Absorption mit der Anzahl der Tauchzyklen n.

In Abbildung 4.29 sind die REM-Aufnahmen der nach 12 Tauchzyklen hergestellten Zn- und Cu-**P4a**-Filme gezeigt. Die Zn-**P4a**-Filme weisen eine sehr unregelmäßig beschichtete und raue Oberflächenmorphologie mit mehreren Aggregaten auf, wohingegen bei den Filmen von Cu-**P4a** eine homogene, glatte Oberflächenstruktur zu erkennen ist, die auf eine geringere Schichtdicke zurückzuführen ist.

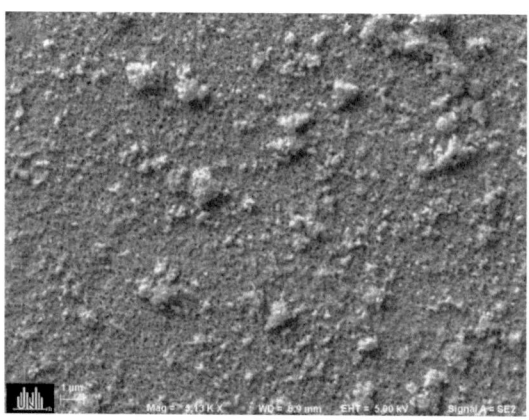 

Abbildung 4.29: REM-Aufnahmen der Zn- (links) und Cu-**P4a**-Filme (rechts) nach 12 Tauchzyklen.

4.3.8 Multischichten aus P4b und Zinkchlorid

Die Koordinationspolymerfilme aus **P4b** und Zinksalz wurden nur mit Zinkchlorid/KPF$_6$ hergestellt. Als Tauchlösungen für das Polymer und die Metallsalze sowie für die Waschlösungen wurde ein Lösungsmittelgemisch aus ACN/CHCl$_3$ (1:1 v/v) verwendet. Die Polymerlösung war $5 \cdot 10^{-4}$ monomolar, die Metallsalzlösung $5 \cdot 10^{-3}$ molar. Die Tauchzeiten betrugen 10 Minuten. In Abbildung 4.30 sind die UV/Vis-Absorptionsspektren des Films, gemessen nach unterschiedlicher Anzahl von Tauchzyklen, dargestellt.

Ähnlich wie bei den bisher untersuchten **BIP**-haltigen Filmen zeigt der adsorbierte Zn-**P4b**-Film zwei Absorptionsmaxima bei 245 und 325 nm. Im Einsatz ist ein annähernd linearer Anstieg während des Schichtaufbaus zu erkennen. Die gemessene Filmdicke nach 12 Tauchzyklen betrug 88,4 nm.

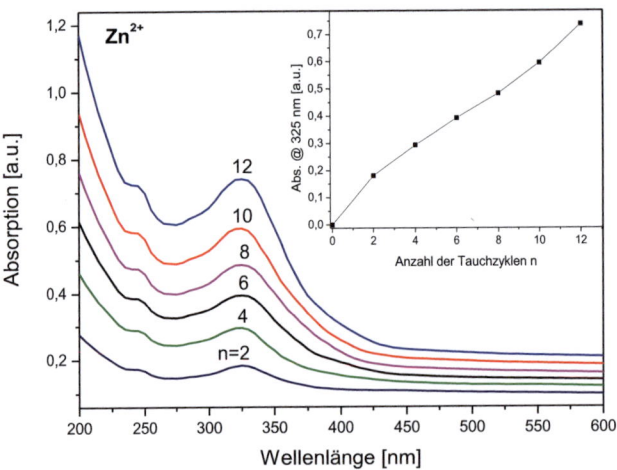

Abbildung 4.30: UV/Vis-Absorptionsspektren von Koordinationspolymerfilmen aus **P4b** und Zn^{2+}-Ionen nach zwei bis zwölf Tauchzyklen. Die Einsätze zeigen die Zunahme der maximalen Absorption mit der Anzahl der Tauchzyklen n.

4.3.9 Multischichten aus P5 und Zink- oder Kupfer(II)chlorid

Schließlich wurden Koordinationspolymerfilme aus **P5** und Zink- oder Kupfer(II)chlorid/KPF_6 hergestellt. Wieder verlief der Schicht-für-Schicht-Aufbau erfolgreich. Zur Herstellung der Zn-**P5**-Filme wurden für das Polymer und die Metallsalze sowie für die Waschlösungen ein Lösungsmittelgemisch aus Acetonitril/Chloroform (1:1 v/v) verwendet. Für die Herstellung der Cu-**P5**-Filme diente für das Polymer und für die Waschlösungen eine Mischung aus MeOH/Toluol/n-Hexan (1:84:15 v/v) als Lösungsmittel. Das Gemisch für Kupferchlorid/Kaliumhexafluorophosphat bestand aus DMF/MeOH/Toluol/n-Hexan (0,5:1:3:0,5 v/v). Die Konzentration der Polymere war $5 \cdot 10^{-4}$ monomolar, die der Metallsalze $5 \cdot 10^{-3}$ molar. Die Tauchzeiten lagen bei 10 Minuten. Abbildung 4.31 zeigt die UV/Vis-Absorptionsspektren nach 2 bis 12 Tauchzyklen. Die Absorptionsmaxima der Zn- und Cu-**P5**-Filme liegen bei 245 und 330 nm. Auch hier ist eine lineare Absorptionszunahme den Einsätzen zu entnehmen. Die Filmdicken liegen für den Zn-**P5**-Film bei 77,1 nm und für den Cu-**P5**-Film bei 49,5 nm.

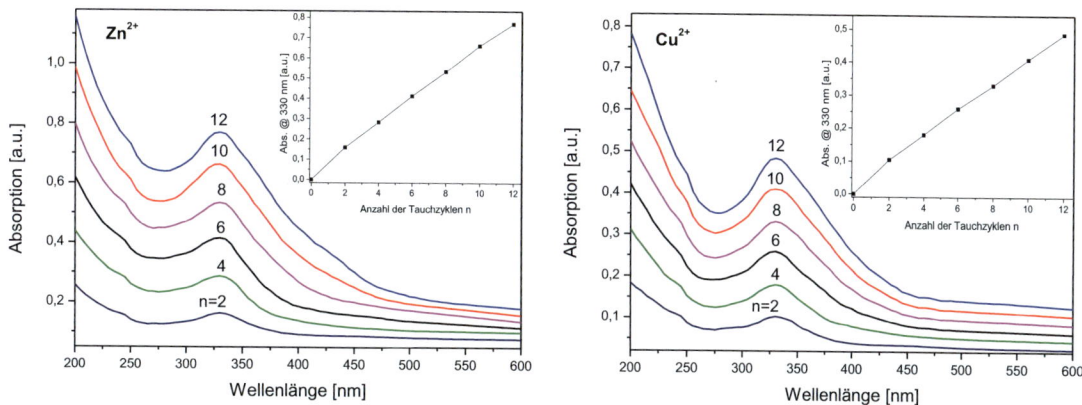

Abbildung 4.28: UV/Vis-Absorptionsspektren von Koordinationspolymerfilmen aus **P5** und Zn^{2+}- (links) oder Cu^{2+}-Ionen (rechts) nach zwei bis zwölf Tauchzyklen. Die Einsätze zeigen die Zunahme der maximalen Absorption mit der Anzahl der Tauchzyklen n.

4.4 De- und Rekomplexierung der Zinkionen in Koordinationspolymerfilmen

Bereits *A. Maier* konnte in Ihrer Doktorarbeit zeigen, dass ein durch zwölf Tauchzyklen hergestellter Zn-**P-FL-TPY**-Film (Abb. 4.29) während des Tauchens in eine konzentrierte Lösung aus Fe(ClO$_4$)$_2$ in THF/MeOH/n-Hexan (5:1:4 v/v) seine Farbe durch den Austausch der Zn^{2+}- gegen Fe^{2+}-Ionen ändert.[43] Jedoch wurde mit Hilfe der UV/Vis-Spektroskopie sowie EDX-Messungen festgestellt, dass der Ionenaustausch nicht vollständig war.

K. Cheng untersuchte in seiner Doktorarbeit die De- und Rekomplexierung von Koordinationspolymerfilmen mit **TPY**-, **BIP**-, **BTP**- und **DPY**-Liganden (Abb. 4.29).[47] Beim Tauchen in eine 10 Gew.-% wässrige Natriumsulfat-Lösung konnten die Metallionen erfolgreich quantitativ ausgewaschen und beim Tauchen in eine 0,05 M methanolische Metallsalzlösung wie z.B. Zn(ClO$_4$)$_2$ oder Cu(ClO$_4$)$_2$ wieder eingebaut werden. Ausnahme waren **TPY**-haltige Filme, bei denen Metallionen bis auf einen Rest entfernt und erst nach mehrtägigem Tauchen wieder vollständig eingebaut wurden.[47]

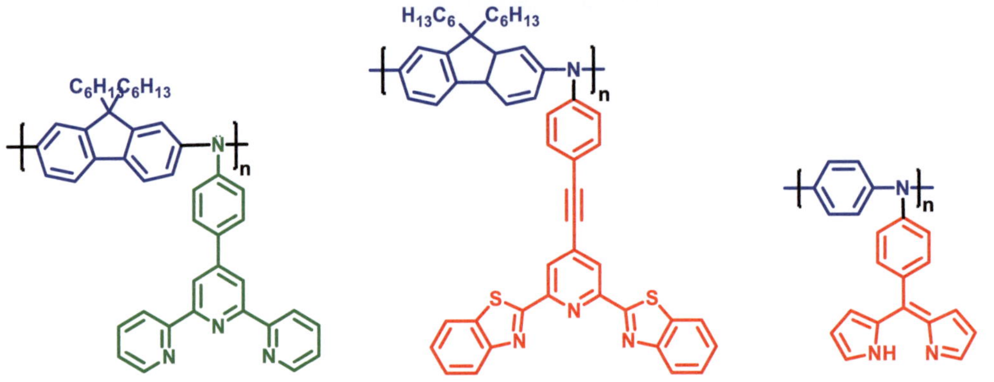

Ergebnisse und Diskussion

P-FL-TPY   **P-FL-BTP**   **P-P-DPY**

Abbildung 4.29: Ligandenhaltige Koordinationspolymere **P-FL-TPY**, **P-FL-BTP** und **P-P-DPY**.[43,47]

Die Komplexbildung der Liganden mit Metallionen innerhalb der Filme sowie die Löslichkeit eines Metallsalzes basieren auf Gleichgewichten, die durch die Gleichungen (4.11) und (4.12) ausgedrückt werden:[47]

$$2L + M^{2+} + 2A^- \rightleftharpoons [L_2MA_2] \quad (4.11)$$

$$MA_2 \rightleftharpoons M^{2+} + 2A^- \quad (4.12)$$

Die Lage des Gleichgewichts in Gleichung 4.11 wird durch die Komplexbildungskonstante K und die Konzentrationen der beteiligten Komponenten (Metallionen M^{2+}, Gegenionen A^-, Liganden L) mit Hilfe des Massenwirkungsgesetzes beschrieben (Gl. 4.13). Die Dissoziation des Metallsalzes MA_2 ist in der Gleichung 4.12 wiedergegeben, wobei die Dissoziationskonstante K_D vom eingesetzten Lösungsmittel abhängig ist (Gl. 4.14). Außerdem wird K_D von der Art des Metallions M^{2+} sowie dessen Gegenion A^- entscheidend beeinflusst.

$$K = \frac{[L_2MA_2]}{[L]^2[M^{2+}][A^-]^2} \quad (4.13)$$

$$K_D = \frac{[M^{2+}][A^-]^2}{[MA_2]} \quad (4.14)$$

Bildet man das Produkt aus K_D und der Konzentration des undissoziierten Metallsalzes MA_2, so entspricht dies dem Produkt der Konzentrationen der dissoziierten Metallionen M^{2+} und Gegenionen A^- und man erhält die Gleichung 4.15. Durch Kombination mit Gleichung 4.13 erhält man die Gleichung 4.16, aus der hervorgeht, dass die Komplex-

Ergebnisse und Diskussion

bildungskonstante K nicht nur von der Art der Liganden, Metallionen und Gegenionen, sondern auch von der Dissoziationskonstanten K_D und damit auch vom gewählten Lösungsmittel beeinflusst wird.[47]

$$[M^{2+}][A^-]^2 = [MA_2]K_D \qquad (4.15)$$

$$K = \frac{[L_2MA_2]}{[L]^2[MA_2]K_D} \qquad (4.16)$$

Wenn also ein polares Medium wie z.B. Wasser vorliegt, in dem K_D groß ist und das Metallsalz löslich, das Polymer jedoch unlöslich ist, so besteht die Möglichkeit die Metallionen aus dem Komplex auszuwaschen, weil die Komplexbildungskonstante K bei einer Vergrößerung von K_D kleiner wird. Um die Entfernung der Metallionen zu beschleunigen, kann daher der wässrigen Phase Natriumsulfat zugesetzt werden. Weil $K_{D[MSO_4]} \gg K_{D[M(PF_6)_2]}$ ist, führen die Sulfationen zu einer erhöhten Löslichkeit der Metallionen.[47]

4.4.1 Entfernung der Zinkionen aus einem Zn-P1a-Film mit Wasser

Abbildung 4.30 zeigt die UV/Vis-Absorptionsspektren eines durch 12 Tauchzyklen hergestellten Zn-**P1a**-Films vor und nach dem Eintauchen in Milli-Q-Wasser. Auch nach 72 stündigem Eintauchen des Films in Wasser wird kaum eine Veränderung in den Absorptionsspektren festgestellt. Die MLCT-Bande ist nach wie vor vorhanden und, da eine Intensitätsabnahme aller Banden stattfindet, kann sie nicht auf eine Auswaschung der Metallionen aus dem Film zurückzuführen sein. Dieser Versuch macht deutlich, dass die Art des gewählten Lösungsmittels eine entscheidende Rolle beim Entfernen der Metallionen aus dem Film spielt, d.h. ein polares Lösungsmittel wie reines Wasser ist für die Auswaschung nicht ausreichend. Die Beobachtung, dass die Metallionen im wässrigen Medium aus den Schichten nicht vollständig ausgewaschen werden können, wurde auch bei den Quarzmikrowaage-Experimenten zur Auswaschung der Metallionen aus den Zn-**P1a**- und Zn-**P2b**-Filmen gemacht (s. Abschn. 4.5.2 und 4.5.3).

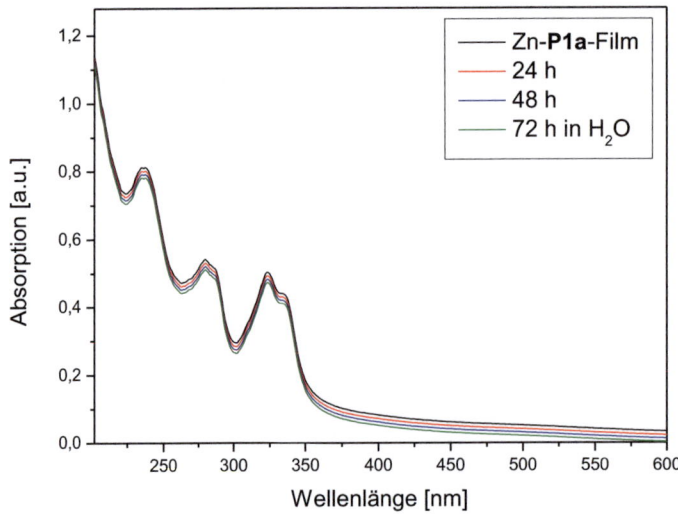

Abbildung 4.30: UV/Vis-Absorptionsspektren zur Untersuchung des Entfernens von Zn^{2+}-Ionen aus einem durch 12 Tauchzyklen hergestellten Zn-**P1a**-Film durch Eintauchen in Milli-Q-Wasser.

4.4.2 Entfernung der Zinkionen aus einem Zn-P1a-Film mit Natriumsulfat und Rekomplexierung mit Zinkacetat

Um die Metallionen aus einem Zn-**P1a**-Film (12 Doppelschichten) zu entfernen, wurde dieser in eine 10 Gew.-% wässrige Natriumsulfat-Lösung für 24 Stunden getaucht. Anschließend wurde derselbe Film in eine 0,05 molare Zinkacetat-Lösung in DMF/MeOH (1:9 v/v) für 10 Minuten getaucht, um die Reversibilität der Komplexierung zu prüfen. Der rekomplexierte Film wurde dann erneut in die Na_2SO_4-Lösung über Nacht getaucht, um ihn von Metallionen zu befreien. Die De- und Rekomplexierung wurden je dreimal durchgeführt und nach jedem Tauchvorgang ein UV/Vis-Absorptionsspektrum aufgenommen. In Abbildung 4.31 sind die UV/Vis-Absorptionsspektren zur Untersuchung der De- und Rekomplexierung des Zn-**P1a**-Films zusammengestellt.

Ergebnisse und Diskussion

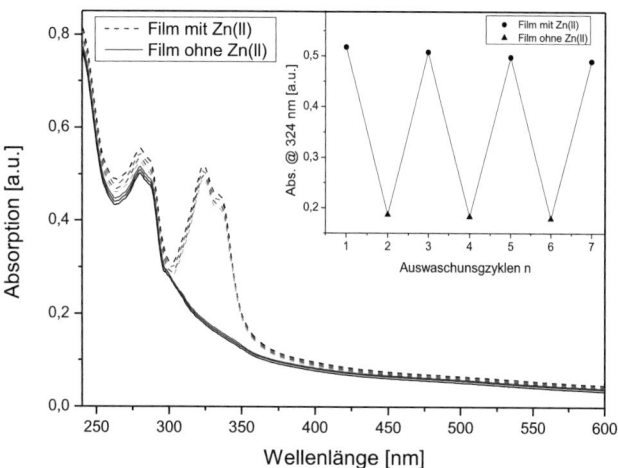

Abbildung 4.31: UV/Vis-Absorptionsspektren zur Untersuchung der De- und Rekomplexierung von Zn^{2+}-Ionen an einem durch 12 Tauchzyklen hergestelltem Zn-**P1a**-Film.

Nach der Dekomplexierung bildet sich die MLCT-Bande vollständig zurück, bis der Film eine annähernd gleiche Intensität der Absorption wie ursprünglich aufweist. Die wahrscheinliche Ursache für das Verhalten liegt in der größeren Dissoziationskonstanten der Sulfatsalze gegenüber den Hexafluorophosphatsalzen ($K_{D[MSO_4]} \gg K_{D[M(PF_6)_2]}$), sodass die PF_6^--Ionen durch die überschüssigen SO_4^{2-}-Ionen ausgetauscht werden und sich die Komplexe dann lösen. Der Einsatz in Abbildung 4.31 zeigt die Intensität der MLCT-Bande bei 324 nm nach jeweiligen De- und Rekomplexierungsschritten. Es ist eine minimale Absorptionsabnahme der MLCT-Bande zu erkennen, während die Absorption des metallionenfreien Films unverändert bleibt.

4.4.3 Entfernung der Zinkionen aus einem Zn-P2b-Film mit Wasser

Das Entfernen der Zn^{2+}-Ionen aus dem Zn-**P2b**-Film erfolgte analog dem Zn-**P1a**-Film durch Eintauchen des beschichteten Substrats in Milli-Q-Wasser für 72 Stunden. Nach jeweils 24 h wurde ein UV/Vis-Absorptionsspektrum aufgenommen. Abbildung 4.32 zeigt die UV/Vis-Absorptionsspektren des Zn-**P2b**-Films vor und nach dem Tauchen in Milli-Q-Wasser.

Ergebnisse und Diskussion

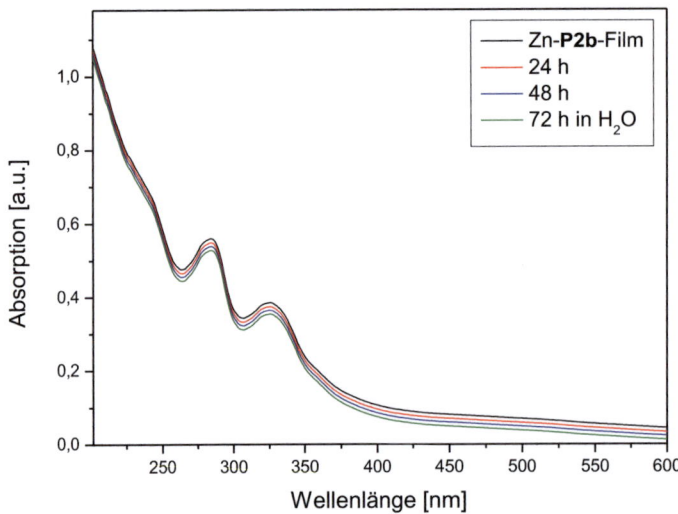

Abbildung 4.32: UV/Vis-Absorptionsspektren zur Untersuchung des Entfernens von Zn^{2+}-Ionen aus einem durch 12 Tauchzyklen hergestellten Zn-**P2b**-Films durch Eintauchen in Milli-Q-Wasser.

Auch in diesem Fall sind außer einer minimalen Intensitätsabnahme keine starken Veränderungen der UV/Vis-Absorptionsspektren zu verzeichnen. Das Vorhandensein der MLCT-Bande selbst nach dreitägigem Eintauchen in Milli-Q-Wasser bestätigt wieder, dass die Entfernung der Metallionen aus dem Polymerfilm nur sehr langsam oder überhaupt nicht stattfindet.

4.4.4 Entfernung der Zinkionen aus einem Zn-P2b-Film mit Natriumsulfat und Rekomplexierung mit Zinkacetat

In Abbildung 4.33 sind UV/Vis-Absorptionsspektren zur Untersuchung der De- und Rekomplexierung von Zn^{2+}-Ionen in einem Film aus 12 Schichten Zn-**P2b** dargestellt.

Die Zinkionen wurden zuerst durch 24-stündiges Tauchen des Polymerfilms in eine Lösung aus 10 Gew.-% Na_2SO_4 in Milli-Q-Wasser entfernt. Anschließend wurden die Metallionen wieder in den Film eingeführt, in dem das Substrat für 10 Minuten in eine 0,05 M Zinkacetat-Lösung in DMF/MeOH (1:1 v/v) getaucht wurde. Das Entfernen und Wiedereinfügen der Metallionen wurden je dreimal wiederholt und mit Hilfe der UV/Vis-

Spektroskopie die Absorptionsveränderungen verfolgt. Wie Abbildung 4.33 zeigt, verschwindet die MLCT-Bande beim Eintauchen in die Na₂SO₄-Lösung vollständig und die Absorption bei 323 nm nimmt ab. Beim Tauchen in die Zinkacetat-Lösung nimmt sie wieder zu, aber das Maximum der MLCT-Bande bei 323 nm erreicht nicht wieder ganz den ursprünglichen Wert, wie dem Einsatz der Abbildung 4.32 zu entnehmen ist. Wenn man die beiden Polymer/Metallionen-Netzwerksysteme Zn-**P1a** und Zn-**P2b** miteinander vergleicht, so wird deutlich, dass die Wahl des Comonomers **NIPAM** oder **Styrol** keine Auswirkung auf das De- bzw. Rekomplexieren der Metallionen in den Filmen hat, sondern lediglich die Ligandeneinheit wichtig ist.

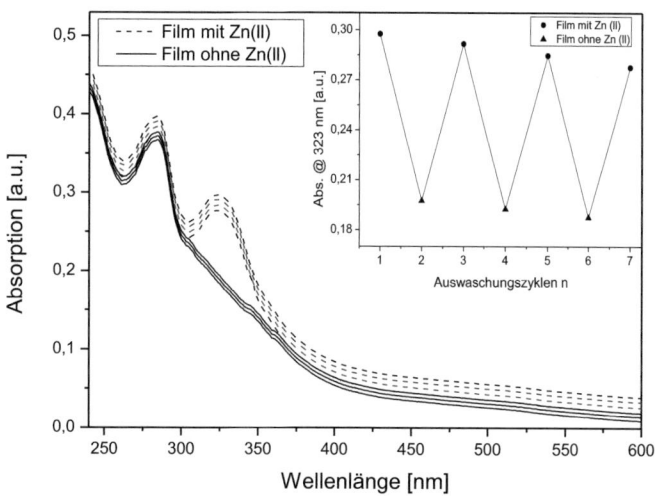

Abbildung 4.33: UV/Vis-Absorptionsspektren zur Untersuchung der De- und Rekomplexierung von Zn^{2+}-Ionen in einem durch 12 Tauchzyklen hergestelltem Zn-**P2b**-Film.

4.5 QCM-Untersuchungen

Um die Abläufe während des Multischichtaufbaus sowie der De- und Rekomplexierung der Metallionen in den Koordinationspolymerfilmen genauer nachvollziehen zu können, wurde eine Reihe von Experimenten mit Hilfe der Quarzmikrowaage durchgeführt. Im Rahmen dieser Arbeit wurde mit einem QCM-D-System gearbeitet, welches gleichzeitig die Messung der Resonanzfrequenz und des Dissipationsfaktors (engl. *Quarz Crystal Microbalance with Dissipation*, QCM-D) ermöglicht. Analog zum

Ergebnisse und Diskussion

Schichtaufbau auf Glassubstraten wurde zuerst ein Schwingquarz in einer Messkammer durch alternierendes Einleiten einer 0,05 M wässrigen **PSS**- und **PEI**-Lösung mit drei Doppelschichten **PSS/PEI** vorbehandelt. Als letzte Schicht wurde **PSS** adsorbiert, damit die Oberfläche eine negative Ladung erhält. Jeder Adsorptionsvorgang dauerte 20 Minuten. Bevor die Lösung des nächsten Polyelektrolyten eingeleitet wurde, wurde der Quarzkristall für 10 Minuten mit Milli-Q-Wasser gewaschen. Durch die Adsorption der Polyelektrolyte erfolgt eine Massenablagerung Δm auf dem Schwingquarz, die dazu führt, dass die Resonanzfrequenz f_0 proportional zur abgeschiedenen Fremdmasse verkleinert wird. Die umgekehrte Proportionalität von Frequenzabnahme Δf und Massenzunahme Δm kommt in der Sauerbrey-Beziehung zum Ausdruck (s. Abschn. 2.4.1). Zur genaueren Bestimmung der Massenbeladung Δm kann bei weichen Systemen die Dissipation herangezogen werden. Sie liefert zusätzliche Informationen über die Starrheit eines Films, d.h. je größer die Dissipation ist, desto starrer ist ein Film. Außerdem hängen die Frequenzänderung Δf und die Dissipation nicht nur von der Adsorption ab, sondern auch von der Dichte des umgebenden Mediums. So wird jedes Mal, wenn eine neue Lösung eingeleitet wird, eine sprunghafte Änderung der Frequenz und Dissipation beobachtet. Frequenzänderungen, die von einer Adsorption bzw. Desorption hervorgerufen werden, erfolgen dagegen nicht sprunghaft und dauern einige Sekunden lang an.[47]

Da die Frequenzänderungen der 1. harmonischen Schwingung ein zu starkes Rauschen aufwiesen und die normierten Frequenzänderungen der 3. bis 11. harmonischen Schwingung annähernd gleich waren, wurden zur Auswertung die normierten Frequenzänderungen der 3. harmonischen Schwingung berücksichtigt. Die Normierung ergab sich aus dem Verhältnis der Frequenzänderung Δf zur Zahl n der harmonischen Schwingung. Die Massenablagerung der Filme wurde am Ende der jeweiligen Messung mit Hilfe der Sauerbrey-Gleichung ermittelt.

In Abbildung 4.34 ist die Frequenzänderung Δf als Funktion der Zeitdauer des Vorbeschichtungsvorgangs mit **PSS/PEI** dargestellt.

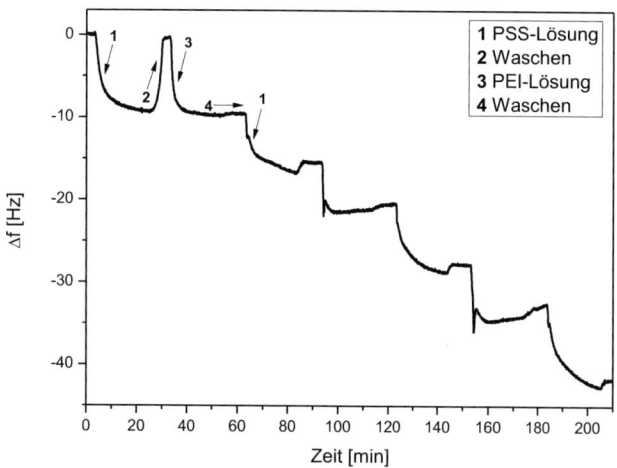

Abbildung 4.34: Frequenzänderung mit der Zeit während der Vorbeschichtung eines Quarzkristalls mit **PSS/PEI**.

Beim Eintauchen des Quarzkristalls in die **PSS**-Lösung findet eine rasche Frequenzabnahme statt, die auf die Adsorption des **PSS**-Polyelektrolyts hindeutet (Schritt 1). Während des Waschvorgangs (Schritt 2) sinkt die Frequenz zuerst geringfügig weiter, steigt aber nach wenigen Minuten an, was auf ein Entfernen von nur lose gebundenen **PSS**-Molekülen zurückzuführen ist. Anschließend wird die **PEI**-Lösung eingeleitet und es wird erneut eine rasche Frequenzabnahme beobachtet. Die positiv geladenen **PEI**-Moleküle werden an die negativ geladenen **PSS**-Moleküle elektrostatisch adsorbiert, was eine zusätzliche Massenablagerung auf dem Schwingquarz zur Folge hat (Schritt 3). Außerdem, wie bereits erwähnt, werden die raschen Frequenzänderungen durch den Wechsel des Mediums verursacht. Im darauffolgenden Waschschritt (4) bildet die Frequenz ein Plateau und bleibt nahezu unverändert, was bedeutet, dass keine **PEI**-Moleküle mehr abgewaschen werden und alle Ladungen des **PSS** durch **PEI**-Moleküle ausgeglichen sind. Nach drei Doppelschichten **PSS/PEI** und einer Schicht **PSS** wurde auf dem Schwingquarz ein Film mit einer Masse von etwa 2050 ng/cm² abgeschieden.

4.5.1 QCM-Untersuchungen mit P1a und Zinkacetat

Nach der Vorbeschichtung des Quarzkristalls mit drei Doppelschichten **PSS/PEI** und einer Schicht **PSS** wurden weitere zwölf Doppelschichten des Zn-**P1a**-Komplexes durch abwechselndes Behandeln mit einer Zinksalz- und einer Polymerlösung adsorbiert. Abbildung 4.35 zeigt die Änderung der Frequenz während des Filmaufbaus.

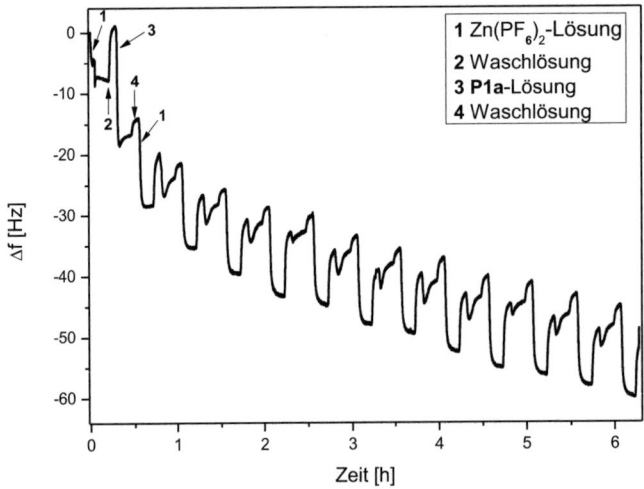

Abbildung 4.35: Frequenzänderung mit der Zeit während der Beschichtung eines vorbehandelten Quarzkristalls mit zwölf Doppelschichten Zn-**P1a**.

Es wurden eine $5 \cdot 10^{-3}$ molare Lösung aus Zinkacetat und KPF$_6$ in einer Mischung aus DMF/MeOH/Toluol/n-Hexan (0,5:1:3,5:0,5 v/v) und eine $5 \cdot 10^{-4}$ monomolare Lösung von **P1a**, gelöst im gleichen Gemisch, als Lösungen für die Adsorption verwendet. Jeder Adsorptionsschritt dauerte zehn Minuten. Zwischen den einzelnen Schritten wurde die Quarzscheibe fünf Minuten lang mit dem Lösungsmittelgemisch, das der Zusammensetzung der Metallsalz- und der Polymerlösung entsprach, gespült. Als erste und als letzte Schicht wurde die Zinksalzlösung adsorbiert.

Beim Einleiten der Metallsalzlösung wird zunächst eine Abnahme der Frequenz beobachtet (Schritt 1). Wie bei der Vorbeschichtung sind auch hier im Verlauf der Messung rasche Frequenzänderungen zu erkennen, die zum einen durch eine unterschiedliche Dichte der Tauchlösungen, zum anderen durch einen schnellen Einbau von freien Metallionen zustande kommen. Während des Behandeln des Quarzkristalls mit der Waschlösung (Schritt 2) findet eine Frequenzzunahme statt, die auf das Auswaschen von ungebundenen Metallionen hindeutet. Beim Einleiten der Polymerlösung (Schritt 3) nimmt die Frequenz wieder ab, da aufgrund von koordinativen Wechselwirkungen die Metallionen mit dem polytopischen Liganden einen Komplex ausbilden, welcher zu einer zusätzlichen Massenbeladung auf dem Substrat führt. Anschließend wird der

Schwingquarz erneut gewaschen (Schritt 4). Die Frequenz steigt wieder an, was auf ein Entfernen lose gebundener Polymerketten zurückzuführen ist. Es ist auffällig, dass beim Behandeln mit der Metallsalzlösung eine kontinuierliche Frequenzabnahme erfolgt. Sie lässt auf eine neben der elektrostatischen Adsorption erfolgende zusätzliche Einlagerung von Metallionen in die Netzwerkstruktur schließen. Nach zwölf Doppelschichten hat sich ein Film mit einem Gewicht von ca. 2548 ng/cm² aufgebaut.

4.5.1.1 Entfernung der Zinkionen aus einem Zn-P1a-Film mit Wasser und Natriumsulfat

Im Anschluss an den Schichtaufbau wurde versucht, die Zinkionen aus dem mit zwölf Doppellagen beschichteten Zn-**P1a**-Film zu entfernen. Hierzu wurde der Quarzkristall zunächst vier Stunden lang mit reinem Milli-Q-Wasser und darauf mit einer 10 gewichtsprozentigen Natriumsulfat-Lösung in Milli-Q-Wasser gespült. Abbildung 4.36 zeigt die Frequenzänderungen während der Auswaschvorgänge mit reinem Wasser und mit der wässrigen Na$_2$SO$_4$-Lösung.

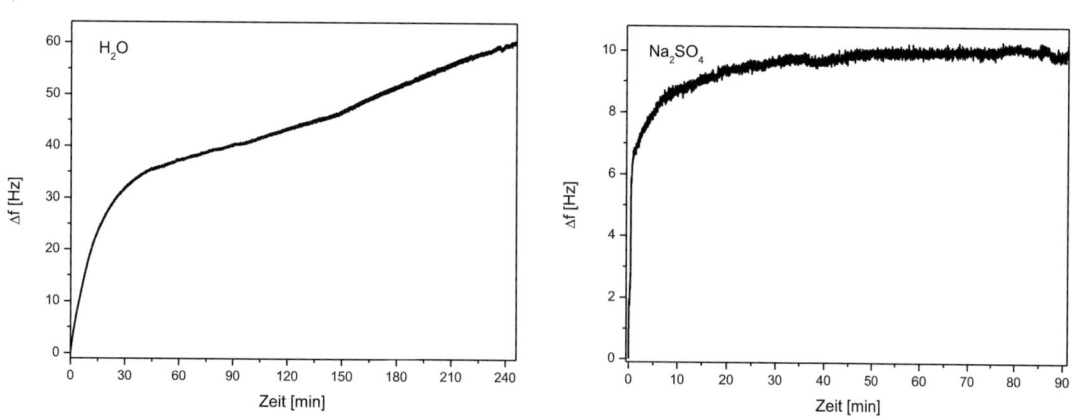

Abbildung 4.36: Frequenzänderung mit der Zeit während des Eintauchens eines mit zwölf Doppelschichten Zn-**P1a** beschichteten Quarzkristalls in Milli-Q-Wasser (links) und 10 Gew.-% wässrige Na$_2$SO$_4$-Lösung (rechts).

Beim Behandeln mit Wasser nimmt die Frequenz direkt und stark zu. Dies ist vermutlich auf das Auswaschen von überschüssigen, locker gebundenen Zn^{2+}-Ionen aus dem Film zurückzuführen. Das Entfernen von komplexierten Metallionen erfolgt dagegen

+sehr langsam, sodass nach über vier Stunden immer noch eine kontinuierliche Frequenzzunahme zu beobachten ist. Eine mögliche Ursache für dieses Verhalten liefert das Quellen des Films im wässrigen Medium. Der Film verliert 480 ng/cm² an Gewicht, was 18,8 Gew.-% seiner Gesamtmasse entspricht.

Beim anschließenden Eintauchen desselben Quarzkristalls in eine 10 Gew.-% wässrige Na_2SO_4-Lösung kommt es zu einem weiteren raschen Anstieg der Frequenz bereits in der ersten Minute. Nach etwa zehn Minuten erreicht die Frequenz ein Plateau und es treten im weiteren Verlauf der Messung keine wesentlichen Änderungen mehr auf, sodass an dieser Stelle eine vollständige Auswaschung der Zn^{2+}-Ionen aus dem Film angenommen wird. Hierbei wird ein zusätzlicher Massenanteil von 320 ng/cm² aus dem Film entfernt. Insgesamt werden 800 ng/cm² aus dem Film gespült, was einem Gewichtsverlust von 31,3 Gew.-% des Gesamtfilms entspricht. Der Massenverlust ist höher, als für den Mono-Komplex des **P1a** mit $Zn(PF_6)_2$ zu erwarten ist. Das Molgewicht einer Wiederholungseinheit von **P1a** aus 11 **NIPAM**-Einheiten und einer **M1**-Einheit liegt bei 1493 g/monomol, das Molgewicht von $Zn(PF_6)_2$ bei 355,3 g/mol, sodass der Gewichtsverlust 20% nicht übersteigen sollte. Aus diesem Grund muss der große Gewichtsverlust auch auf die Entfernung von freien und nicht stöchiometrisch eingebauten Metallionen in der porösen Netzwerkstruktur zurückzuführen sein, wie bereits *A. Maier* an einem anderen Koordinationspolymerfilm gezeigt hat.[43]

4.5.1.2 Rekomplexierung des Zn-P1a-Fims mit Zinkacetat

Im Folgenden wurde derselbe Quarzkristall nach der Entfernung des Zinksalzes mit einer $5·10^{-3}$ molaren $Zn(OAc)_2$/KPF_6-Lösung in DMF/MeOH (1:9 v/v) in der Messzelle zehn Minuten behandelt, um ein Rekomplexieren mit Zinkionen zu erreichen. In Abbildung 4.37 sind die Frequenzänderungen mit der Zeit während des Rekomplexierungsvorgangs dargestellt.

Zu Beginn der Rekomplexierung wird zunächst eine geringfügige Frequenzabnahme beobachtet, die vermutlich durch die Dichteänderung beim Eindiffundieren der Lösung hervorgerufen wird. Erst nach 3,5 Minuten findet eine starke Frequenzabnahme statt, die auf eine Komplexierung der Zn^{2+}-Ionen in den Schichten hinweist. Die abgelagerte

Masse des Films beträgt 816 ng/cm², was 32 Gew.-% der ursprünglichen Gesamtmasse des Films entspricht. Danach steigt die Frequenz leicht an und erreicht ein Plateau. Dies zeigt die vollständige Rekomplexierung an. Die Massenzunahme entspricht ungefähr dem Massenverlust beim vorherigen Behandeln mit Wasser und der wässrigen Na_2SO_4-Lösung. Das Experiment beweist, dass die Entfernung der Metallionen aus dem Film reversibel ist und eine nahezu gleiche Masse entfernt und wieder eingefügt werden kann.

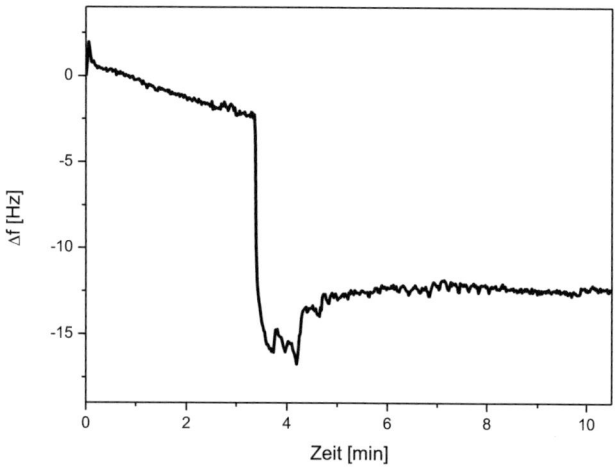

Abbildung 4.37: Frequenzänderung mit der Zeit während der Rekomplexierung mit $Zn(OAc)_2$/KPF_6. Probe: Film aus 12 Doppellagen Zn-**P1a**, dekomplexiert durch Behandlung mit wässriger Na_2SO_4-Lösung.

4.5.2 QCM-Untersuchungen mit P2b und Zinkacetat

In einem weiteren Experiment wurden auf einen neuen Quarzkristall, welcher vorher ebenfalls mit drei Doppellagen **PSS/PEI** und einer Lage **PSS** vorbeschichtet wurde, 12 Doppellagen Zn-**P2b** durch sequentielles Einleiten einer $5 \cdot 10^{-3}$ molaren $Zn(OAc)_2$/KPF_6- und einer $5 \cdot 10^{-4}$ molaren **P2b**-Lösung adsorbiert. Für diese Lösungen sowie für die Waschlösungen wurde ein Lösungsmittelgemisch aus DMF/MeOH/Toluol/n-Hexan (0,5:1:3:0,5 v/v) verwendet. Jeder Adsorptionsvorgang dauerte zehn Minuten, der Waschvorgang nur fünf Minuten. Beim ersten und letzten Tauchvorgang wurde die Metallsalzlösung verwendet. In Abbildung 4.38 ist die Änderung der Frequenz während des gesamten Adsorptionsvorgangs gezeigt.

Ergebnisse und Diskussion

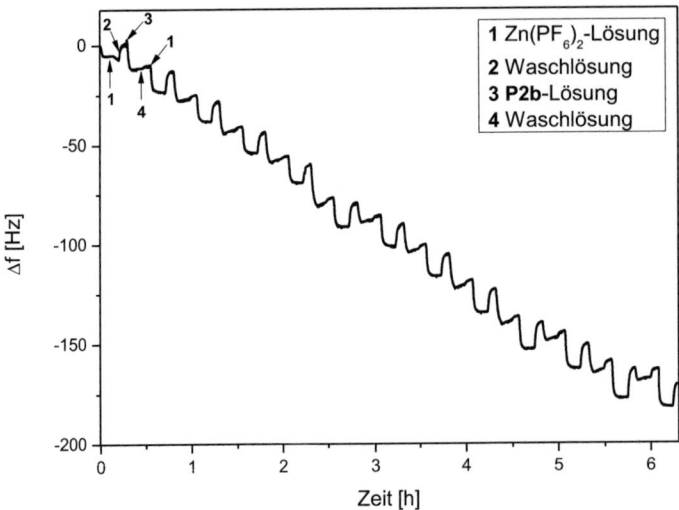

Abbildung 4.38: Frequenzänderung mit der Zeit während der Beschichtung eines vorbehandelten Quarzkristalls mit zwölf Doppelschichten Zn-**P2b**.

Im ersten Schritt wird der Quarzkristall mit der Lösung des Zinksalzes behandelt und es kommt zu einer Frequenzabnahme aufgrund der Massenablagerung auf dem Kristall. Während des Waschvorgangs (Schritt 2) steigt die Frequenz an, da die überschüssigen, locker gebundenen Metallionen entfernt werden. Daraufhin wird die Polymerlösung eingeleitet (Schritt 3) und die Frequenz sinkt wieder, da durch koordinative Wechselwirkungen zwischen den Metallionen und dem polytopischen Liganden eine Komplexbildung erfolgt, was wiederum eine Massenzunahme bewirkt. Anschließend wird der Schwingquarz wieder gewaschen (Schritt 4) und die Frequenz nimmt wie erwartet zu, da schwach gebundene Polymerketten ausgewaschen werden. Analog zum Zn-**P1a**-System findet eine konstante Frequenzabnahme im gesamten Verlauf der Messung statt, die auf die gleichmäßige Adsorption des Metallsalzes und des Polymers zurückzuführen ist. Nach 12 Doppellagen hat sich ein Film mit der Gesamtmasse von ca. 8335 ng/cm^2 abgeschieden.

Ergebnisse und Diskussion

4.5.2.1 Entfernung der Zinkionen aus einem Zn-P2b-Film mit Wasser und Natriumsulfat

Anschließend wurde der mit 12 Doppellagen Zn-**P2b** beschichtete Quarzkristall über drei Stunden lang mit Milli-Q-Wasser gespült, um die Metallionen aus dem Film zu entfernen. Abbildung 4.39 zeigt die Frequenzänderung mit der Zeit während des Spülvorgangs mit Milli-Q-Wasser.

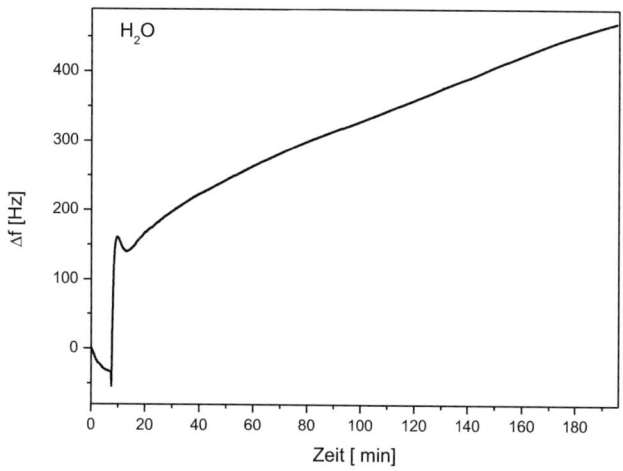

Abbildung 4.39: Frequenzänderung mit der Zeit während der Behandlung eines mit zwölf Doppellagen Zn-**P2b** vorbeschichteten Quarzkristalls mit Milli-Q-Wasser.

Während des Eintauchens ins Wasser kommt es am Anfang zu einer raschen Abnahme der Frequenz, die auf unterschiedliche Dichten der Tauchlösung und der Luft zurückzuführen sind. Danach kommt es zu einer Frequenzzunahme infolge der Auswaschung von lose gebundenen Metallionen. Nach etwa zwanzig Minuten hat die Frequenz ein Plateau erreicht und es findet ein fortlaufender langsamer Anstieg der Frequenz statt, der durch eine allmähliche Dekomplexierung und Entfernung der Metallionen aus den Schichten hervorgerufen wird. Der Film verliert einen Massenanteil von 815 ng/cm^2, was 9,8 Gew.-% seiner Gesamtmasse entspricht.

Anschließend wurde der Quarzkristall mit einer 10 Gew.-% wässrigen Natriumsulfat-Lösung behandelt. In Abbildung 4.40 sind die Änderungen der Frequenz mit der Zeit während des Auswaschvorgangs in wässriger Na$_2$SO$_4$-Lösung dargestellt.

Ergebnisse und Diskussion

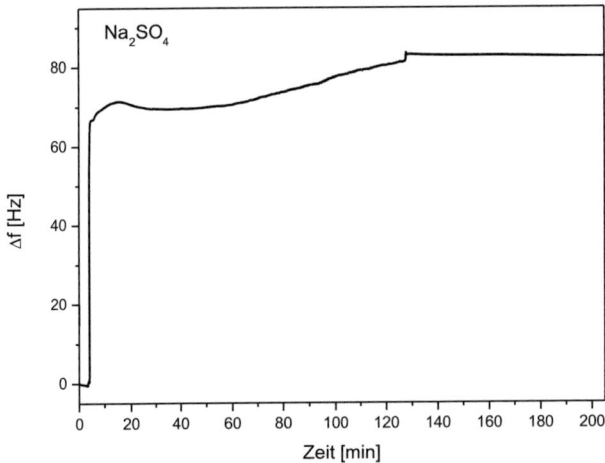

Abbildung 4.40: Frequenzänderung mit der Zeit während der Behandlung eines mit 12 Doppellagen Zn-**P2b** vorbeschichteten Quarzkristalls mit 10 Gew.-% wässriger Na_2SO_4-Lösung.

Etwa fünf Minuten nach Beginn des Auswaschexperiments kommt es zu einer starken Frequenzzunahme, die durch ein Entfernen der Metallionen aus den Schichten erklärt werden kann. Im weiteren Verlauf wird ein nahezu konstanter, langsamer Anstieg der Frequenz beobachtet, was auf ein Entfernen der letzten Zinkionen zurückzuführen sein mag. Nach zwei Stunden erreicht die Frequenz ein Plateau. Es sind 3461 ng/cm² aus dem Film entfernt. Addiert man den Massenverlust beim Tauchen in Milli-Q-Wasser, verliert der Film eine Masse von 4276 ng/cm². Dies entspricht einem Gewichtsverlust von etwa 51 Gew.-% des Gesamtfilms.

4.5.2.2 Rekomplexierung des Zn-P2b-Fims mit Zinkacetat

Nach der Entfernung der Metallionen wurde der Quarzkristall zur Rekomplexierung für zehn Minuten mit einer $5 \cdot 10^{-3}$ molaren $Zn(OAc)_2/KPF_6$-Lösung in DMF/MeOH (1:9 v/v) behandelt. In Abbildung 4.41 ist die Frequenzänderung mit der Zeit während des Rekomplexierungsvorgangs dargestellt.

Ergebnisse und Diskussion

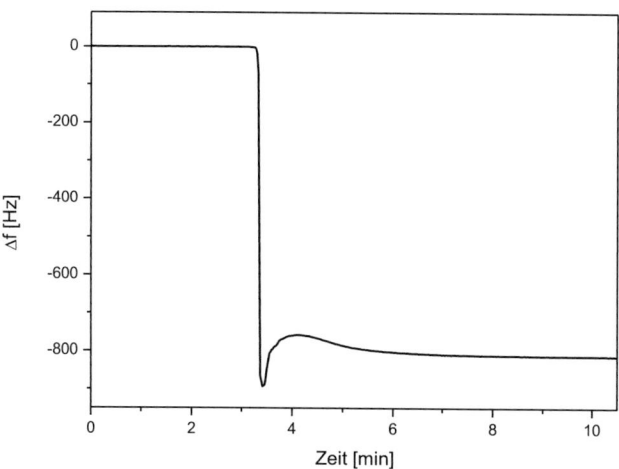

Abbildung 4.41: Frequenzänderung mit der Zeit während der Rekomplexierung mit Zn(OAc)$_2$/KPF$_6$. Probe: Film aus 12 Doppellagen Zn-**P2b**, dekomplexiert durch Behandlung mit wässriger Na$_2$SO$_4$-Lösung.

Zu Beginn des Experiments wird keine Frequenzänderung beobachtet, da vermutlich durch das langsame Pumpen die Menge an abgelagertem Metallsalz sehr gering war und nicht ausreichte, um Änderungen der Frequenz hervorzurufen. Erst nach 3,5 Minuten fand eine starke Frequenzabnahme statt, die auf eine Rekomplexierung mit Zn^{2+}-Ionen in den Schichten hinweist. Die rasche Massenzunahme beträgt 4,35·10^4 ng/cm^2. Danach tritt keine wesentliche Einlagerung von Metallionen mehr ein. Nach 10 Minuten sind insgesamt 3,96·10^4 ng/cm^2 eingelagert. Das ist etwa um das Fünffache mehr als die Gesamtmasse des Films vor dem Entfernen des Zinksalzes. Möglicherweise ist dieses Verhalten auf einen hohen **Styrol**-Anteil im Copolymer zurückzuführen, da sich dadurch eine sehr poröse Netzwerkstruktur bildet, welche die vermehrte Einlagerung von Metallionen erlaubt.

4.5.3 QCM-Untersuchungen zur Herstellung von Zn-P3a-Filmen

Der Schicht-für-Schicht-Aufbau wurde auch mit dem **BIP**-haltigen Copolymer **P3a** und Zinkchlorid untersucht. Nach der Vorbeschichtung wurde durch abwechselndes Behandeln mit einer 5·10^{-3} molaren ZnCl$_2$/KPF$_6$-Lösung und einer 5·10^{-4} monomolaren **P3a**-Lösung zwölf Doppelschichten auf den Quarzkristall aufgebracht. Als erste und als letzte Schicht wurde Zinkchlorid adsorbiert. Für die Tauch- und die Waschlösungen

Ergebnisse und Diskussion

wurde ein Lösungsmittelgemisch aus ACN/CHCl$_3$ (1:1 v/v) verwendet. Die Dauer der Tauchvorgänge betrug zehn Minuten, die der Waschvorgänge nur fünf Minuten. Abbildung 4.42 zeigt die Frequenzabhängigkeit von der Zeit während des Schichtaufbaus.

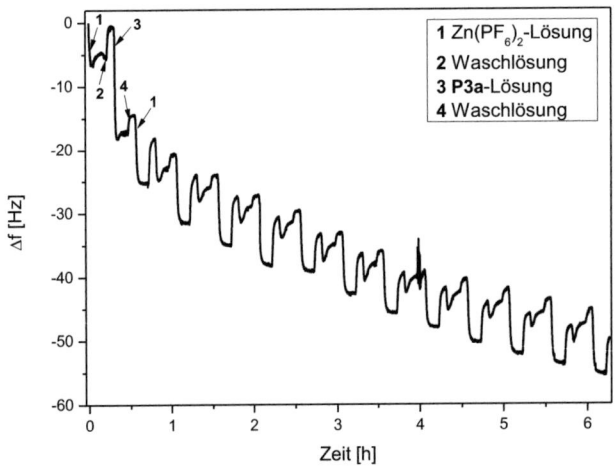

Abbildung 4.42: Frequenzänderung mit der Zeit während des Schichtaufbaus eines vorbehandelten Quarzkristalls mit zwölf Doppelschichten ZnCl$_2$/KPF$_6$ und **P3a**.

Im ersten Adsorptionsschritt (1) wird zunächst die ZnCl$_2$-Lösung in die Messkammer eingeleitet. Die Frequenz nimmt durch die abgeschiedene Masse auf dem Quarzkristall ab. Im zweiten Adsorptionsschritt (2) wird der Quarzkristall mit der Waschlösung behandelt, damit nicht komplexierte Metallionen wieder entfernt werden. Anschließend wird der Schwingquarz mit der Lösung des **BIP**-haltigen Copolymers **P3a** behandelt (Schritt 3). Es kommt erneut zu einer abrupten Frequenzabnahme, da aufgrund der koordinativen Wechselwirkungen zwischen Metallionen und dem polytopischen Liganden ein Komplex entsteht. Dieser führt zu einer zusätzlichen Massenablagerung auf der Quarzscheibe. Im letzten Schritt (4) wird das Substrat wieder mit der Waschlösung gespült. Es wird ein Anstieg der Frequenz beobachtet, da neben den unkomplexierten Polymerketten auch freie Metallionen ausgewaschen werden, die die sprunghaften Frequenzänderungen bewirken. Ähnlich wie bei den Experimenten mit den **TPY**-haltigen Copolymeren wird auch hier eine kontinuierliche Frequenzabnahme innerhalb der Gesamtmessung festgestellt. Dies ist auf das Filmwachstum und zusätzlich die Einlagerung der Metallionen in die porösen Komplexfilme zurückzuführen. Nach 12 Tauchprozessen ist ein Film mit der Gesamtmasse von ca. 2435 ng/cm^2 adsorbiert.

Ergebnisse und Diskussion

4.5.4 QCM-Untersuchungen zur Herstellung von Zn-P4b-Filmen

Im Folgenden wird die QCM-Untersuchung des Schicht-für-Schicht-Aufbaus von Filmen aus **P4b** und Zinkchlorid beschrieben. Auf einen vorbehandelten Quarzkristall wurden durch alternierendes Einleiten einer $5 \cdot 10^{-3}$ molaren $ZnCl_2$-Lösung und einer $5 \cdot 10^{-4}$ monomolaren **P4b**-Lösung in die Messkammer zwölf Doppelschichten adsorbiert, wobei der Schwingquarz zuerst und zuletzt in eine Lösung des Zinkchlorids getaucht wurde. Als Lösungsmittelgemisch diente für die Tauch- und die Waschlösungen eine Mischung aus $ACN/CHCl_3$ (1:1 v/v). Jeder Adsorptionsschritt dauerte zehn Minuten und jeder Waschschritt nur fünf Minuten. In Abbildung 4.43 ist die Frequenzabhängigkeit von der Zeit während des Schichtaufbaus dargestellt.

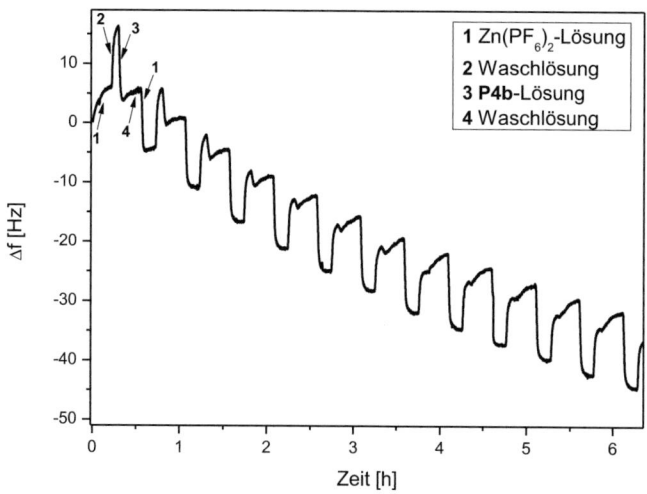

Abbildung 4.43: Frequenzänderung mit der Zeit während des Schichtaufbaus eines vorbehandelten Quarzkristalls mit zwölf Doppelschichten $ZnCl_2/KPF_6$ und **P4b**.

Während der Adsorption der Zinkchlorid-Lösung (Schritt 1) findet zunächst eine Frequenzzunahme statt. Diese ist wahrscheinlich auf einen starken Dichteunterschied beim Übergang von Luft zur Tauchlösung zurückzuführen. Sie überlagert die Frequenzabnahme, die eigentlich aufgrund der Adsorption der Zinkionen zu erwarten ist. Im zweiten Waschschritt kommt es zu einem weiteren raschen Anstieg der Frequenz, da die nicht komplexierten Metallionen aus dem vorangegangenen Schritt entfernt werden. Im darauffolgenden Tauchschritt (3) wird **P4b** adsorbiert und die Frequenz sinkt aufgrund der Komplexierung der Polymerketten. Anschließend wird der Quarzkristall wieder mit der Waschlösung gespült (Schritt 4) und eine geringe Frequenzzunahme ist zu erkennen. Nach insgesamt 12 Schichtpaaren hat sich ein Film mit der Gesamtmasse von ca. 2167 ng/cm² abgeschieden.

4.6 Herstellung der Koordinationspolymermembranen und ihre Charakterisierung unter Dialysebedingungen

Wie in Abschnitt 4.3 und 4.5 mit Hilfe der UV/Vis-Spektroskopie sowie der Quarzmikrowaage gezeigt wurde, ist sowohl für **TPY**- als auch für **BIP**-basierte Koordinationspolymer-Systeme ein linearer Schichtaufbau auf Quarzsubstraten möglich. Ein derartiger gleichmäßiger Schichtaufbau ist eine wichtige Voraussetzung zur Herstellung von Trennmembranen. Im Folgenden wird nun der Multischichtaufbau auf einer porösen PAN/PET-Membran unter verschiedenen Adsorptionsbedingungen durchgeführt und der Stofftransport durch die resultierenden Kompositmembranen unter Diffusions- und Elektrodialysebedingungen (Abschn. 4.9) studiert. Unter anderem wird der Einfluss der Comonomerzusammensetzung im Copolymer, der unterschiedlichen Liganden-Einheiten sowie der Anzahl der adsorbierten Schichtpaare auf die Selektivität der Trennmembranen untersucht.

Durchführung der Ionenpermeationsexperimente

Der Stofftransport durch die Kompositmembranen wird zuerst unter Bedingungen der Diffusionsdialyse untersucht. Hierzu wird eine im Arbeitskreis entwickelte Zweikammer-Apparatur, die in Abbildung 4.44 gezeigt ist, eingesetzt. Es wird zunächst die Permeation von Ionen durch die Membran studiert. Die beiden Kammern der Messzelle sind durch die zu untersuchende Membran voneinander getrennt. Zu Beginn der Messungen befindet sich in der rechten Kammer reines Wasser (Permeatseite) und in der linken Kammer eine Elektrolytlösung (Feedseite). Zur Vermeidung einer Konzentrationspolarisation an der Membranoberfläche werden beide Lösungen während der Messungen mittels eines Magnetrührers gleichmäßig gerührt.

Ergebnisse und Diskussion

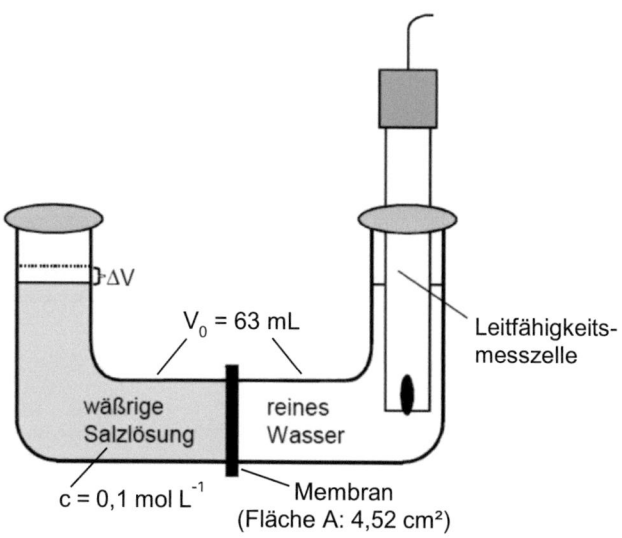

Abbildung 4.44: Schematischer Aufbau der Leitfähigkeitsmesszelle (entnommen aus der Literatur 31, Abb. 3.21).

Als treibende Kraft für den Transport von gelösten Ionen dient ein transmembraner Konzentrationsgradient, aufgrund dessen eine Ionendiffusion durch die Trennmembran von der höher konzentrierten Feedseite zur niedriger konzentrierten Permeatseite stattfindet. Die Anzahl an permeierenden Ionen wird mittels einer Leitfähigkeitsmesszelle auf der Permeatseite mit Hilfe eines Konduktometers erfasst. Zur Ermittlung der Leitfähigkeitsänderung wird die Leitfähigkeit gegen die Zeit aufgetragen und daraus die Steigung $\Delta\Lambda/\Delta t$ abgelesen. Hieraus lässt sich die Permeationsrate P_R, die als ein Maß für die Ionenpermeabilität dient, wie folgt berechne:

$$P_R = \left(\frac{\Delta\Lambda}{\Delta t}\right)\frac{V_0 - \Delta V}{\Lambda_{mol} A c_0} \qquad [\text{cm·s}^{-1}] \qquad (4.17)$$

Es bedeuten:

V_0 = 63 mL - Anfangsvolumen beider Kammern

ΔV - Volumenänderung durch Osmose

Λ_{mol} - molare Leitfähigkeit

A = 4,52 cm² - Membranfläche

c_0 = 0,1 mol/L – Elektrolytkonzentration.

Der Trennfaktor a_{ij} ist der Quotient der Permeationsraten P_R zweier Elektrolyte i und j und stellt ein Maß für die Selektivität einer Membran dar:

$$a_{ij} = \frac{P_R(i)}{P_R(j)} \qquad (4.18)$$

4.6.1 Permeation von Alkali- und Erdalkalimetallchloriden durch Koordinationspolymermembranen

Bereits L. Krasemann hatte in seiner Doktorarbeit demonstriert, dass die Permeation von zweiwertigen Metallsalzen wie z.B. Magnesiumchlorid durch Polyelektrolyt-Multischichten mit deutlich geringerer Rate P_R als die von Salzen mit einwertigen Kationen wie z.B. Natriumchlorid erfolgt.[27] Eine genauere Untersuchung von A. Toutianoush ergab, dass die Permeationsrate der Ionen von ihrer Ladungsdichte z^+/r^2 (z = Ladungszahl, r = Ionenradius) abhängt.[31] Es war nun geplant, die Ionenpermeation durch Koordinationspolymermembranen näher zu untersuchen.

4.6.1.1 Ionenpermeation durch Zn-P1a-Membranen

Da die PAN/PET-Membran durch O_2-Plasmabehandlung eine negative Oberflächenladung aufweist, wurde auf eine Vorbeschichtung mit Polyelektrolyten verzichtet und direkt mit dem eigentlichen Schichtaufbau angefangen. Die Multilagen wurden durch alternierendes Tauchen der Membran in die Metallsalz- und in die Polymerlösung hergestellt. Als Tauchlösungen wurden eine 0,05 M Zinkacetat/KPF_6-Lösung in einer Mischung aus DMF/MeOH/Toluol/n-Hexan (0,5:1:3,5:0,5 v/v) und eine $5·10^{-3}$ monomolare Lösung von **P1a** im gleichen Lösungsmittelgemisch verwendet. Jeder Adsorptionsschritt dauerte zehn Minuten. Zwischen den einzelnen Tauchzyklen wurde die Membran fünf Minuten lang im reinen Lösungsmittelgemisch gewaschen. Insgesamt wurden entweder 15 oder 30 Schichtpaare adsorbiert. Für die nachfolgenden Permeationsmessungen durch die Koordinationspolymermembranen aus Zn-**P1a** wurden wässrige Feedlösungen verschiedener Alkali- und Erdalkalimetallchloride in einer Konzentration von 0,1 mol/L eingesetzt. Tabelle 4.3 fasst die Ionenradien aller verwendeter Metallkationen zusammen.[187] Als Ionenradius ist dabei der Radius unsolvatisierter Ionen im Kristallgitter r_{Cr} und der Stokes-Radius r_h des hydratisierten Ions angegeben.

Ergebnisse und Diskussion

Tabelle 4.3: Ionenradien verwendeter Kationen.[187]

Kation	r_{Cr} [nm]	Stokes Radius r_h [nm]
Li^+	0,078	0,358
Na^+	0,098	0,276
K^+	0,133	0,188
Cs^+	0,165	0,179
Mg^{2+}	0,078	0,521
Ca^{2+}	0,106	0,464
Ba^{2+}	0,143	0,434

In Abbildung 4.45 sind die P_R-Werte verschiedener Metallkationen in Abhängigkeit vom Radius der unsolvatisierten Ionen im Kristallgitter r_{Cr} (Abb. 4.45 (a)) und dem Stokes-Radius r_h des hydratisierten Ions (Abb. 4.45 (b)) aufgetragen. Zusätzlich wurde P_R gegen die Ladungsdichte ρ' der Kationen (Abb. 4.45 (c)) und das Produkt aus r_{Cr} und der Metallionen-Ladungszahl z^+ (Abb. 4.45 (d)) aufgetragen:

$$\rho' = \frac{z^+}{r_{Cr}^2}, \qquad (4.19)$$

wobei die eigentliche Ladungsdichte ρ durch

$$\rho = \frac{e}{4p} \cdot \rho', \qquad (4.20)$$

definiert ist.

Unter der Annahme, dass die Ionen in der Membran nicht hydratisiert vorliegen, ist die Auftragung der Permeationsraten gegen das Produkt aus dem Radius r_{Cr} des unsolvatisierten Ions und der Ladungszahl z^+ am sinnvollsten, da in diesem Fall eine Hyperbel gefunden wird. Diese zeigt, dass die Permeationsrate durch die Koordinationspolymermembran zur Ladungsdichte z^+/r_{Cr}^2 der Metallionen und ihrem Volumen $\sim r_{Cr}^3$ umgekehrt proportional ist. Dies lässt auf einen Siebeffekt der Membran sowie eine elektrostatische Abstoßung der permeierenden Ionen an den in der Membran eingebauten Zinkionen (und ihren Gegenionen) schließen. Beide sind für die Selektivität des Ionentransports verantwortlich. Eine Ausnahme stellt das Mg^{2+}-Ion dar, das die niedrigste Permeationsrate aufweist und aus der Reihe der Erdalkalimetallsalze herausragt.

Ergebnisse und Diskussion

Möglicherweise tritt hier eine Komplexierung mit freien Elektronenpaaren der Stickstoffatome der **NIPAM**-Einheiten des Copolymers ein, die die Transportrate verringert. Des Weiteren zeigt sich, dass die P_R-Werte aller beteiligten Metallchloride mit zunehmender Schichtdicke kleiner werden. Dies ist ein normaler Effekt, der bei allen Membranen auftritt. Er zeigt, dass die Trennschicht frei von Löchern ist und der Transport allein durch die (Nano)Poren in der Membran erfolgt.

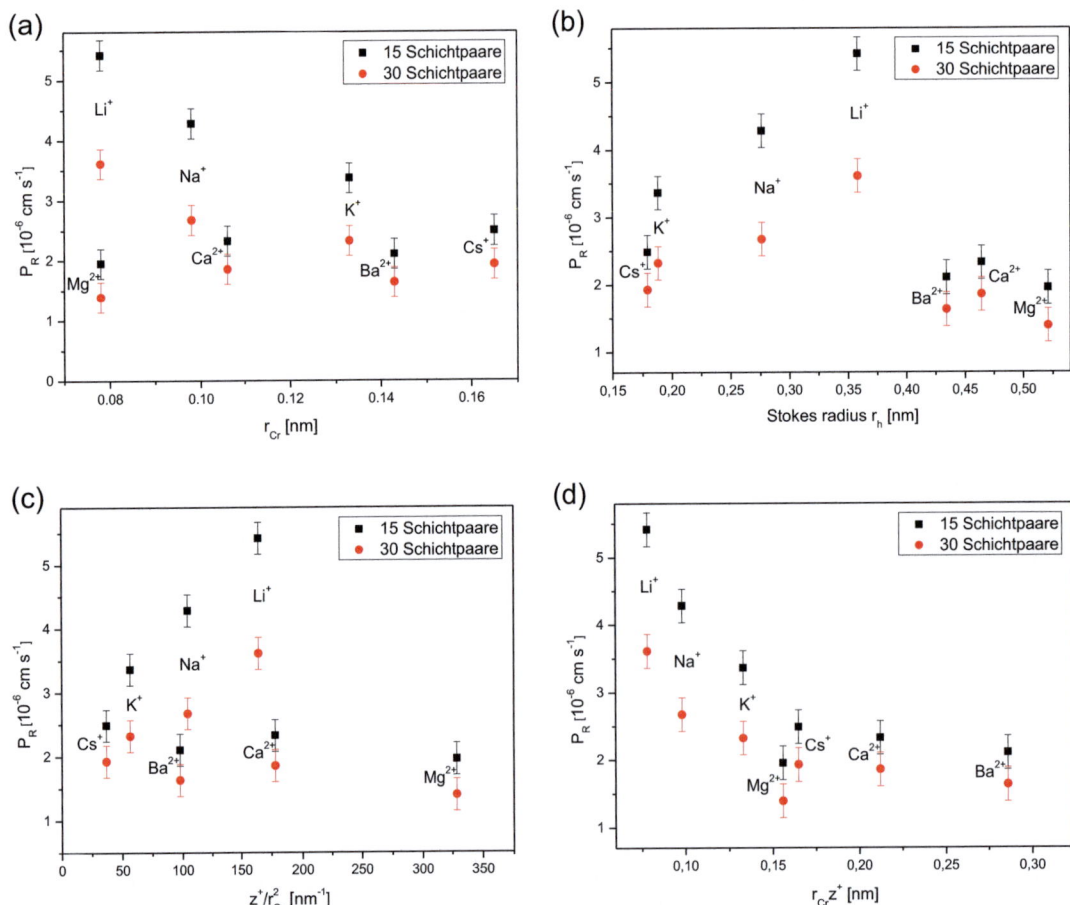

Abbildung 4.45: Permeationsraten P_R von 0,1 M wässrigen Alkali- und Erdalkalimetallchloriden in Abhängigkeit vom Radius r_{Cr} im Kristallgitter (a), vom Stokes-Radius r_h (b), von der Ladungsdichte ($\sim z^+/r_{Cr}^2$) (c) und dem Produkt aus Ladungszahl z^+ der Kationen und ihrem Radius r_{Cr} (d) für eine entweder aus 15 oder 30 Doppellagen bestehende Zn-**P1a**-Membran.

Ergebnisse und Diskussion

Aus den P_R-Werten lassen sich nach Gleichung 4.18 die Trennfaktoren bestimmen. In Tabelle 4.4 sind die Trennfaktoren α für die untersuchten Elektrolytsalze in Abhängigkeit von der adsorbierten Schichtzahl zusammengefasst. Die Trennfaktoren sind relativ zur Permeationsrate von NaCl angegeben.

Tabelle 4.4: Trennfaktoren α für verschiedene Metallchloride.

Trennfaktor α	Zn-P1a-Schichtpaare	
	15	30
α(NaCl/LiCl)	0,8	0,7
α(NaCl/KCl)	1,3	1,2
α(NaCl/CsCl)	1,7	1,4
α(NaCl/MgCl$_2$)	2,2	1,9
α(NaCl/CaCl$_2$)	1,8	1,4
α(NaCl/BaCl$_2$)	2,0	1,6

Die Trennfaktoren fallen gering aus. Sie sind deutlich niedriger als bei Polyelektrolytmembranen, bei denen die P_R-Werte der Ionen allein von der Ladungsdichte bestimmt werden und kein Siebeffekt auftritt. Durch den Siebeffekt werden gerade die großen Ionen, die aufgrund ihrer niedrigen Ladungsdichte die Membran rasch passieren könnten, verlangsamt.

4.6.1.2 Ionenpermeation durch Zn-P2a-Membranen

Zur Herstellung der Zn-**P2a**-Trennmembran wurde die poröse, plasmabehandelte PAN/PET-Unterlagemembran abwechselnd in eine 0,05 M Zn(OAc)$_2$/KPF$_6$-Lösung in einer Mischung aus DMF/MeOH/Toluol/n-Hexan (0,5:1:3,5:0,5 v/v) und eine 5·10^{-3} monomolare Lösung von **P2a** im selben Lösungsmittelgemisch getaucht. Jeder Tauchschritt dauerte 10 Minuten. Dazwischen wurde die Membran im reinen Lösungsmittelgemisch 5 Minuten gewaschen. Es wurden insgesamt entweder 15 oder 30 Doppellagen adsorbiert. In Abbildung 4.46 sind die Permeationsraten gegen das Produkt aus Ladungszahl z^+ der Kationen und ihrem Radius r_{Cr} im Kristallgitter bei unterschiedlicher Anzahl von Schichtpaaren aufgetragen.

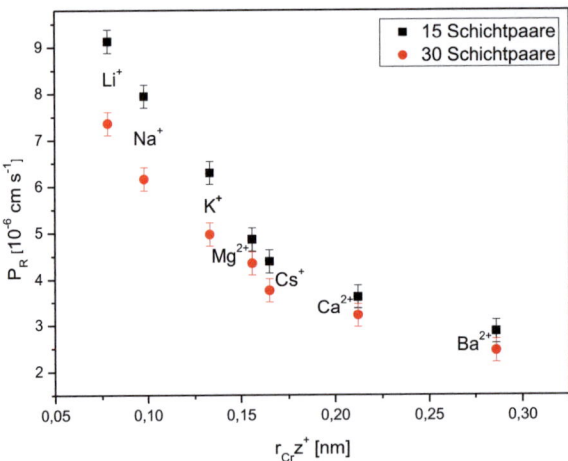

Abbildung 4.46: Abhängigkeit der Permeationsrate P_R von 0,1 M wässrigen Alkali- und Erdalkalimetallchloriden vom Produkt aus Ladungszahl z^+ der Kationen und ihrem Radius r_{Cr} im Kristallgitter für eine entweder mit 15 oder 30 Doppellagen beschichtete Zn-**P2a**-Membran.

Sehr deutlich ist zu erkennen, dass die Permeationsraten durch die Zn-**P2a**-Membran wie bei der Zn-**P1a**-Membran umgekehrt proportional zum Produkt $z^+ \cdot r_{Cr}$ sind. Anders als bei der Zn-**P1a**-Membran sind die P_R-Werte insgesamt höher. Der P_R-Wert des Mg^{2+}-Ions zeigt keine Besonderheit und liegt auf der von allen Messwerten beschriebenen Hyperbel. Ursache hierfür ist, dass bei **P2a**-Copolymer **NIPAM** als komplexbildendes Comonomer fehlt und durch das inerte **Styrol** ersetzt ist. Dies kann auch die insgesamt höheren P_R-Werte erklären.

Aus den P_R-Werten lassen sich die Trennfaktoren mit Hilfe der Gleichung 4.18 ermitteln. In Tabelle 4.5 sind die Trennfaktoren α für die verwendeten Metallchloride in Abhängigkeit von der Anzahl der adsorbierten Doppelschichten zusammengestellt.

Das Vorhandensein des **Styrol**-Comonomers bewirkt nicht nur eine Erhöhung aller P_R-Werte, sondern auch eine leichte Verbesserung im Trennverhalten im Vergleich zur Zn-**P1a**-Membran, insbesondere bei zweiwertigen Ca^{2+}- und Ba^{2+}-Ionen. Der α(NaCl/$BaCl_2$)-Wert beträgt 2,8 und ist um 0,8 größer als bei der Zn-**P1a**-Membran. Allerdings verringern sich die Trennfaktoren mit zunehmender Schichtdicke der Membran.

Ergebnisse und Diskussion

Tabelle 4.5: Trennfaktoren α für verschiedene Metallchloride.

Trennfaktor α	Zn-P2a-Schichtpaare	
	15	30
α(NaCl/LiCl)	0,9	0,8
α(NaCl/KCl)	1,3	1,2
α(NaCl/CsCl)	1,8	1,6
α(NaCl/MgCl$_2$)	1,6	1,4
α(NaCl/CaCl$_2$)	2,2	1,9
α(NaCl/BaCl$_2$)	2,8	2,5

4.6.1.3 Ionenpermeation durch Zn-P2b-Membranen

Die Multischichten der Zn-**P2b**-Membran wurden auf gleiche Weise wie die der Zn-**P2a**-Membran hergestellt. Insgesamt wurden entweder 15 oder 30 Doppelschichten adsorbiert. **P2b** unterscheidet sich von **P2a** hauptsächlich durch das abweichende Comonomerverhältnis mit deutlich höherem **Styrol**-Anteil (s. Tab. 4.2). Bei der Komplex-bildung mit Zinkionen sollte daher ein Netzwerk mit deutlich größerer Porenweite entstehen. In Abbildung 4.47 sind die P_R-Werte in Abhängigkeit vom Produkt aus Ladungszahl z^+ der Kationen und ihrem Radius im Kristallgitter r_{Cr} bei unterschiedlicher Anzahl von Doppelschichten dargestellt. Wie durch die größeren Poren zu erwarten, fallen die Permeationsraten durch die Zn-**P2b**-Membran noch etwas größer aus als bei der Zn-**P2a**-Membran. Der Transport der Metallkationen erfolgt umgekehrt proportional zu ihrer Ladungsdichte und ihrer Ionengröße. Da der Siebeffekt überwiegt, nehmen die P_R-Werte in der Reihenfolge Li$^+$> Na$^+$> K$^+$> Cs$^+$> Mg^{2+}> Ca^{2+}> Ba^{2+} ab.

Ergebnisse und Diskussion

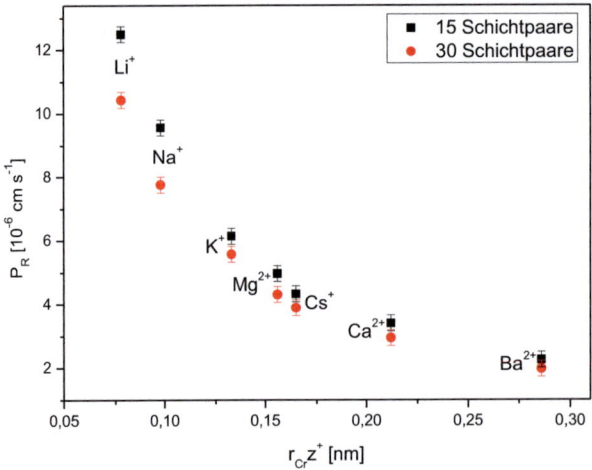

Abbildung 4.47: Abhängigkeit der Permeationsrate P_R von 0,1 M wässrigen Alkali- und Erdalkalimetallchloriden vom Produkt aus Ladungszahl z^+ der Kationen und ihrem Radius r_{Cr} im Kristallgitter für eine entweder mit 15 oder 30 Doppellagen beschichtete Zn-**P2b**-Membran.

Aus den P_R-Werten lassen sich die Trennfaktoren errechnen. In Tabelle 4.6 sind die Trennfaktoren α für die verwendeten Elektrolytsalze aufgeführt.

Tabelle 4.6: Trennfaktoren α für verschiedene Metallchloride.

Trennfaktor α	Zn-P2b-Schichtpaare	
	15	30
α(NaCl/LiCl)	0,8	0,7
α(NaCl/KCl)	1,6	1,4
α(NaCl/CsCl)	2,2	2,0
α(NaCl/MgCl$_2$)	1,9	1,8
α(NaCl/CaCl$_2$)	2,8	2,6
α(NaCl/BaCl$_2$)	4,2	3,9

Das Fehlen des komplexierenden Comonomers **NIPAM** hat nicht nur eine Erhöhung aller P_R-Werte, sondern auch eine verbesserte Trennung der Ionen mit hoher und niedriger Ladungsdichte zur Folge. So liegt der α(NaCl/CsCl)-Wert für 15 Schichtpaare bei 2,2 und die α(NaCl/CaCl$_2$)- und α(NaCl/BaCl$_2$)-Werte gar bei 2,8 bzw. 4,2. Wie bei den bisher untersuchten Kompositmembranen, sinken auch hier die Trennfaktoren mit zunehmender Anzahl der adsorbierten Doppelschichten.

4.6.1.4 Ionenpermeation durch Zn-P3a-Membranen

Es wurden auch Kompositmembranen mit Zink-Komplexen von **BIP**-haltigen Copolymeren hergestellt. Zu diesem Zweck wurde die plasmabehandelte PAN/PET-Membran abwechselnd in die Metallsalz- und in die Polymerlösung von **P3a** getaucht. Als Tauchlösungen wurden eine 0,05 M Zinkacetat/KPF$_6$-Lösung in einer Mischung aus Acetonitril/Chloroform (1:1 v/v) und eine 5·10^{-3} monomolare Lösung von **P3a** im gleichen Lösungsmittelgemisch verwendet. Jeder Adsorptionsschritt dauerte zehn Minuten. Zwischen den einzelnen Tauchzyklen wurde die Membran fünf Minuten im reinen Lösungsmittelgemisch gewaschen. Insgesamt wurden entweder 15 oder 30 Schichtpaare adsorbiert. Durch die Verwendung des **BIP**- anstelle des **TPY**-Liganden sollte der Einfluss unterschiedlicher Liganden auf das Permeationsverhalten untersucht werden. Abbildung 4.48 zeigt die P_R-Werte in Abhängigkeit vom Produkt aus Ladungszahl z^+ der Kationen und ihrem Radius im Kristallgitter r_{Cr} bei unterschiedlicher Anzahl von adsorbierten Schichtpaaren.

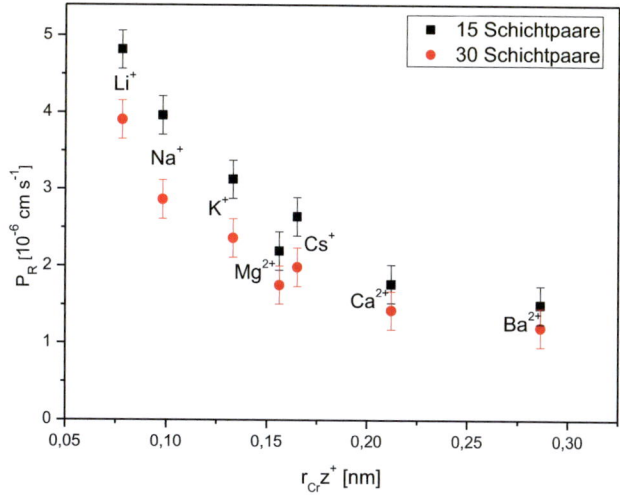

Abbildung 4.48: Abhängigkeit der Permeationsrate P_R von 0,1 M wässrigen Alkali- und Erdalkalimetallchloriden vom Produkt aus Ladungszahl z^+ der Kationen und ihrem Radius r_{Cr} im Kristallgitter für eine entweder mit 15 oder 30 Doppellagen beschichtete Zn-**P3a**-Membran.

Wie Abbildung 4.48 zeigt, sind die Permeationsraten für die Zn-**P3a**-Membran wie bei den **TPY**-haltigen Systemen umgekehrt proportional zum Produkt $z^+ \cdot r_{Cr}$. Die P_R-Werte sind kleiner als bei den **TPY**-haltigen Membranen. Möglicherweise verringern die größeren und weniger hydrophilen **BIP**-Liganden im Vergleich zu **TPY** die P_R-Werte der wässrigen Elektrolytlösungen. Ähnlich wie bei der Zn-**P1a**-Membran liegt die Permeationsrate des Mg^{2+}-Ions aufgrund der Komplexierung mit den freien Elektronenpaaren des Stickstoffatoms der **NIPAM**-Einheit außerhalb der im Abschnitt 4.6.1.1 erwähnten Hyperbel.

Die aus den Permeationsraten berechneten Trennfaktoren α sind in Tabelle 4.7 zusammengefasst.

Tabelle 4.7: Trennfaktoren α für verschiedene Metallchloride.

Trennfaktor α	Zn-P3a-Schichtpaare	
	15	30
α(NaCl/LiCl)	0,8	0,7
α(NaCl/KCl)	1,3	1,2
α(NaCl/CsCl)	1,5	1,4
α(NaCl/MgCl$_2$)	1,8	1,6
α(NaCl/CaCl$_2$)	2,2	2,0
α(NaCl/BaCl$_2$)	2,6	2,4

Tabelle 4.7 zeigt, dass sich die Selektivität der Membranen gegenüber Metallchloriden durch den Einsatz der **BIP**-Ligandeneinheit im Copolymer in Bezug auf Ca^{2+}- und Ba^{2+}-Ionen leicht verbessert. Die α(NaCl/CaCl$_2$)- und α(NaCl/BaCl$_2$)-Werte lagen für 15 Schichtpaare für Zn-**P1a**-Membran bei 1,8 bzw. 2,0 und bei der Zn-**P3a**-Membran bei 2,2 bzw. 2,6. Auch hier nehmen die Trennfaktoren mit steigender Doppelschichtzahl ab.

4.6.1.5 Ionenpermeation durch Zn-P4b-Membranen

Der Multischichtaufbau der Zn-**P4b**-Membran erfolgte auf gleiche Weise wie bei der Zn-**P3a**-Membran durch sequentielles Eintauchen der Trägermembran in eine 0,05 molare Zinkacetat/KPF$_6$-Lösung und eine $5 \cdot 10^{-3}$ monomolare Polymerlösung. Als Lösungsmittelgemisch für alle Tauch- und Waschlösungen diente eine Mischung aus ACN/CHCl$_3$ (1:1 v/v). Jeder Adsorptionsschritt dauerte zehn Minuten und jeder Waschschritt nur fünf Minuten. Insgesamt wurden entweder 15 oder 30 Schichtpaare adsorbiert. Abbildung 4.49 zeigt die P_R-Werte in Abhängigkeit vom Produkt aus Ladungszahl

z^+ der Kationen und ihrem Radius im Kristallgitter r_{Cr} bei unterschiedlicher Doppelschichtzahl.

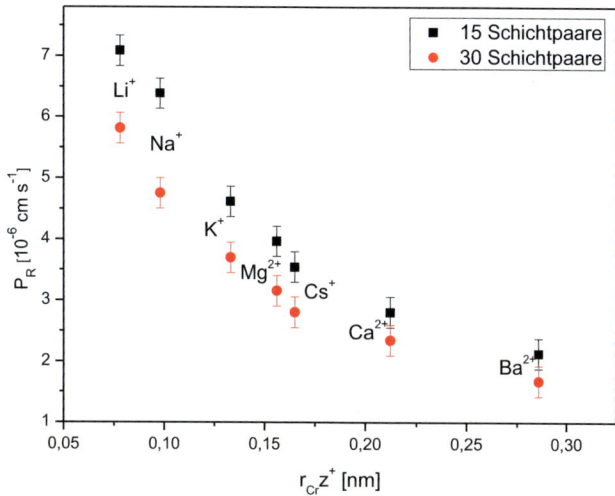

Abbildung 4.49: Abhängigkeit der Permeationsrate P_R von 0,1 M wässrigen Alkali- und Erdalkalimetallchloriden vom Produkt aus Ladungszahl z^+ der Kationen und ihrem Radius r_{Cr} im Kristallgitter für eine entweder mit 15 oder 30 Doppellagen beschichtete Zn-**P4b**-Membran.

Der Transport der Metallkationen durch die Zn-**P4b**-Membran erfolgte wie bei den bisher untersuchten Membranen umgekehrt proportional zur Ladungszahl z^+ der Kationen und ihrem Radius r_{Cr} im Kristallgitter. Da die Zn-**P4b**-Membran das inerte **Styrol** und nicht das komplexbildende **NIPAM** als Comonomer enthält, zeigt das Mg^{2+}-Ion kein auffälliges Verhalten und der P_R-Wert fällt wie bei Zn-**P2b** auf eine Hyperbel. Aus den P_R-Werten lassen sich die Trennfaktoren α bestimmen (Tab. 4.8).

Tabelle 4.8: Trennfaktoren α für verschiedene Metallchloride.

Trennfaktor α	Zn-P4b-Schichtpaare	
	15	30
α(NaCl/LiCl)	0,9	0,8
α(NaCl/KCl)	1,4	1,3
α(NaCl/CsCl)	1,8	1,7
α(NaCl/MgCl$_2$)	1,6	1,5
α(NaCl/CaCl$_2$)	2,3	2,0
α(NaCl/BaCl$_2$)	3,0	2,8

Ergebnisse und Diskussion

Die Trennfaktoren liegen in einem ähnlichen Bereich wie bei den Zn-**P2a**- und Zn-**P2b**-Membranen, wobei hier der höchste α(NaCl/BaCl$_2$)-Wert 3,0 beträgt. Mit steigender Dicke der Membran verschlechtern sich die Trennfaktoren.

4.6.1.6 Ionenpermeation durch Zn-P5-Membranen

Die Zn-**P5**-Membran wurde unter den gleichen Bedingungen wie die Zn-**P3a**- und Zn-**P4b**-Membranen hergestellt (s. Abschn. 4.6.1.4 und 4.6.1.5). In Abbildung 4.50 sind die Permeationsraten in Abhängigkeit vom Produkt aus Ladungszahl z^+ der Kationen und ihrem Radius im Kristallgitter r_{Cr} bei unterschiedlicher Anzahl von Schichtpaaren dargestellt.

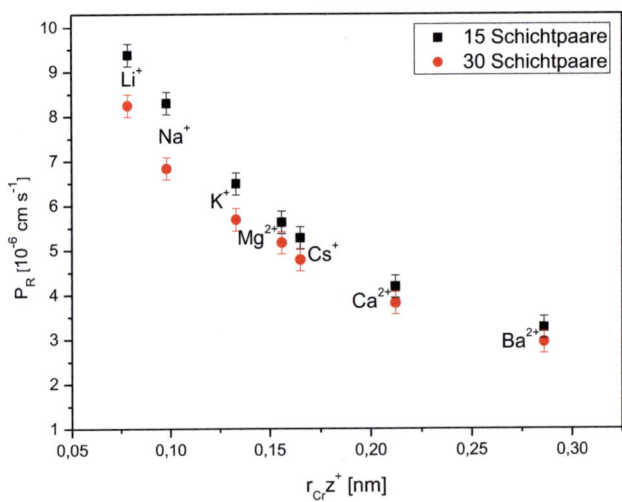

Abbildung 4.50: Abhängigkeit der Permeationsrate P_R von 0,1 M wässrigen Alkali- und Erdalkalimetallchloriden vom Produkt aus Ladungszahl z^+ der Kationen und ihrem Radius r_{Cr} im Kristallgitter für eine entweder mit 15 oder 30 Doppellagen beschichtete Zn-**P5**-Membran.

Die Permeationsraten sind insgesamt größer als bei den anderen **BIP**-haltigen Systemen. Vermutlich ist die Nonylkette, die bei diesem Copolymer vorhanden ist, für dieses Verhalten verantwortlich. Durch den Nonylspacer entstehen bei der Komplexierung zwischen den Zinkionen und den **BIP**-Liganden deutlich größere Poren in der Netzwerkstruktur als bei Fehlen des Spacers, z.B. bei **P4b**.

Ergebnisse und Diskussion

Aus den P_R-Werten lassen sich die Trennfaktoren ermitteln. Tabelle 4.9 fasst die Trennfaktoren α für die untersuchten Metallsalze zusammen.

Tabelle 4.9: Trennfaktoren α für verschiedene Metallchloride.

Trennfaktor α	Zn-P5-Schichtpaare	
	15	30
α(NaCl/LiCl)	0,9	0,8
α(NaCl/KCl)	1,3	1,2
α(NaCl/CsCl)	1,6	1,4
α(NaCl/MgCl$_2$)	1,5	1,3
α(NaCl/CaCl$_2$)	2,0	1,8
α(NaCl/BaCl$_2$)	2,5	2,3

Die Trennfaktoren liegen in einem ähnlichen Bereich wie bei den Zn-**P2a**- und Zn-**P2b**-Membranen. Den größten Trennfaktor von 2,5 weist das Ba^{2+}-Ion auf. Auch hier nehmen die Trennfaktoren mit zunehmender Schichtdicke der Membran ab.

4.6.2 Permeation von Alkalimetallsalzen mit verschiedenen Anionen durch Koordinationspolymermembranen

Als nächstes wurde die Selektivität des Anionentransports untersucht. Hierzu wurden die Permeationsraten von Natriumchlorid und Natriumsulfat durch die zuvor für den Kationentransport verwendeten Membranen gemessen und anschließend die Trennfaktoren α bestimmt. Tabelle 4.10 fasst die Ergebnisse für alle untersuchten Membranen zusammen. Wie der Tabelle zu entnehmen ist, unterscheiden sich die P_R-Werte von NaCl und Na$_2$SO$_4$ deutlich. Die Erhöhung der Schichtzahl hat eine Verringerung der P_R-Werte beider Salze zur Folge. Die Trennfaktoren fallen recht gering aus, wobei die Zn-**P1a**-Membran mit 15 Schichtpaaren den höchsten α-Wert von 2,4 aufweist. Die Selektivität ist ähnlich groß wie bei den ein- und zweiwertigen Kationen und beruht auf der elektrostatischen Abstoßung der permeierenden Anionen an den PF$_6^-$-Ionen des komplexierten Zinksalzes in der Membran. Die SO$_4^{2-}$-Ionen (z^- = 2) werden wegen ihrer höheren Ladungsdichte stärker als die Chloridionen (z^- = 1) abgestoßen. Außerdem tritt ein Siebeffekt auf, d.h. die größeren Sulfationen permeieren langsamer durch die Membran.

Ergebnisse und Diskussion

Tabelle 4.10: Permeationsraten P_R und Trennfaktoren α für Cl^-- und SO_4^{2-}-Anionen.

Trennmembran Schichtpaare	P_R (NaCl) $[10^{-6} \cdot cm \cdot s^{-1}]$		P_R (Na$_2$SO$_4$) $[10^{-6} \cdot cm \cdot s^{-1}]$		α(NaCl/Na$_2$SO$_4$)	
	15	30	15	30	15	30
Zn-**P1a**	4,28	2,67	1,77	1,31	2,4	2,0
Zn-**P2a**	7,94	6,16	4,41	4,10	1,8	1,5
Zn-**P2b**	9,56	7,75	5,50	4,73	1,7	1,6
Zn-**P3a**	3,96	2,87	1,86	1,49	2,1	1,9
Zn-**P4b**	6,38	4,75	3,41	2,80	1,9	1,7
Zn-**P5**	8,29	6,83	4,15	3,79	2,0	1,8

Zusätzlich wurde der Anionentransport auch mit den ein- und dreiwertigen Kaliumsalzen Kaliumchlorid und Kaliumhexacyanoferrat(III) bei unterschiedlicher Anzahl von adsorbierten Doppelschichten untersucht. Tabelle 4.11 zeigt die P_R-Werte sowie die daraus resultierenden Trennfaktoren α.

Tabelle 4.11: Permeationsraten P_R und Trennfaktoren α für Cl^-- und $[Fe(CN)_6]^{3-}$-Anionen.

Trennmembran Schichtpaare	P_R (KCl) $[10^{-6} \cdot cm \cdot s^{-1}]$		P_R (K$_3$[Fe(CN)$_6$]) $[10^{-6} \cdot cm \cdot s^{-1}]$		α(KCl/K$_3$[Fe(CN)$_6$])	
	15	30	15	30	15	30
Zn-**P1a**	3,36	2,32	1,12	0,86	3,0	2,7
Zn-**P2a**	6,29	4,97	2,51	2,24	2,5	2,2
Zn-**P2b**	6,14	5,57	2,19	2,12	2,8	2,6
Zn-**P3a**	3,13	2,36	1,20	0,98	2,6	2,3
Zn-**P4b**	4,62	3,69	1,59	1,41	2,9	2,6
Zn-**P5**	6,49	5,68	2,08	1,95	3,1	2,9

Es ist ein deutlicher Unterschied der P_R-Werte zu erkennen, der mit zunehmender Schichtdicke abnimmt. Vergleicht man die Trennfaktoren von Kalium- und Natriumsalzen, so fällt auf, dass die Trennfaktoren bei Kaliumsalzen größer sind. Den größten Trennfaktor α(KCl/K$_3$[Fe(CN)$_6$]) von 3,1 zeigt die Zn-**P5**-Membran. Insgesamt liegt eine recht geringe Selektivität vor. Dies ist zum einen auf die elektrostatische Abstoßung der permeierenden Anionen an den in der Membran fixierten PF_6^--Ionen und zum anderen auf einen Siebeffekt zurückzuführen, der den Transport der großen $[Fe(CN)_6]^{3-}$-Ionen gegenüber den kleineren Cl^--Ionen verlangsamt.

Ergebnisse und Diskussion

4.6.3 REM-Aufnahmen der Koordinationspolymermembranen

Nachdem 15 oder 30 Schichtpaare der Zinkkomplexe mit **P1a**, **P2b**, **P3a** und **P4b** auf den PAN/PET-Trägermembranen adsorbiert waren, wurden die so erhaltenen Koordinationspolymermembranen mit Hilfe der Rasterelektronenmikroskopie morphologisch untersucht. Hierbei sollte geklärt werden, welche Auswirkung die unterschiedliche Struktur der Polymerkomplexe auf die Oberflächenmorphologie hat.

4.6.3.1 REM-Aufnahmen der beschichteten Zn-P1a-Membranen

In Abbildung 4.51 sind die REM-Aufnahmen der Zn-**P1a**-Membranen mit 15 oder 30 adsorbierten Schichtpaaren dargestellt.

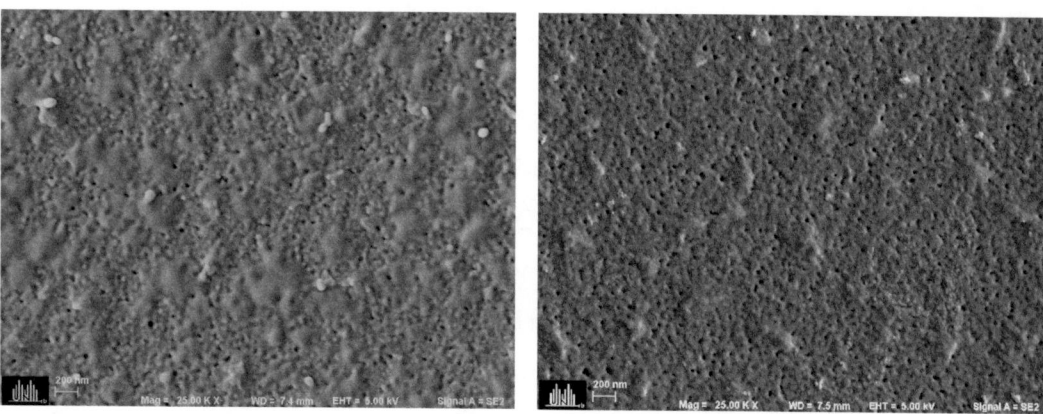

Abbildung 4.51: REM-Aufnahmen der Zn-**P1a**-Membranen mit 15 (links) bzw. 30 (rechts) adsorbierten Schichtpaaren.

Die Zn-**P1a**-Membran mit 15 Doppelschichten weist eine unregelmäßig beschichtete Oberfläche mit einem großen Anteil von Poren auf. Diese Poren können potentielle Fehlstellen in der Trennschicht darstellen, wodurch das ionenselektive Trennverhalten beeinflusst wird. Die Zn-**P1a**-Membran mit 30 Doppelschichten zeigt auch eine inhomogen bedeckte Oberfläche, bei der eine noch größere Anzahl von Poren zu erkennen ist. Dies steht mit den geringeren Trennfaktoren im Einklang. Möglicherweise lösen sich die zuvor adsorbierten Polymerschichten mit zunehmender Anzahl der Schichtdicke teilweise ab, sodass Poren geöffnet werden.

4.6.3.2 REM-Aufnahmen der beschichteten Zn-P2b-Membranen

Abbildung 4.52 zeigt die REM-Aufnahmen der Zn-**P2b**-Membranen mit 15 oder 30 adsorbierten Doppelschichten.

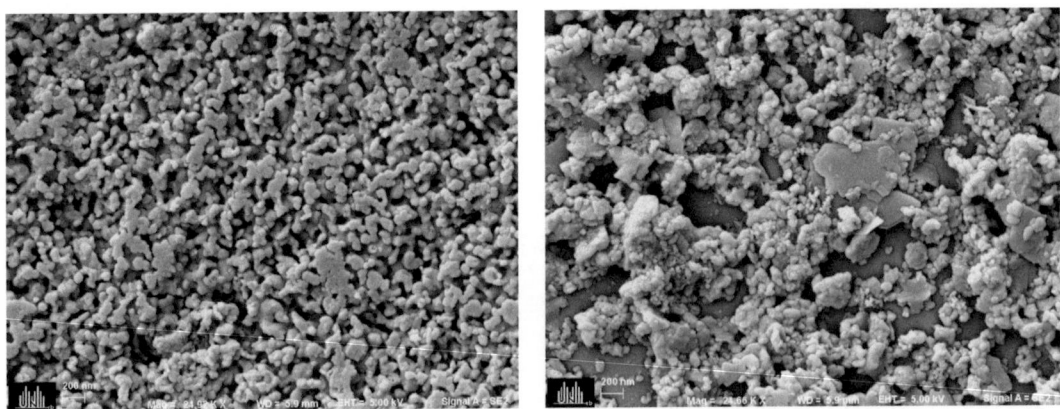

Abbildung 4.52: REM-Aufnahmen der Zn-**P2b**-Membranen mit 15 (links) bzw. 30 (rechts) adsorbierten Schichtpaaren.

Die mit 15 Schichtpaaren beschichtete Zn-**P2b**-Membran weist eine sehr raue, aber gleichmäßig beschichtete Oberfläche auf. Die schon bei den profilometrischen Untersuchungen ermittelte größte Schichtdicke von 167 nm ist auf die sehr poröse Netzwerkstruktur zurückzuführen. Des Weiteren ist anzumerken, dass beim **Styrol**-haltigen **P2b** eine gleichmäßigere und vollständigere Bedeckung der Oberfläche erfolgt als beim **NIPAM**-haltigen Zn-**P1a**. Die Trennmembran mit 30 Schichtpaaren weist im Gegensatz zu der Trennmembran mit 15 Schichtpaaren eine viel rauere und unregelmäßiger beschichtete Oberfläche auf. Möglicherweise ist sie mit Salzablagerungen aus den Tauchlösungen bedeckt oder durch eine zunehmende Anzahl von Schichtpaaren, die sich ablösten und wieder abgelagert haben. Dies hat geringere Trennfaktoren zur Folge (s. Tab. 4.3).

4.6.3.3 REM-Aufnahmen der beschichteten Zn-P3a-Membranen

Abbildung 4.53 zeigt die REM-Aufnahmen der Zn-**P3a**-Membranen mit 15 oder 30 adsorbierten Schichtpaaren.

Abbildung 4.53: REM-Aufnahmen der Zn-**P3a**-Membranen mit 15 (links) bzw. 30 (rechts) adsorbierten Schichtpaaren.

Die Zn-**P3a**-Membran mit 15 Schichtpaaren zeigt eine relativ homogen beschichtete Oberfläche. Die auf der unbehandelten Membran vorhandenen Poren (s. Abb. 2.2) sind von den adsorbierten Schichten vollständig überdeckt. Außerdem sind auf der gesamten Oberfläche entlang kleine Partikel zu erkennen. Die Trennmembran mit 30 Doppelschichten Zn-**P3a** weist eine noch glattere und regelmäßig bedeckte Oberfläche auf. Allerdings sind an wenigen Stellen Vertiefungen zu erkennen, die vermutlich durch teilweises Ablösen der Schichten zustande kommen. Die Vertiefungen können potentielle Fehlstellen sein, die sich auf das Trennverhalten auswirken und zu kleineren Trennfaktoren als bei der Membran mit 15 Doppelschichten führen (s. Tab. 4.4).

4.6.3.4 REM-Aufnahmen der beschichteten Zn-P4b-Membranen

Abbildung 4.54 zeigt die REM-Aufnahmen der Zn-**P4b**-Membranen mit 15 oder 30 adsorbierten Doppelschichten.

Die mit 15 Schichtpaaren beschichtete Zn-**P4b**-Membran weist eine recht glatte, einheitliche Oberfläche auf. Es sind feine Risse auf der Oberfläche zu erkennen, die vermutlich durch Austrocknung im Hochvakuum entstehen. Vergleicht man sie mit der Zn-**P2b**-Membran mit 15 Doppelschichten (Abb. 4.52), so weist die Beschichtung des **BIP-Styrol**-Systems eine feinere Struktur als das **TPY-Styrol**-System auf. Dies ist vermutlich durch die sperrigere Größe des **BIP**-Liganden im Vergleich zum **TPY**-Liganden zu erklären, da dadurch die Entstehung dickerer Schichten erschwert wird. Dies steht im Einklang mit der profilometrisch bestimmten Schichtdicke von 88,4 nm, die in etwa halb so groß ist wie die des Zn-**P2b**-Films. Die Membran mit 30 Schichtpaaren besitzt eine homogene Oberfläche. Jedoch treten an einigen Stellen Poren auf, die durch teilweises Ablösen der Schichten entstehen können und zu niedrigeren Trennfaktoren führen.

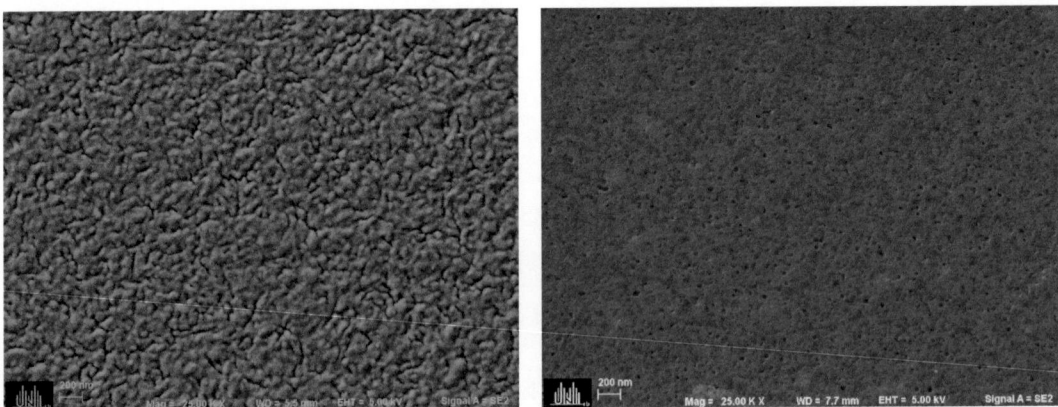

Abbildung 4.54: REM-Aufnahmen der Zn-**P4b**-Membranen mit 15 (links) bzw. 30 (rechts) adsorbierten Schichtpaaren.

4.7 Permeation alkoholischer Salzlösungen

Da die Membranen wegen den eingebauten Zinkionen eher hydrophil sind, war zu hoffen, dass mit abnehmender Hydrophilie des Lösungsmittels die P_R-Werte sinken und die elektrostatischen Wechselwirkungen zunehmen, sodass bessere Trennfaktoren resultieren. Im Folgenden wurde daher die Permeation von Salzen in alkoholischen Lösungen durch Koordinationspolymermembranen untersucht. Es wurde die gleiche Zweikammer-Apparatur, wie im Abschnitt 4.7 beschrieben, verwendet. Als Lösungsmittel wurden Ethanol und *iso*-Propanol mit unterschiedlicher Hydrophilie verwendet. Die nachfolgenden Permeationsexperimente wurden mit 0,1 M ethanolischen und *iso*-propanolischen Alkali- und Erdalkalimetallchloridlösungen durchgeführt.

4.7.1 Permeation durch Zn-P1a-Membran

Die Zn-**P1a**-Membran wurde unter den gleichen Bedingungen, wie im Abschnitt 4.6.1.1 beschrieben, hergestellt. Da bereits in den vorangegangenen Kapiteln festgestellt wurde, dass die Erhöhung der Schichtdicke der Membran zu schlechteren P_R-Werten und Trennfaktoren führt, wurden nur Membranen mit 15 Schichtpaaren untersucht. Abbildung 4.51 zeigt die Permeationsraten in Abhängigkeit vom Produkt aus Ladungszahl z^+ der Kationen und ihrem Radius im Kristallgitter r_{Cr}. Die P_R-Werte der Salze in wässriger Lösung wurden aus Abschnitt 4.7 übernommen.

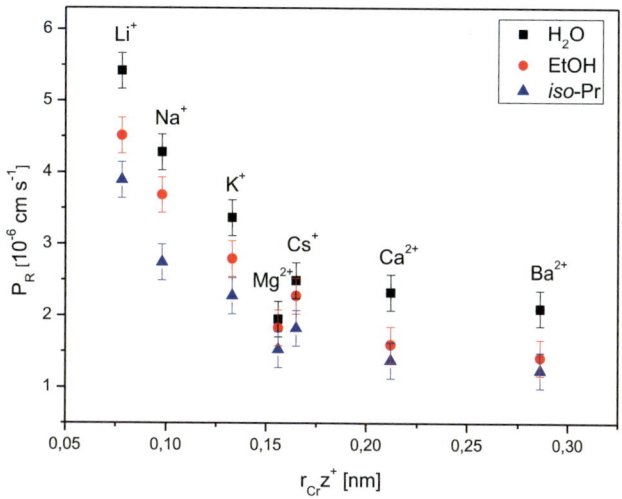

Abbildung 4.51: Abhängigkeit der Permeationsraten P_R von wässrigen und alkoholischen (Ethanol und *iso*-Propanol) Metallchloridlösungen vom Produkt aus Ladungszahl z^+ der Kationen und ihrem Radius r_{Cr} im Kristallgitter für eine mit 15 Doppellagen beschichtete Zn-**P1a**-Membran.

Ähnlich wie bei den Untersuchungen in wässrigen Lösungen nehmen die Permeationsraten der Metallkationen in ethanolischer und *iso*-propanolischer Lösung mit zunehmendem Produkt $z^+ \cdot r_{Cr}$ ab. Dies zeigt, dass auch in alkoholischer Lösung die P_R-Werte umgekehrt proportional zur Ladungsdichte und zum Volumen der Kationen sind, woraus folgt, dass der Ionentransport durch elektrostatische Abstoßung und einen Siebeffekt bestimmt werden. Auch hier zeigt sich eine Komplexierung der Mg^{2+}-Ionen durch die **NIPAM**-Einheiten von **P1a**, erkennbar an der Lage der P_R-Werte außerhalb der Hyperbel. In Abbildung 4.52 sind die P_R-Werte in Wasser, Ethanol und *iso*-Propanol gegen die Dielektrizitätskonstante ε der Lösungsmittel aufgetragen. Man erkennt, dass die P_R-Werte mit zunehmenden ε immer größer werden. Dies zeigt, dass mit

Ergebnisse und Diskussion

zunehmender Polarität des Lösungsmittels die ebenfalls polare und geladene Membran immer stärker quellen kann und so einen schnelleren Ionentransport ermöglicht.

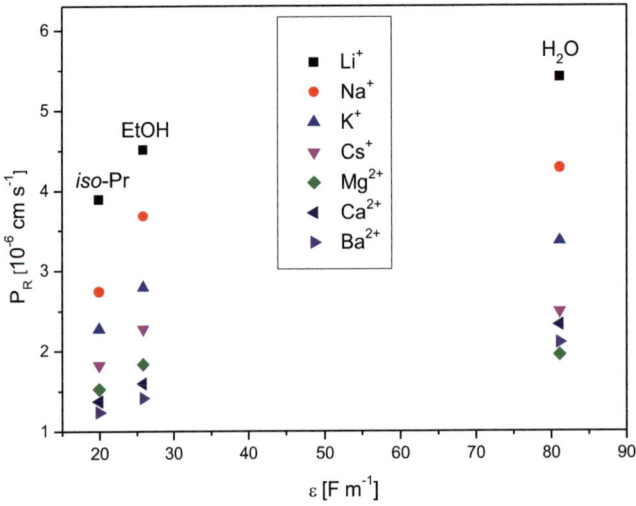

Abbildung 4.52: Abhängigkeit der Permeationsraten P_R von wässrigen und alkoholischen (Ethanol und *iso*-Propanol) Metallchloridlösungen von der Dielektrizitätskonstante ε der Lösungsmittel für eine mit 15 Doppellagen beschichtete Zn-**P1a**-Membran.

Aus den P_R-Werten lassen sich die Trennfaktoren berechnen. In Tabelle 4.12 sind die Trennfaktoren für ethanolische und *iso*-propanolische Lösungen aufgeführt. Wenn man die Trennfaktoren in alkoholischen Lösungen mit denen aus wässrigen Lösungen vergleicht (Tab. 4.4), so sind die α-Werte für zweiwertige Kationen in EtOH am größten. In *iso*-Propanol werden die Trennfaktoren wieder kleiner. Dies mag daher rühren, dass in *iso*-Propanol die Membran wegen der schlechten Quellung so kleine Poren aufweist, dass der Siebeffekt die meisten Ionen zurückhält.

Tabelle 4.12: Trennfaktoren α für verschiedene Metallchloride in alkoholischen Lösungen.

Trennfaktor α	Lösungsmittel	
	Ethanol	iso-Propanol
α(NaCl/LiCl)	0,8	0,7
α(NaCl/KCl)	1,3	1,2
α(NaCl/CsCl)	1,6	1,5
α(NaCl/MgCl$_2$)	2,0	1,8
α(NaCl/CaCl$_2$)	2,3	2,0
α(NaCl/BaCl$_2$)	2,6	2,2

4.7.2 Permeation durch Zn-P2b-Membran

Die Zn-**P2b**-Membran wurde wie im Abschnitt 4.6.1.3 beschrieben hergestellt. In Abbildung 4.53 sind die Permeationsraten verschiedener Alkali- und Erdalkalimetallchloride in Ethanol und *iso*-Propanol in Abhängigkeit vom Produkt aus Ladungszahl z^+ der Kationen und ihrem Radius im Kristallgitter r_{Cr} aufgetragen.

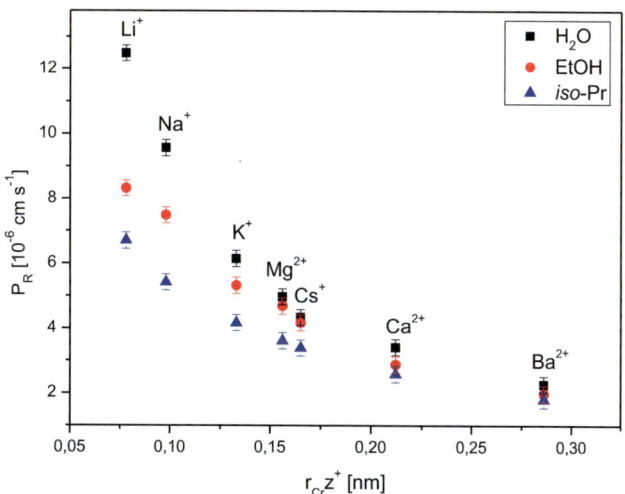

Abbildung 4.53: Abhängigkeit der Permeationsraten P_R von wässrigen und alkoholischen (Ethanol und *iso*-Propanol) Metallchloridlösungen vom Produkt aus Ladungszahl z^+ der Kationen und ihrem Radius r_{Cr} im Kristallgitter für eine mit 15 Doppellagen beschichtete Zn-**P2b**-Membran.

Ergebnisse und Diskussion

Auch die Permeation der Metallkationen in alkoholischen Lösungen hängt von der Ladungsdichte der Kationen sowie deren Größe ab. Mit abnehmender Ladungsdichte und zunehmender Größe der Ionen werden die Permeationsraten kleiner. Das Mg^{2+}-Ion zeigt kein außergewöhnliches Verhalten und liegt auf der Hyperbel, da im Copolymer das komplexierende **NIPAM** nicht vorhanden ist und **Styrol** als Comonomer dient. Wie bei Zn-**P1a** weisen die Metallkationen in *iso*-propanolischen Lösungen die niedrigsten Permeationsraten auf. Dieses Verhalten ist auf die geringe Hydrophilie des Lösungsmittels zurückzuführen. Die Membran quillt nur wenig und die engen Poren lassen kaum einen Ionentransport zu. Zur Veranschaulichung des Lösungsmitteleffektes auf die Permeationsraten sind diese in Abbildung 4.54 gegen die Dielektrizitätskonstanten ε der Lösungsmittel aufgetragen (Abb. 4.54).

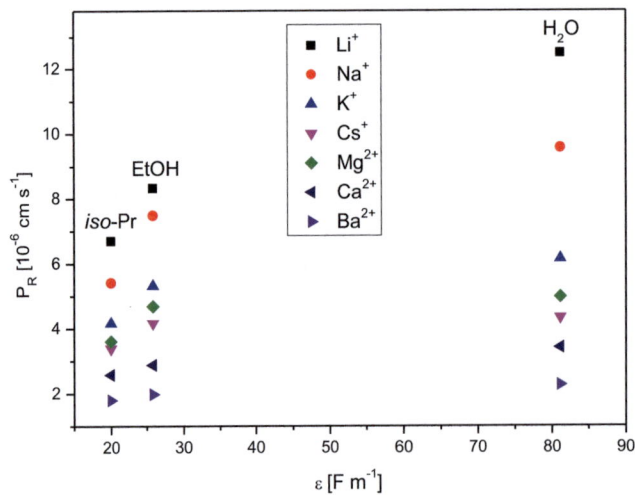

Abbildung 4.54: Abhängigkeit der Permeationsraten P_R von wässrigen und alkoholischen (Ethanol und *iso*-Propanol) Metallchloridlösungen von der Dielektrizitätskonstante ε der Lösungsmittel für eine mit 15 Doppellagen beschichtete Zn-**P2b**-Membran.

Wie bei der Zn-**P1a**-Membran ist zu erkennen, dass mit abnehmender Hydrophilie des Lösungsmittels die Permeationsraten sinken. Insgesamt liegen sie um etwa den Faktor zwei höher als bei der Zn-**P1a**-Membran. Das Fehlen des ionenkomplexierenden **NIPAM** in **P2b** kann die höheren P_R-Werte erklären (s. Abschn. 4.6.1.2). Aus den P_R-Werten wurden die Trennfaktoren ermittelt und in Tabelle 4.13 zusammengefasst. Sie sind für die Zn-**P2b**-Membran etwas größer als für die Zn-**P1a**-Membran, wie dies schon für die wässrigen Lösungen gefunden wurde (s. Abschn. 4.6.1.2).

Ergebnisse und Diskussion

Tabelle 4.13: Trennfaktoren α für verschiedene Metallchloride in alkoholischen Lösungen.

Trennfaktor α	Lösungsmittel	
	Ethanol	*iso*-Propanol
α(NaCl/LiCl)	0,9	0,8
α(NaCl/KCl)	1,4	1,3
α(NaCl/CsCl)	1,8	1,6
α(NaCl/MgCl$_2$)	1,6	1,5
α(NaCl/CaCl$_2$)	2,6	2,1
α(NaCl/BaCl$_2$)	3,8	3,0

Bei den Trennfaktoren in alkoholischen Lösungen zeigt sich die gleiche Tendenz wie in wässrigen Lösungen. Mit steigender Ladungsdichte werden die Trennfaktoren größer. So liegen die α(NaCl/CsCl)-Werte bei 1,8 in Ethanol und bei 1,6 in *iso*-Propanol und die α(NaCl/BaCl$_2$)-Werte sogar bei 3,8 in Ethanol und 3,0 in *iso*-Propanol. Allerdings sind auch hier die α-Werte in *iso*-Propanol kleiner als in Ethanol. Dieses Verhalten ist wiederum durch den Quellungseffekt der Membran zu erklären.

4.7.3 Permeation durch Zn-P4b-Membran

Die Herstellung der Zn-**P4b**-Membran erfolgte wie in Abschnitt 4.6.1.5 beschrieben. In Abbildung 4.55 sind die Permeationsraten in Abhängigkeit vom Produkt aus Ladungszahl z^+ der Kationen und ihrem Radius im Kristallgitter r_{Cr} dargestellt.

Analog zu den wässrigen Salzlösungen findet der Transport alkoholischer Lösungen durch die Zn-**P4b**-Membran umgekehrt proportional zu $z^+ \cdot r_{Cr}$ statt. Da die Zn-**P4b**-Membran wie die Zn-**P2b**-Membran über das inerte **Styrol** und nicht das komplexbildende **NIPAM** als Comonomer verfügt, zeigt das Mg^{2+}-Ion kein auffälliges Verhalten und der P_R-Wert fällt auf eine Hyperbel. Wie bei den Zn-**P1a**- und Zn-**P2b**-Membranen treten die niedrigsten P_R-Werte in *iso*-propanolischen Lösungen auf, was auf die geringe Quellung der Membran in diesem Lösungsmittel zurückzuführen ist.

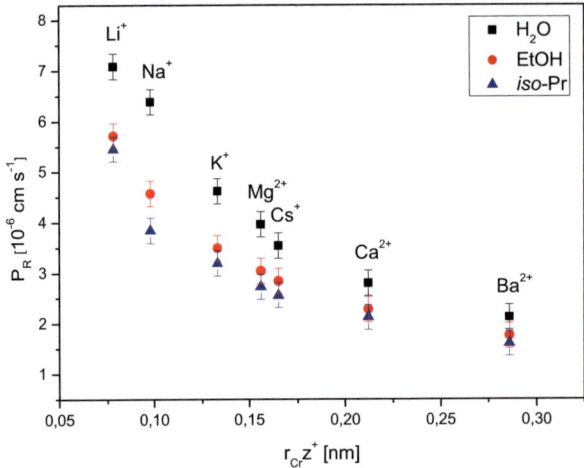

Abbildung 4.55: Abhängigkeit der Permeationsraten P_R von wässrigen und alkoholischen (Ethanol und *iso*-Propanol) Metallchloridlösungen vom Produkt aus Ladungszahl z^+ der Kationen und ihrem Radius r_{Cr} im Kristallgitter für eine mit 15 Doppellagen beschichtete Zn-**P4b**-Membran.

In Abbildung 4.56 sind die P_R-Werte aller untersuchten Salzlösungen gegen die Dielektrizitätskonstante ε aufgetragen.

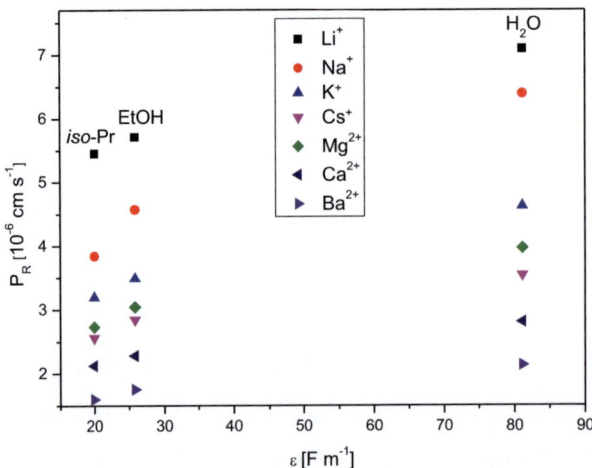

Abbildung 4.56: Abhängigkeit der Permeationsraten P_R von wässrigen und alkoholischen (Ethanol und *iso*-Propanol) Metallchloridlösungen von der Dielektrizitätskonstante ε der Lösungsmittel für eine mit 15 Doppellagen beschichtete Zn-**P4b**-Membran.

Ergebnisse und Diskussion

Diese Auftragung verdeutlicht, dass das Lösungsmittel bei den Permeationsexperimenten von großer Bedeutung ist, d.h. je hydrophiler es ist, desto größer sind die P_R-Werte. Dies lässt sich durch eine geringere Quellung der Membran in hydrophobem Lösungsmittel erklären. Dadurch wird der Transport an permeierenden Metallkationen verlangsamt, was kleinere Permeationsraten insbesondere in *iso*-Propanol zur Folge hat. Aus den P_R-Werten lassen sich die Trennfaktoren errechnen (Tab. 4.14).

Tabelle 4.14: Trennfaktoren α für verschiedene Metallchloride in alkoholischen Lösungen.

Trennfaktor α	Lösungsmittel	
	Ethanol	***iso*-Propanol**
α(NaCl/LiCl)	0,8	0,7
α(NaCl/KCl)	1,3	1,2
α(NaCl/CsCl)	1,6	1,5
α(NaCl/MgCl$_2$)	1,5	1,4
α(NaCl/CaCl$_2$)	2,0	1,8
α(NaCl/BaCl$_2$)	2,6	2,4

Die Trennfaktoren sind ähnlich wie jene der Zn-**P2b**-Membran. Die größten α-Werte von 2,6 in Ethanol und 2,4 in *iso*-Propanol besitzt α(NaCl/BaCl$_2$). Insgesamt sind die Trennfaktoren in *iso*-Propanol kleiner als in Ethanol, was, wie bereits erwähnt, auf die schwache Quellung der Membran zurückzuführen ist.

4.8 Permeation von organischen Molekülen

K. Hoffmann hat bereits in ihrer Doktorarbeit das Permeationsverhalten von ungeladenen organischen Molekülen wie Naphthalin, Pyren und Perylen an **Per-6-amino-α-Cyclodextrin/PSS**-Membranen untersucht.[37] Es wurde zum einen der Einfluss der Ringgröße und zum anderen des anionischen Polyelektrolyten wie **PSS** bzw. **PVS** auf die Permeationsraten studiert. Im Rahmen dieser Arbeit sollte nun der Einfluss des Einbaus von unterschiedlichen Ligandenarten wie **TPY** bzw. **BIP** auf die Trenneigenschaften von Zn-**P1a**-, Zn-**P2b**-, Zn-**P3a**- und Zn-**P4b**-Membranen betrachtet werden.

Hierzu wurden die Permeationsexperimente von Naphthalin (Np), Pyren (Py) in ethanolischer Lösung (10^{-2} M) und Perylen (Pe), gelöst in Chloroform, durchgeführt. Die Strukturformeln der verwendeten Aromaten sind in Abbildung 4.57 dargestellt.

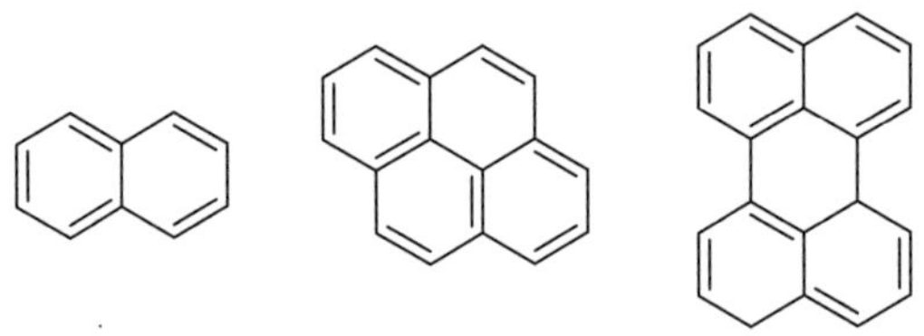

Naphthalin   **Pyren**   **Perylen**

Abbildung 4.57: Strukturformeln der verwendeten Aromaten.

Die mit Hilfe des Zeichenprogramms *"ChemBioDraw Ultra"* berechneten längsten und kürzesten Molekülachsen entsprechen den in Literatur angegebenen Werten und sind in Tabelle 4.15 aufgeführt.[188]

Tabelle 4.15: Molekülachsen der verwendeten Aromaten.

	längste	kürzeste
	Molekülachse [nm]	
Naphthalin	0,72	0,3
Pyren	0,92	0,5
Perylen	0,96	0,5

Durchführung der Permeationsexperimente

Die Permeationsexperimente wurden mit Hilfe der in Abschnitt 4.7 verwendeten Zweikammer-Apparatur durchgeführt. Es wurden in bestimmtem Zeitintervallen Proben entnommen und die Adsorption der Lösung UV/Vis-spektroskopisch ermittelt und nicht

Ergebnisse und Diskussion

wie bei der Ionenpermeation die Konzentration des Permeats durch die Leitfähigkeit gemessen.

Mit Hilfe der in Abschnitt 5.3.18 berechneten Extinktionskoeffizienten wurde die Konzentration c_p der organischen Moleküle unter Verwendung von Gleichung 4.21 bestimmt:

$$c_p = \frac{E}{\varepsilon} \qquad [\text{mol L}^{-1}] \qquad (4.21)$$

Hierbei ist E die gemessene Extinktion und ε der molare Extinktionskoeffizient. Die Dicke der Probe beträgt 1 cm.

Anschließend wurde die Steigung aus der Auftragung der berechneten Konzentration gegen die Messzeit ermittelt. Mit Hilfe der Steigung (dc/dt) lässt sich durch Einsetzen in Gleichung 4.22 die Permeationsrate der Moleküle durch die Membran bestimmen:

$$P_R = \left(\frac{dc}{dt}\right)\frac{V_0}{Ac_0} \qquad [\text{cm s}^{-1}] \qquad (4.22)$$

V_0 ist das Anfangsvolumen (63 mL), c_0 die Anfangskonzentration (10^{-3} M) und A ist die Membranfläche ($A = 4{,}52$ cm^{-2}).

4.8.1 Permeation durch Koordinationspolymermembranen

Zunächst wurden Koordinationspolymermembranen mit Zn-**P1a**, Zn-**P2b**, Zn-**P3a** und Zn-**P4b** als Trennschicht unter den in den Abschnitten 4.6.1.1, 4.6.1.3, 4.6.1.4 und 4.6.1.5 beschriebenen Bedingungen hergestellt. Es wurden entweder 15 oder 30 Schichtpaare adsorbiert. Anschließend wurde das Permeationsverhalten von Naphthalin, Pyren und Perylen untersucht. Abbildung 4.58 zeigt die Abhängigkeit der Permeationsraten von der Molekülgröße der untersuchten Aromaten für die verschiedenen Membranen.

Ergebnisse und Diskussion

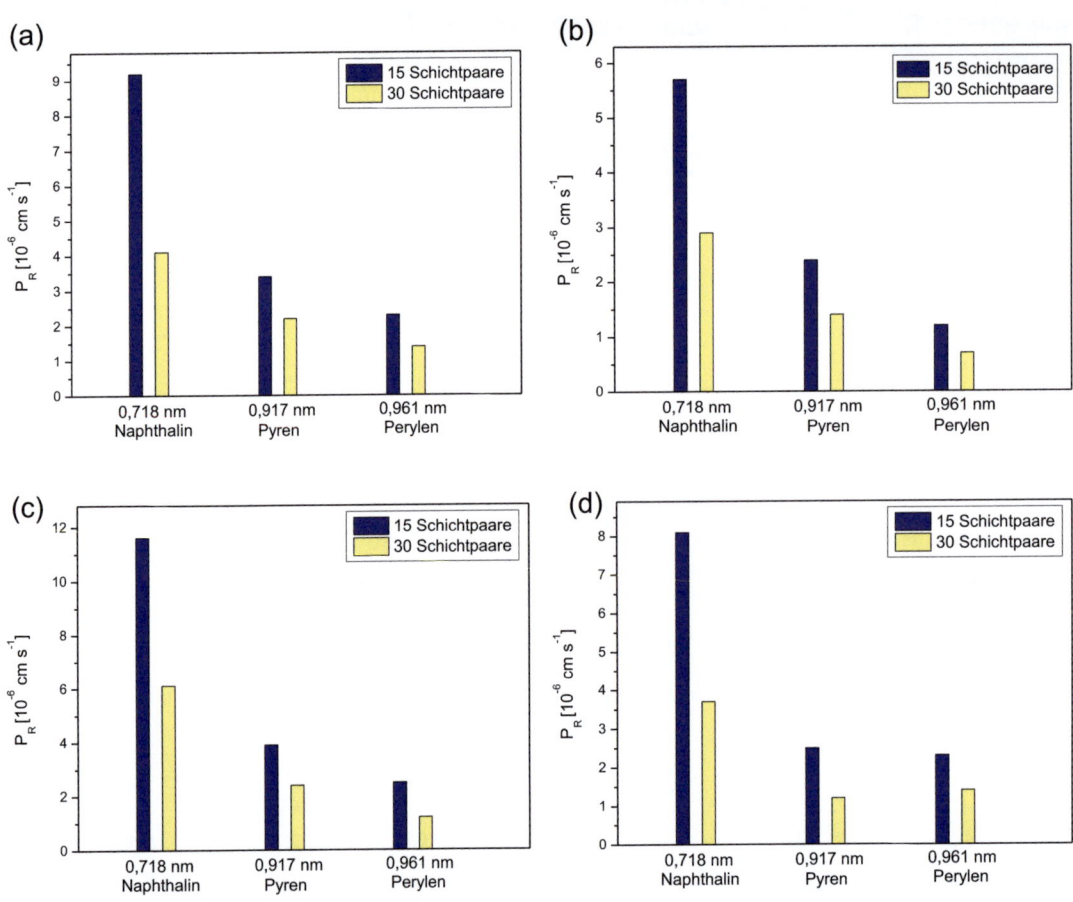

Abbildung 4.58: Abhängigkeit der Permeationsraten P_R von Np, Py und Pe von der Molekülgröße für die entweder mit 15 oder 30 Doppellagen beschichteten Zn-**P1a**- (a), Zn-**P2b**- (b), Zn-**P3a**- (c) und Zn-**P4b**-Membranen (d).

Der Abbildung ist zu entnehmen, dass die Permeationsraten bei allen untersuchten Membranen stark von der Größe der Substanzen abhängig sind, d.h. die Trennung erfolgt größenselektiv. Mit einer längsten Molekülachse von 0,72 nm ist das Naphthalin das kleinste Molekül und weist den größten P_R-Wert auf. Mit 0,92 nm bzw. 0,96 nm liegen die Werte für Pyren und Perylen deutlich darunter und die Moleküle besitzen dementsprechend niedrigere Permeationsraten. Vermutlich ist die nanoporöse Struktur der Koordinationspolymernetzwerke hierfür verantwortlich, da sie einen Siebeffekt bewirkt (Abb. 4.59). Darüber hinaus können hydrophobe Wechselwirkungen zwischen den permeierenden Aromaten und den ebenfalls aromatischen **TPY**- oder **BIP**-haltigen Copolymer-Einheiten auftreten, die insbesondere die Permeation der größeren Aromaten durch die Membranen verlangsamen. Wechselwirkungen zwischen den permeierenden Aromaten und den **Styrol**-Einheiten der Membran können auch der Grund dafür sein, dass die Permeationsraten bei den **Styrol**-haltigen Zn-**P2b**- und Zn-**P4b**-Membranen nur etwa halb so groß wie bei den **Styrol**-freien (und **NIPAM**-haltigen) Zn-**P1a**- und Zn-**P3a**-Membranen sind.

Abbildung 4.59: Schematische Darstellung der geladenen nanoporösen Struktur des Koordinationspolymernetzwerks aus polymeren Ligandenmolekülen und Zinkmetallionen (entnommen aus der Literatur 43, Abb. 3.3).

Aus den P_R-Werten wurden die Trennfaktoren bestimmt. Sie sind in Tabelle 4.16 zusammengefasst. Die Trennfaktoren sind relativ zur Permeationsrate von Np angegeben.

Tabelle 4.16: Trennfaktoren α für verschiedene Aromaten.

Trennmembran	Zn-**P1a**		Zn-**P2b**		Zn-**P3a**		Zn-**P4b**	
Schichtpaare α	15	30	15	30	15	30	15	30
α(Np/Py)	2,7	1,9	2,4	2,1	3,0	2,5	3,2	3,1
α(Np/Pe)	4,0	2,9	4,8	4,1	4,6	3,8	3,5	2,6

Den größten α(Np/Py)-Wert von 3,2 zeigt die Zn-**P4b**-Membran mit 15 Schichtpaaren. Der höchste α(Np/Pe)-Wert von 4,8 tritt bei der Zn-**P2b**-Membran mit 15 Schichtpaaren auf. Mit steigender Dicke der Trennschicht werden die Trennfaktoren kleiner.

Ergebnisse und Diskussion

4.9 Herstellung von Koordinationspolymermembranen für die Elektrodialyse und ihre Charakterisierung

Um Elektrodialyseexperimente durchführen zu können, wurde die von *J. Savych*[167] in ihrer Masterarbeit konstruierte Dreikammer-Apparatur verwendet (Abb. 4.60). Es handelt sich im Prinzip um die in Abbildung 4.44 beschriebene Zweikammer-Apparatur, die um eine Mittelkammer erweitert wurde. Die drei Kammern, die durch die zu untersuchenden Kationen- und Anionenaustauschermembranen (KAM bzw. AAM) voneinander getrennt sind, werden mit wässrigen Salzlösungen gefüllt. Wird an die zwei Platinelektroden in den äußeren Kammern eine elektrische Gleichspannung angelegt, bewegen sich die Ionen der Feedlösung aus dem Mittelraum des Dreikammersystems in Richtung Kathode oder Anode: Die Kationen permeieren durch die Kationenaustauschermembran in den Kathodenraum, die Anionen diffundieren durch die Anionenaustauschermembran in den Anodenraum. Nach einer bestimmten Zeit ist die mittlere Kammer salzfrei, was durch die Messung der Leitfähigkeit bestätigt werden kann.

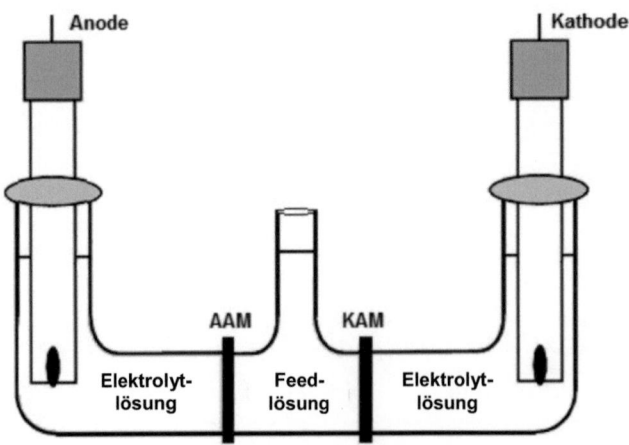

Abbildung 4.60: Schematische Darstellung des Dreikammersystems für die Elektrodialyse (entnommen aus der Literatur 167, Abb. 5.2).

4.9.1 Elektrodialyse mit Kaliumpermanganat

Um zu überprüfen, ob die im Eigenbau entwickelte Elektrodialyseapparatur richtig funktioniert, wurde folgender Versuch mit Kaliumpermanganat-Lösung durchgeführt: Zu Beginn der Messung befand sich im Mittelraum der Dreikammerapparatur eine 0,1 molare wässrige KMnO₄-Lösung. Die beiden anderen Kammern wurden mit 0,01 M wässriger NaCl-Elektrolytlösung gefüllt. Wird nun eine Spannung angelegt, so permeieren die MnO₄⁻-Ionen durch die Anionenaustauschermembran zur Anode (Abb. 4.61). Nach drei Stunden ist die mittlere Kammer salzfrei, was gut an der vollständigen Entfärbung der Lösung zu erkennen ist. Daran zeigt sich, dass eine Verarmung an ionischen Bestandteilen der Feedlösung stattfindet und sogar eine komplette Entsalzung möglich ist.

0 min

60 min

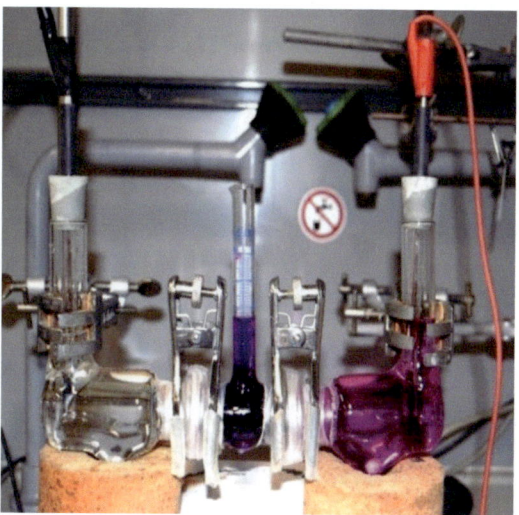

120 min

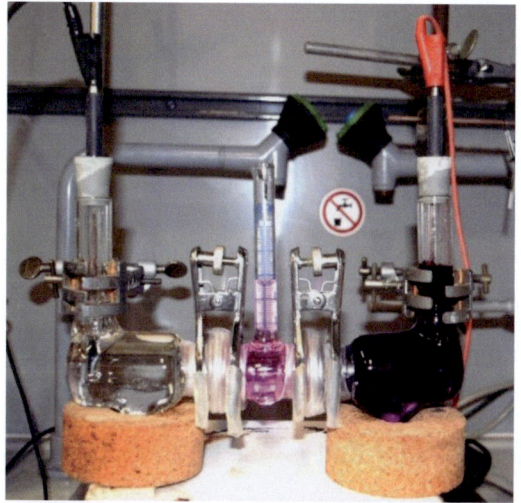

180 min

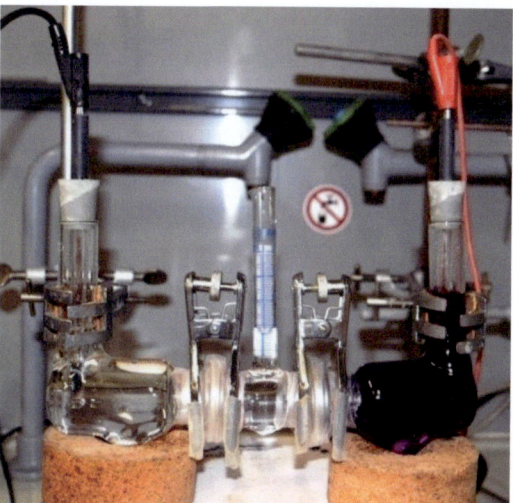

Abbildung 4.61: Permeation von MnO₄⁻-Ionen durch die Anionenaustauschermembran während der Elektrodialyse.

4.9.2 Einfluss der Spannung auf die Dauer der Elektrodialyse

In einem weiteren Experiment sollte festgestellt werden, ob die Dauer der Elektrodialyse durch die angelegte Spannung gesteuert werden kann. Es wurde zunächst die Entsalzung einer Natriumchlorid-Lösung unter Verwendung von unbeschichteten Kationen- und Anionenaustauschermembranen bei unterschiedlichen Spannungen untersucht. Zu diesem Zweck befand sich im Mittelraum der Dreikammerapparatur zu Beginn der Messung eine 0,1 M NaCl-Lösung. Die beiden äußeren Kammern waren mit einer 0,01 M NaCl-Lösung gefüllt. Es wurde eine Gleichspannung von 20, 30 und 40 Volt an die zwei Platinelektroden angelegt und der zeitabhängige Stromfluss aufgezeichnet. In Abbildung 4.62 ist Stromstärke in Abhängigkeit von der Zeit bei drei unterschiedlichen Spannungen dargestellt.

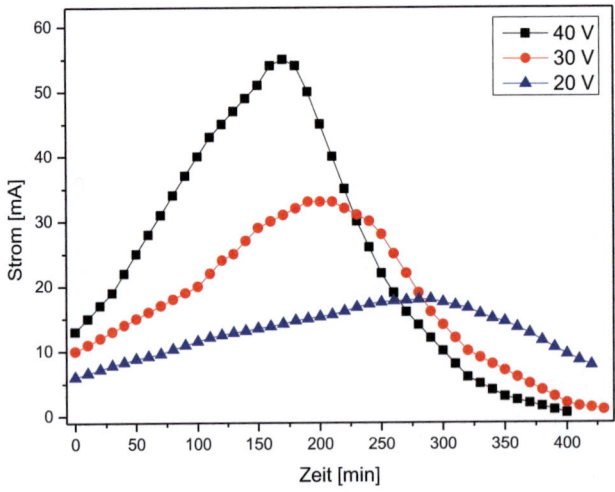

Abbildung 4.62: Abhängigkeit der Stromstärke von der Zeit bei unterschiedlichen Spannungen.

Durch Anlegen der Gleichspannung permeieren die Ionen aus dem mittleren Raum durch die Membranen, was eine Zunahme der Ionenkonzentration und dadurch der Leitfähigkeit in den äußeren Kammern zur Folge hat. Der Anstieg der Stromstärke zu Beginn des Experiments wird also durch die Erhöhung der Ionenkonzentration im Kathoden- und Anodenraum hervorgerufen. Nach einiger Zeit ist die mittlere Kammer nahezu salzfrei und die Konzentration der Ionen wird stark verringert. Es wird nur noch

Ergebnisse und Diskussion

ein geringer Strom gemessen. Dies bedeutet, dass bei kleineren Spannungen die Entsalzung länger dauert, d.h. die Dauer der Elektrodialyse kann gezielt durch die angelegte Spannung gesteuert werden.

4.9.3 Elektrodialyse durch Zn-P1a-Membranen

Durch die positive Ladung der Koordinationspolymermembranen sollten diese insbesondere als Anionenaustauschermembranen bei der Elektrodialyse geeignet sein und möglicherweise eine Trennung der permeierenden Anionen aufgrund unterschiedlicher Ladungsdichte ermöglichen. In einem ersten Experiment wurden kommerzielle AAM und KAM mit 5, 10 oder 15 Schichtpaaren Zn-**P1a** beschichtet und der Einfluss der Beschichtung auf die Permeation von NaCl untersucht. Da die AAM positiv geladen ist, wurde sie zunächst mit Polyelektrolyten vorbeschichtet. Es wurde eine Schichtfolge (**PSS-PEI**)$_3$-**PSS** in der bekannten Weise adsorbiert. Danach wurde die Zn-**P1a**-Beschichtung durch alternierendes Eintauchen der AAM- und KAM-Trägermembranen in Lösungen von Zn(OAc)$_2$/KPF$_6$ bzw. **P1a** hergestellt. Lösungsmittel und Konzentrationen waren dieselben wie im Abschnitt 4.6.1.1 beschrieben. Anschließend wurde die Permeation einer 0,1 M wässrigen Natriumchlorid-Lösung unter Elektrodialysebedingungen bei einer Spannung von 30 Volt durchgeführt. In Abbildung 4.63 sind Strom-Zeit-Diagramme für die mit 5, 10 oder 15 Zn-**P1a**-Schichtpaaren beschichteten AAM- und KAM-Membranen gezeigt.

Da der Fluss durch die Membran umgekehrt proportional zur Dicke der Trennschicht und die Dicke der Trennschicht wiederum zu der Anzahl der adsorbierten Schichtpaare proportional ist, kann der Fluss durch die Trennmembran und somit die Dauer der Elektrodialyse durch die unterschiedliche Anzahl der Tauchzyklen gezielt kontrolliert werden. Mit zunehmender Anzahl der adsorbierten Doppelschichten verlängert sich die Elektrodialysedauer. Auch hier ist nach ca. sechs Stunden die mittlere Kammer weitgehend salzfrei, was an der Abnahme der Ionenkonzentration und folglich der Stromstärke zu erkennen ist.

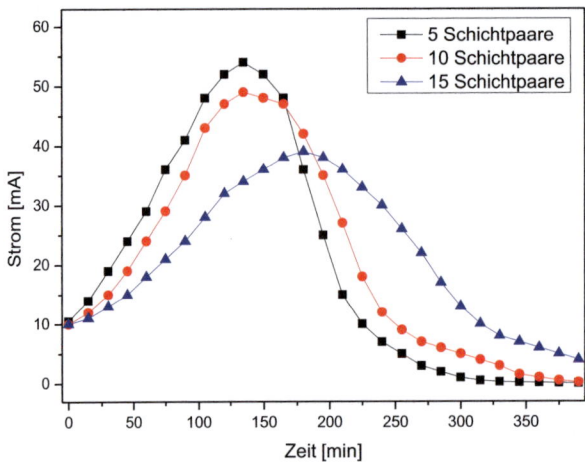

Abbildung 4.63: Abhängigkeit der Stromstärke von der Zeit bei unterschiedlicher Anzahl der adsorbierten Doppelschichten, Trennmembran: 5, 10 oder 15 Zn-**P1a**-Schichtpaare auf AAM und KAM bei 30 Volt.

4.9.3.1 Permeation von Natrium- bzw. Magnesiumchlorid durch Zn-P1a-Membran

Für die Untersuchung der Permeation und Trennung von Natrium- und Magnesiumionen wurde eine Kationenaustauschermembran mit 5, 10 und 15 Zn-**P1a**-Schichtpaaren beschichtet und bei 30 Volt untersucht. Zusätzlich wurde eine unbeschichtete KAM untersucht. Die AAM war in allen Experimenten unbeschichtet. Die mittlere Kammer wurde einmal mit 0,1 M Natriumchlorid-Lösung und in einem weiteren Versuch mit 0,1 M Magnesiumchlorid-Lösungen gefüllt. Die äußeren Kammern enthielten eine 0,01 molare NaCl-Lösung. Nach Zeitintervallen von je 30 Minuten wurde die Leitfähigkeit durch Probenahme aus der mittleren Kammer bestimmt und gegen die Zeit aufgetragen (Abb. 4.64).

In Abbildung ist zu erkennen, dass zum einen mit der Zahl der adsorbierten Schichtpaare die Permeationsrate sinkt, zum anderen die Abnahme der Leitfähigkeit mit der Zeit bei NaCl größer ist als bei MgCl$_2$. Außerdem kommt es durch die freien Elektronenpaare der N-Atome der **NIPAM**-Einheit im Copolymer zur Komplexbildung mit Mg^{2+}-Ionen, die ebenfalls die Permeation verlangsamt. Als Folge der unterschiedlichen Permeationsraten ist eine Trennung der Na$^+$- und Mg^{2+}-Ionen möglich.

Ergebnisse und Diskussion

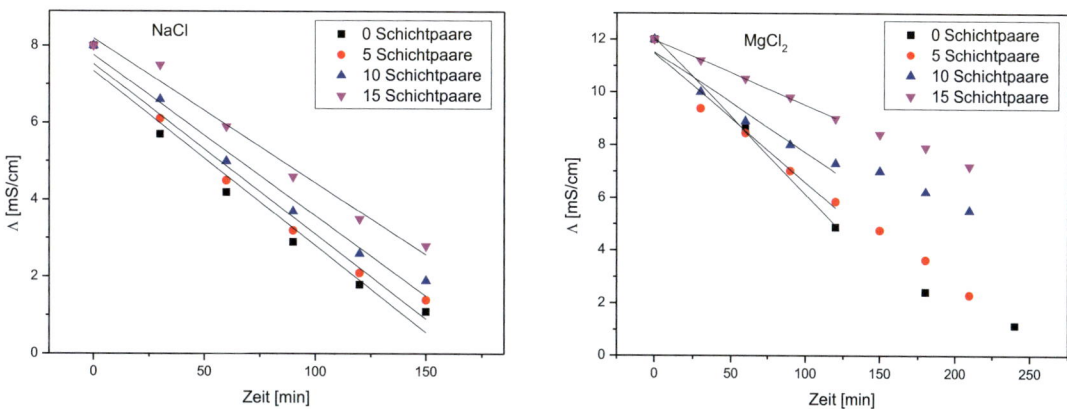

Abbildung 4.64: Abhängigkeit der Leitfähigkeit der Feedlösungen von NaCl bzw. MgCl$_2$ von der Zeit bei unterschiedlicher Anzahl der adsorbierten Doppelschichten, Trennmembran: 0, 5, 10 oder 15 Zn-**P1a**-Schichtpaare auf KAM bei 30 Volt. AAM war unbeschichtet.

Die Trennfaktoren der Metallkationen wurden aus der zeitlichen Änderung der Leitfähigkeit $\Delta \Lambda / \Delta t$ in der mittleren Kammer nach Gleichung 4.23 ermittelt. Sie sind in Tabelle 4.17 zusammengefasst.

$$\alpha(Na^{2+}/Mg^{2+}) = \frac{\left(\dfrac{\Delta \Lambda}{\Delta t}\right)_{NaCl} \cdot \Lambda_{mol}(MgCl_2)}{\left(\dfrac{\Delta \Lambda}{\Delta t}\right)_{MgCl_2} \cdot \Lambda_{mol}(NaCl)} \quad (4.23)$$

Tabelle 4.17: Trennfaktoren α für die Zn-**P1**-Membran.

Zn-P1a-Schichtpaare	0	5	10	15
α(NaCl/MgCl$_2$)	1,7	2,0	2,5	3,4

Tabelle 4.16 ist zu entnehmen, dass sich die Trennfaktoren mit zunehmender Schichtdicke der Membran von 1,7 auf 3,4 verbessern. Es tritt eine deutliche Trennung der Na$^+$- und Mg^{2+}-Ionen auf.

4.9.3.2 Permeation von Natriumchlorid bzw. -sulfat durch Zn-P1a-Membran

Als nächstes wurde die Permeation und die Trennung von Chlorid- und Sulfationen an der AAM untersucht. Hierfür wurde die unbeschichtete AAM und die mit 5, 10, und 15 Zn-**P1a**-Doppelschichten beschichteten AAMs unter Elektrodialysebedingungen bei 30 Volt untersucht. Die KAM blieb dabei unbeschichtet. Der Mittelraum wurde einmal mit 0,1 M Natriumchlorid-Lösung und in einem weiteren Experiment mit 0,1 M Natriumsulfat-Lösung gefüllt. Die äußeren Kammern enthielten 0,01 M NaCl-Lösung. Nach Zeitabständen von ca. 30 Minuten wurde die Leitfähigkeit durch Probenahme aus der mittleren Kammer bestimmt und gegen die Zeit aufgetragen (Abb. 4.65).

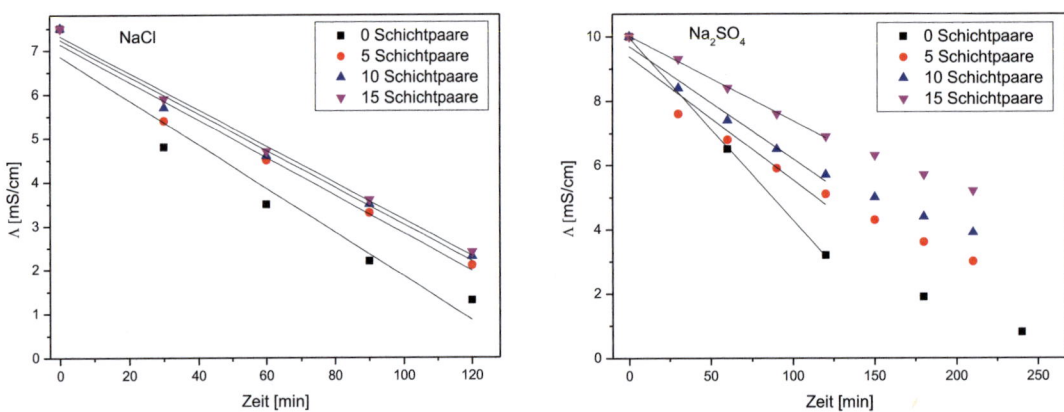

Abbildung 4.65: Abhängigkeit der Leitfähigkeit der Feedlösungen von NaCl bzw. Na$_2$SO$_4$ von der Zeit bei unterschiedlicher Anzahl der adsorbierten Doppelschichten, Trennmembran: 0, 5, 10 oder 15 Zn-**P1a**-Schichtpaare auf AAM bei 30 Volt. Die KAM wurde unbeschichtet eingesetzt.

Mit steigender Membrandicke sinkt der Fluss von NaCl und Na$_2$SO$_4$ durch die Membran, wobei der Fluss von NaCl langsamer als der von Na$_2$SO$_4$ abnimmt. Aufgrund der größeren Ladungsdichte der SO$_4^{2-}$-Ionen werden diese elektrostatisch stärker als die Cl$^-$-Ionen abgestoßen. Dies hat eine Trennung beider Ionensorten zur Folge. Die Trennfaktoren α(Cl$^-$/SO$_4^{2-}$) wurden aus der zeitlichen Änderung der Leitfähigkeit ($\Delta\Lambda/\Delta t$) mit Hilfe der Gleichung 4.24 berechnet und sind in Tabelle 4.18 aufgeführt:

$$\alpha(Cl^-/SO_4^{2-}) = \frac{\left(\frac{\Delta\Lambda}{\Delta t}\right)_{NaCl} \cdot \Lambda_{mol}(Na_2SO_4)}{\left(\frac{\Delta\Lambda}{\Delta t}\right)_{Na_2SO_4} \cdot \Lambda_{mol}(NaCl)} \quad (4.24)$$

Tabelle 4.18: Trennfaktoren α für die Zn-**P1**-Membran.

Zn-**P1a**-Schichtpaare	0	5	10	15
α(NaCl/Na$_2$SO$_4$)	1,8	2,3	2,4	3,2

Analog zu den Kationen steigen die Trennfaktoren der Chlorid- und Sulfat-Anionen mit zunehmender Membrandicke an. Das heißt, dass auch die Anionen getrennt werden können.

4.9.4 Elektrodialyse durch Zn-P2b-Membranen

Wie bei der Zn-**P1a**-Membran sollte der Einfluss der adsorbierten Schichtpaare auf die Permeation von NaCl durch die Zn-**P2b**-Membranen mit einer 0,1 M wässrigen NaCl-Lösung unter Elektrodialysebedingungen bei 30 Volt untersucht werden. Es wurden KAM- und AAM-Trägermembranen mit 5, 10 oder 15 Zn-**P2b**-Doppelschichten verwendet. Um die positive Ladung der AAM umzukehren, wurde diese zuerst mit Polyelektrolyten in einer Schichtfolge (**PSS-PEI**)$_3$-**PSS** in der bekannten Weise vorbeschichtet. Anschließend wurden AAM- und KAM-Membranen mit Lösungen der Zn(OAc)$_2$/KPF$_6$ bzw. **P2b** alternierend behandelt. Die Konzentrationen und die Zusammensetzungen der Tauch- und Waschlösungen waren dieselben wie im Abschnitt 4.6.1.3 beschrieben. In Abbildung 4.66 sind Strom-Zeit-Diagramme für die beschichteten AAM- und KAM-Membranen dargestellt.

Auch hier nimmt die Dauer der Elektrodialyse mit steigender Anzahl der adsorbierten Schichtpaare zu. Die mittlere Kammer war nach ungefähr sechs Stunden nahezu salzfrei, da kaum noch eine Veränderung der Ionenkonzentration und demnach der Abnahme der Stromstärke registriert wurde. Dieses Experiment bestätigt die Annahme, dass die Elektrodialysedauer durch die Anzahl der adsorbierten Doppelschichten gesteuert werden kann.

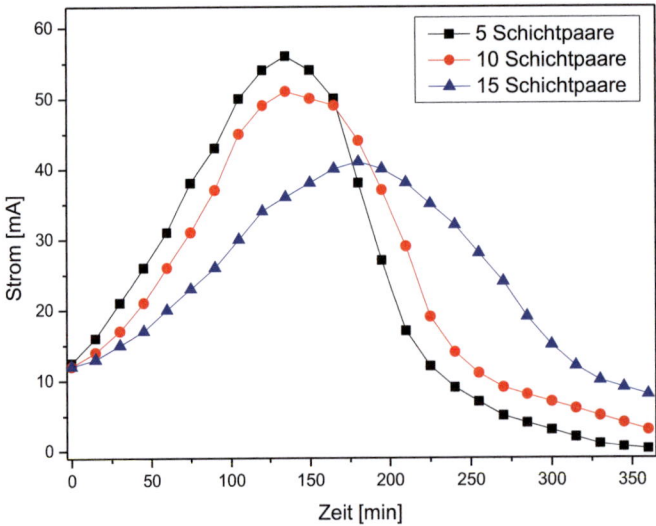

Abbildung 4.66: Abhängigkeit der Stromstärke von der Zeit bei unterschiedlicher Anzahl der adsorbierten Doppelschichten, Trennmembran: 5, 10 oder 15 Zn-**P2b**-Schichtpaare auf AAM und KAM bei 30 Volt.

4.9.4.1 Permeation von Natrium- bzw. Magnesiumchlorid durch Zn-P2b-Membran

Die Untersuchung der Permeation von Natrium- bzw. Magnesiumionen unter Bedingungen der Elektrodialyse erfolgte zunächst durch eine unbeschichtete Kationenaustauschermembran und anschließend durch eine mit 5, 10 und 15 Zn-**P2b**-Doppellagen beschichtete KAM bei 30 Volt. Die mittlere Kammer wurde mit 0,1 M Natrium- oder Magnesiumchlorid-Lösung gefüllt. Die äußeren Kammern enthielten 0,01 M NaCl-Elektrolyt-Lösung. Nach jeweils 30 Minuten wurde die Leitfähigkeit durch Probenahme aus dem Mittelraum bestimmt. Abbildung 4.67 zeigt die Abnahme der Leitfähigkeit der Feedlösungen von NaCl und $MgCl_2$ mit der Zeit.

Wenn man beide Diagramme miteinander vergleicht, so ist zu erkennen, dass die Leitfähigkeitsabnahme der Natriumionen mit der Zeit gleichmäßiger und schneller als die der Magnesiumionen erfolgt. Dies ist auf eine stärkere elektrostatische Abstoßung der stärker geladenen Mg^{2+}-Ionen an den membrangebundenen Zn^{2+}-Ionen zurückzuführen. Im Verlauf der Messung nimmt die Leitfähigkeit mit steigender Anzahl der Zn-**P2b**-

Schichtpaare immer langsamer ab, da die Mg^{2+}-Ionen an der zunehmenden Anzahl der Zn^{2+}-Ionen immer stärker elektrostatisch abgestoßen werden und deshalb nicht so schnell von der Feedlösung in den Kathodenraum diffundieren können. Daraus resultieren steigende Trennfaktoren für α(NaCl/MgCl$_2$).

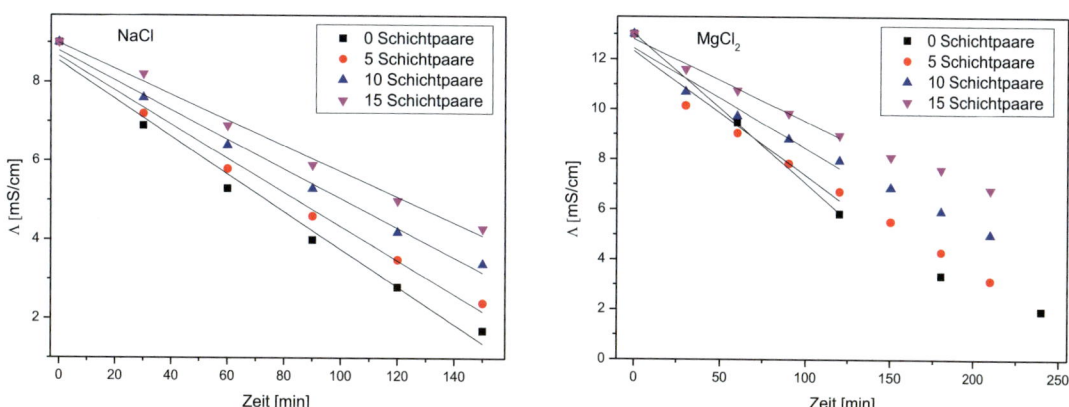

Abbildung 4.67: Abhängigkeit der Leitfähigkeit der Feedlösungen von NaCl bzw. MgCl$_2$ von der Zeit bei unterschiedlicher Anzahl der adsorbierten Doppelschichten, Trennmembran: 0, 5, 10 oder 15 Zn-**P2b**-Schichtpaare auf KAM bei 30 Volt. Die AAM wurde unbeschichtet verwendet.

Die Trennfaktoren α(Na$^+$/Mg^{2+}) sind in Tabelle 4.19 zusammengefasst.

Tabelle 4.19: Trennfaktoren α für die Zn-**P2b**-Membran.

Zn-P2b-Schichtpaare	0	5	10	15
α(NaCl/MgCl$_2$)	1,8	1,9	2,1	2,2

Die Trennfaktoren fallen insgesamt recht gering aus und es zeigt sich nur eine kleine Zunahme von 0,4 zwischen der unbeschichteten und der mit 15 Zn-**P2b**-Schichtpaaren beschichteten KAM, weil die Trägermembran vermutlich noch nicht vollständig bedeckt ist.

4.9.4.2 Permeation von Natriumchlorid bzw. -sulfat durch Zn-P2b-Membran

Im Folgenden wurde die Permeation von Chlorid- und Sulfationen durch die AAM analog Abschnitt 4.9.3.2 studiert. Zunächst wurde die unbeschichtete AAM und anschließend die mit 5, 10, und 15 Zn-**P2b**-Doppellagen beschichteten AAMs unter Elektrodialysebedingungen bei 30 Volt untersucht. Die KAM wurde unbeschichtet verwendet. Die mittlere Kammer wurde mit 0,1 M Natriumchlorid- bzw. Natriumsulfat-Lösung gefüllt. Nach Zeitabständen von ca. 30 Minuten wurde die Leitfähigkeit durch Probenahme aus den Feedlösungen gemessen und gegen die Zeit aufgetragen (Abb. 4.68).

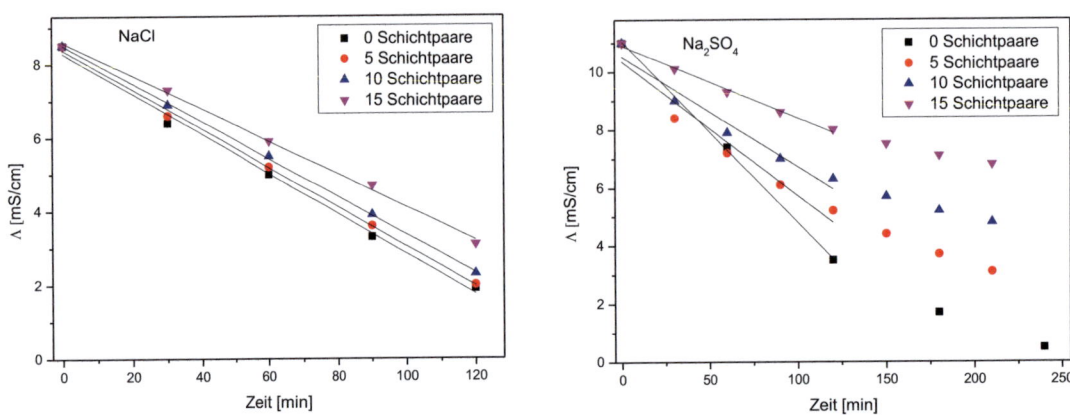

Abbildung 4.68: Abhängigkeit der Leitfähigkeit der Feedlösungen mit NaCl bzw. Na$_2$SO$_4$ von der Zeit bei unterschiedlicher Anzahl der adsorbierten Doppelschichten, Trennmembran: 0, 5, 10 oder 15 Zn-**P2b**-Schichtpaare auf AAM bei 30 Volt.

Ähnlich wie bei der Permeation der Salzlösungen mit verschiedenen Metallkationen verringert sich der Fluss von Natriumchlorid und Natriumsulfat mit zunehmender Schichtdicke. Bei NaCl nimmt die Leitfähigkeit rascher ab als bei Na$_2$SO$_4$. Ursache hierfür ist ein Siebeffekt, weil die Sulfationen größer als die Chloridionen sind und langsamer durch die Membran permeieren. Die Trennfaktoren sind in Tabelle 4.20 aufgelistet.

Tabelle 4.20: Trennfaktoren α für die Zn-**P2b**-Membran.

Zn-P2b-Schichtpaare	0	5	10	15
α(NaCl/Na$_2$SO$_4$)	1,8	2,3	2,7	3,6

Die Trennfaktoren nehmen mit steigender Schichtdicke der Membran deutlich zu. Den

Ergebnisse und Diskussion

größten α(NaCl/Na₂SO₄)-Wert von 3,6 zeigt die AAM mit 15 adsorbierten Zn-**P2b**-Doppelschichten.

4.9.5 Elektrodialyse durch Zn-P4b-Membranen

Die Elektrodialyse an den Zn-**P4b**-Membranen erfolgte experimentell in Analogie zu den Zn-**P1a**- und Zn-**P2b**-Membranen (s. Abschn. 4.9.3 und 4.9.4).

4.9.5.1 Permeation von Natrium- bzw. Magnesiumchlorid durch Zn-P4b-Membran

Es wurde der Transport von Natrium- und Magnesiumionen durch eine Zn-**P4b**-Membran gemessen, um den Einfluss von **BIP**- anstelle von **TPY**-Liganden auf das Permeationsverhalten unter Bedingungen der Elektrodialyse zu untersuchen. Zunächst wurde der Ionentransport durch eine unbeschichtete Kationenaustauschermembran und anschließend durch eine mit 5, 10 und 15 Zn-**P4b**-Doppellagen beschichtete KAM bei 30 Volt untersucht. Die mittlere Kammer wurde mit einer 0,1 M Natrium- bzw. Magnesiumchlorid-Lösung gefüllt. Nach jeweils 30 Minuten wurde die Leitfähigkeit durch Probenahme aus dem Mittelraum bestimmt. Abbildung 4.69 zeigt die Abnahme der Leitfähigkeit der Feedlösungen mit der Zeit.

Ähnlich wie bei den Experimenten mit den anderen Membranen erfolgt die Permeation der Na^+-Ionen schneller als die der Mg^{2+}-Ionen. Mit steigender Schichtdicke der Trennmembran sinkt die Leitfähigkeit der Mg^{2+}-Ionen immer langsamer, da diese aufgrund ihrer größeren Ladungsdichte im Vergleich zu Na^+-Ionen stärker von den komplexierten Zn^{2+}-Ionen der Trennschicht elektrostatisch abgestoßen werden und der Transport in den Kathodenraum verlangsamt wird.

Ergebnisse und Diskussion

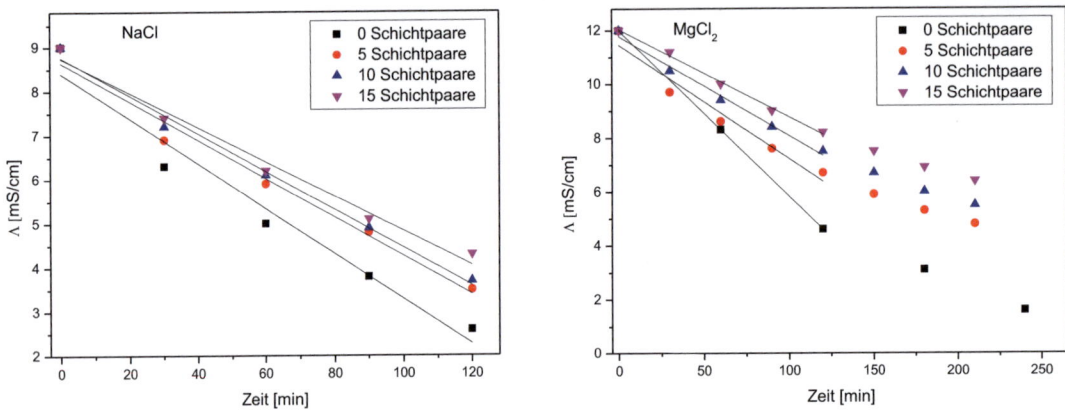

Abbildung 4.69: Abhängigkeit der Leitfähigkeit der Feedlösungen mit NaCl bzw. MgCl$_2$ von der Zeit bei unterschiedlicher Anzahl der adsorbierten Doppelschichten. Trennmembran: 0, 5, 10 oder 15 Zn-**P4b**-Schichtpaare auf KAM bei 30 Volt. Die AAM wurde unbeschichtet eingesetzt.

Die Trennfaktoren α(Na$^+$/Mg^{2+}) wurden aus der zeitlichen Änderung der Leitfähigkeit (ΔΛ/Δt) mit Hilfe der Gleichung 4.23 berechnet und sind in Tabelle 4.21 zusammengestellt.

Tabelle 4.21: Trennfaktoren α für die Zn-**P4b**-Membran.

Zn-**P4b**-Schichtpaare	0	5	10	15
α(NaCl/MgCl$_2$)	1,8	2,3	2,6	2,7

Die Trennfaktoren nehmen mit steigender Schichtdicke der Membran zu. Im Allgemeinen zeigt sich ein ähnliches Trennverhalten wie bei den **TPY**-haltigen Systemen, jedoch sind die Trennfaktoren im Falle der Zn-**P4b**-Membran etwas größer als bei der Zn-**P2b**-Membran.

4.9.5.2 Permeation von Natriumchlorid bzw. -sulfat durch Zn-P4b-Membran

Die Permeation und Trennung der Chlorid- und Sulfationen an AAMs wurde analog den Abschnitten 4.9.4.1 und 4.9.4.2 durchgeführt. Es wurden die AAMs mit 5, 10, und 15 Zn-**P2b**-Schichtpaaren sowie die unbeschichtete AAM unter Elektrodialysebedingungen bei 30 Volt untersucht. Die KAM wurde unbeschichtet eingesetzt. Die Mittel-

Ergebnisse und Diskussion

kammer wurde mit 0,1 M Natriumchlorid- bzw. Natriumsulfat-Lösungen gefüllt, während die äußeren Kammern 0,01 M NaCl-Elektrolyt-Lösung enthielten. Nach Zeitabständen von ca. 30 Minuten wurde die Leitfähigkeit durch Probenahme aus den Feedlösungen gemessen und gegen die Zeit aufgetragen (Abb. 4.70).

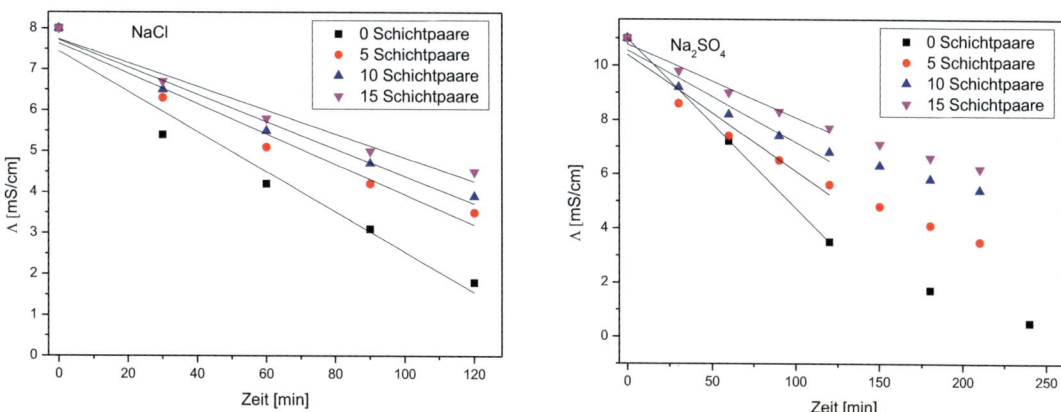

Abbildung 4.70: Abhängigkeit der Leitfähigkeit der Feedlösungen von NaCl bzw. Na$_2$SO$_4$ von der Zeit bei unterschiedlicher Anzahl der adsorbierten Doppelschichten, Trennmembran: 0, 5, 10 oder 15 Zn-**P4b**-Schichtpaare auf AAM bei 30 Volt. Die KAM wurde unbeschichtet eingesetzt.

Der Vergleich der beiden Diagramme zeigt, dass bei allen Schichtdicken die Leitfähigkeit der Cl$^-$-Ionen schneller als die der SO$_4^{2-}$-Ionen abnimmt. Im Verlauf der Messung sowie mit steigender Schichtdicke der Membran wird die Leitfähigkeitsabnahme immer geringer. Aufgrund der größeren Ladungsdichte erfahren die SO$_4^{2-}$-Ionen eine stärkere elektrostatische Abstoßung als die Cl$^-$-Ionen und können die Membran nicht so schnell passieren. Dies hat eine Trennung beider Ionensorten zur Folge. Die Trennfaktoren wurden nach Gleichung 4.24 bestimmt und sind in Tabelle 4.22 aufgelistet.

Tabelle 4.22: Trennfaktoren α für die Zn-**P4b**-Membran.

Zn-P4b-Schichtpaare	0	5	10	15
α(NaCl/Na$_2$SO$_4$)	1,6	1,7	2,0	2,2

Die Trennfaktoren nehmen mit steigender Anzahl der adsorbierten Schichtpaare zu. Jedoch sind diese insgesamt kleiner als bei der Zn-**P2b**-Membran. Möglicherweise ist

Ergebnisse und Diskussion

dieses Verhalten auf das Vorhandensein des **BIP**-Liganden zu schließen, welcher aufgrund seiner sperrigen Größe im Vergleich zum **TPY**-Ligand die Entstehung dickerer Schichten erschwert, wodurch auch der Ionentransport verlangsamt wird.

5 Experimenteller Teil

5.1 Verwendete Chemikalien

Die Ausgangsmaterialien für die Synthesen von Monomeren und Polymeren sowie alle übrigen in dieser Arbeit verwendeten Chemikalien sind in der Tabelle 5.1 aufgelistet. Diese wurden, soweit nicht anders erwähnt, bei den aufgeführten Herstellern kommerziell erworben und ohne weitere Aufreinigung umgesetzt, mit Ausnahme folgender Substanzen: 2,2'-Azobis(2-methylpropionitril) (AIBN) wurde aus Methanol und N-Isopropylacrylamid (**NIPAM**) aus einem Toluol/*n*-Hexan-Gemisch (1:2 v/v) zweimal umkristallisiert, um Verunreinigungen und Stabilisatoren zu entfernen. **Styrol** wurde vor der Verwendung bei 35°C unter vermindertem Druck destilliert. Alle Synthesen, wenn nicht gesondert vermerkt, wurden unter Stickstoffatmosphäre durchgeführt und die Glasapparaturen vorher dreimal im Vakuum ausgeheizt. Es wurden absolute Lösungsmittel, die über Molekularsieb gelagert waren, verwendet.

Das für die Herstellung sämtlicher Lösungen und für die Spülvorgänge verwendete Milli-Q-Wasser (R > 18 MΩ cm^{-1}) wurde mit Hilfe einer Reinstwasseranlage Academic der Firma *Millipore GmbH* aus herkömmlichem VE-Wasser gewonnen.

Tabelle 5.1: Liste der verwendeten Chemikalien.

Substanz	Abkürzung	Lieferant	Reinheitsgrad
Aceton	C_3H_6O	Acros	99,5%
Acetonitril	C_2H_3N	Fisher	HPLC
Acrylsäurechlorid	C_3H_3ClO	Alfa Aesar	96%
Aluminiumoxid neutral	Al_2O_3	Macherey Nagel	-
3-Aminopropylmethyldiethoxysilan	$C_8H_{21}NO_2Si$	Sigma-Aldrich	97%
Ammoniaklösung	NH_4OH	Acros	25% in Wasser
Ammoniumacetat	$C_2H_7NO_2$	Merck	98%
2,2'-Azobis(2-methylpropionitril)	$C_8H_{12}N_4$	Fluka	≥ 98,0%
Bariumchlorid	$BaCl_2$	Sigma-Aldrich	99,9%
Benzol	C_6H_6	Sigma-Aldrich	99,8%
9-Bromo-1-nonanol	$C_9H_{19}BrO$	Alfa Aesar	97%
Calciumchlorid	$CaCl_2$	Acros	96%
Cäsiumchlorid	$CsCl$	Acros	99+%

Experimenteller Teil

Tabelle 5.1: Liste der verwendeten Chemikalien (Fortsetzung).

Celite	SiO_2	VWR	-
Chelidamsäure Monohydrat	$C_7H_5NO_5 \cdot H_2O$	Sigma-Aldrich	≥ 97,0%
Chlorbenzol	C_6H_5Cl	Acros	99,8%
Chloroform	$CHCl_3$	Fisher	HPLC
Chloroform-d_1	$CDCl_3$	Euriso-top	99,8% D
Cyanomethyldodecyltrithiocarbonat	$C_{15}H_{27}NS_3$	Sigma-Aldrich	98%
Dichlormethan	CH_2Cl_2	Fisher	HPLC
Dichlormethan-d_2	CD_2Cl_2	Euriso-top	99,9% D
Diethylether	$C_4H_{10}O$	Sigma-Aldrich	≥ 99,8%
Dimethylformamid	C_3H_7NO	Acros	99,8%
Dimethylsulfoxid	C_2H_6OS	Acros	99,7+%
Dimethylsulfoxid-d_6	DMSO-d_6	Euriso-top	99,8% D
Essigsäure	$C_2H_4O_2$	Sigma-Aldrich	99,8%
Ethanol	EtOH	Acros	99,5%
Ethylacetat	$C_4H_8O_2$	Fisher	HPLC
n-Hexan	C_6H_{14}	Fisher	HPLC
Hydrochinon	$C_6H_6O_2$	Fluka	≥ 99,0%
Isopropanol	C_3H_8O	Acros	99,5+%
N-Isopropylacrylamid	$C_6H_{11}NO$	Sigma-Aldrich	97%
Kaliumcarbonat	K_2CO_3	Acros	99+%
Kaliumchlorid	KCl	Merck	99,5%
Kaliumhexafluorophosphat	KPF_6	Acros	99%
Kaliumhydroxid	KOH	Fluka	> 85%
Kobaltacetat Tetrahydrat	$Co(OAc)_2$	Sigma-Aldrich	≥ 98,0%
Kupferchlorid Dihydrat	$CuCl_2 \cdot 2H_2O$	Fluka	≥ 99,0%
Lanthanchlorid Heptahydrat	$LaCl_3$	Fisher	99,9%
Lithiumchlorid	LiCl	Sigma-Aldrich	≥ 99,0%
Magnesiumchlorid Hexahydrat	$MgSO_4 \cdot 6H_2O$	Acros	99+%
Magnesiumsulfat	$MgSO_4$	Acros	97%
Methacrylsäurechlorid	C_4H_5ClO	Alfa Aesar	97%
Methanol	MeOH	Fisher	HPLC
N-Methyl-1,2-phenylendiamin	$C_7H_{10}N_2$	Acros	97%
Natriumhydrid	NaH	Sigma-Aldrich	95%
Natriumhydrogencarbonat	$NaHCO_3$	Merck	99,0%
Naphthalin	$C_{10}H_8$	Fluka	99,0%

Tabelle 5.1: Liste der verwendeten Chemikalien (Fortsetzung).

Natriumchlorid	NaCl	Sigma-Aldrich	≥ 99,5%
Natriumsulfat Decahydrat	$Na_2SO_4 \cdot 10H_2O$	KMF	99%
Palladium(II)bis(triphenylphosphin)dichlorid	$PdCl_2(PPh_3)_2$	Sigma-Aldrich	≥ 99%
Perylen	$C_{20}H_{12}$	Fluka	99,0%
Picolinsäureethylester	$C_8H_9NO_2$	Acros	99%
Phosphorsäure	H_3PO_4	Sigma-Aldrich	85% in Wasser
Polystyrolsulfonat Natriumsalz	$(C_8H_7NaO_3S)_n$	Sigma-Aldrich	-
Polyethylenimin	$(C_2H_5N)_n$	Polysciences	30% in Wasser
Pyren	$C_{16}H_{10}$	Fluka	99,0%
Salzsäure	HCl	Merck	37% in Wasser
Schwefelsäure	H_2SO_4	Fluka	95-98%
Silicagel	SiO_2	Acros	-
Styrol	C_8H_8	Acros	99%
Tetrahydrofuran	C_4H_8O	Acros	99,5%
Toluol	C_7H_8	Fisher	HPLC
Tributyl-(vinyl)-zinn	$C_{14}H_{30}Sn$	Acros	97%
Trifluormethansulfonsäureanhydrid	$C_2F_6O_5S_2$	Carbolution	99%
Wasserstoffperoxid	H_2O_2	Acros	35% in Wasser
Zinkacetat Dihydrat	$Zn(OAc)_2 \cdot 2H_2O$	Merck	99,5%
Zinkchlorid	$ZnCl_2$	Fluka	98,0%

5.2 Synthesen

5.2.1 Synthese von 4'-Vinyl-2,2':6'2''-terpyridin

Die Darstellung von 4'-Vinyl-2,2':6'2''-terpyridin erfolgte in vier Syntheseschritten in Anlehnung an Literaturvorschriften.[185,186]

Synthese von 1,5-Bis(2'-bipyridyl)pentan-1,3,5-trion[185]

Unter Stickstoffatmosphäre wurde zu einer refluxierenden Suspension von 1,9 g (75 mmol) Natriumhydrid in 50 mL trockenem Tetrahydrofuran unter ständigem Rühren eine Lösung aus 1,8 mL (25 mmol) Aceton und 10,1 mL (75 mmol) Picolinsäureethylester, ebenfalls in 50 mL THF, innerhalb von vier Stunden zugetropft. Das Reaktionsgemisch wurde weitere zwei Stunden zum Rückfluss erhitzt. Nach Abkühlen auf Raumtemperatur wurde das Lösungsmittel unter vermindertem Druck entfernt und der orangefarbene Rückstand in 100 mL Wasser aufgenommen. Die erhaltene Lösung wurde über Celite gefiltert und der pH-Wert des Filtrats wurde durch tropfenweise Zugabe von 5%-iger Essigsäure auf pH 7 eingestellt. Der resultierende gelbe Niederschlag wurde abfiltriert, gründlich mit Wasser gewaschen und getrocknet. Anschließend wurde der Feststoff aus Ethanol umkristallisiert.

Ausbeute: 4,65 g; Smp.: 104°C.

Synthese von 2,6-Di-2-pyridyl-4(1H)-pyridon[185]

Unter Stickstoffatmosphäre wurden 4,62 g (17,2 mmol) 1,5-Bis(2'-bipyridyl) pentan-1,3,5-trion und 10,0 g (Überschuss) Ammoniumacetat in 100 mL absolutem Ethanol gelöst und über Nacht zum Rückfluss erhitzt. Nach Erkalten wurde die braune Reaktionslösung mit Hilfe des Rotationsverdampfers auf die Hälfte eingeengt und im Eisbad gekühlt. Es entstand ein gelblicher Niederschlag, welcher abfiltriert und gründlich mit Diethylether gewaschen wurde. Anschließend wurde das Rohprodukt zweimal aus Ethanol umkristallisiert.

Ausbeute: 2,61 g; Smp.: 166°C.

Experimenteller Teil

Synthese von 4'-[[(Trifluoromethyl)sulfonyl]oxy]-2,2':6'2''-terpyridin[186]

In einem Schlenkkolben unter inerten Bedingungen wurden 2,15 g (8 mmol) 2,6-Di-2-pyridyl-4(1*H*)-pyridon in 20 mL trockenem Pyridin gelöst und im Eisbad auf 0°C abgekühlt. Anschließend wurden unter konstantem Rühren 1,3 mL (8 mmol) Trifluormethansulfonsäureanhydrid vorsichtig zugetropft. Die Reaktionsmischung wurde zwei Stunden bei 0 °C gerührt und dann auf Raumtemperatur gebracht und weitere 48 Stunden gerührt. Danach wurde die Reaktionslösung in 100 mL eiskaltes Wasser gegeben und eine Stunde gerührt. Der hellgelbe Feststoff wurde filtriert, mit kaltem Wasser gewaschen und getrocknet. Nach dem Trocknen wurde das Rohprodukt in 50 mL *n*-Hexan gelöst und der unlösliche Rückstand abfiltriert. Die Lösung wurde so lange eingeengt, bis sich die ersten Spuren eines Niederschlags zeigten. Nach Stehen im Kühlschrank über Nacht kristallisierte das Produkt in Form von weißen Nadeln aus.

Ausbeute: 2,38 g; Smp.: 107°C.

Synthese von 4'-Vinyl-2,2':6'2''-terpyridin[185]

In einem Schlenkkolben wurde unter Stickstoffatmosphäre eine Mischung aus 2,3 g (6,0 mmol) 4'-[[(Trifluoromethyl)sulfonyl]oxy]-2,2':6'2''-terpyridin, 2,68 g (8,4 mmol) Tributyl-(vinyl)-zinn, 3,7 mL (26,5 mmol) Triethylamin und 0,12 g (0,17 mmol) Palladium(II)bis(triphenylphosphin)dichlorid in 20 mL DMF vorgelegt, auf 90°C erhitzt und

Experimenteller Teil

vier Stunden gerührt. Die Reaktionslösung wurde mit 110 mL Eiswasser versetzt, eine Stunde gerührt und abfiltriert. Der hellbraune Feststoff wurde gründlich mit Wasser gewaschen und getrocknet. Das Rohprodukt wurde in 110 mL Diethylether gelöst und der unlösliche Rückstand abfiltriert. Das Lösungsmittel wurde am Rotationsverdampfer abgeschieden. Es resultierte eine dunkelgelbe, viskose Masse, welche mittels Säulenchromatographie über neutrales Aluminiumoxid mit einem Lösemittelgemisch n-Hexan:Ethylacetat (9:1 v/v) gereinigt wurde. Das gewünschte Produkt wurde in Form eines weißen, kristallinen Pulvers erhalten.

Ausbeute: 1,30 g; Smp.: 90°C.

^{1}H-NMR (300 MHz, CDCl$_3$) δ (ppm): 8,72-8,71 (d, 2H-e); 8,64-8,61 (d, 2H-h); 8,47 (s, 2H-d); 7,89-7,84 (t, 2H-f); 7,37-7,32 (t, 2H-g); 6,92-6,83 (dd, 1H-c); 6,26-6,20 (d, 1H-b); 5,59-5,55 (d, 1H-a).

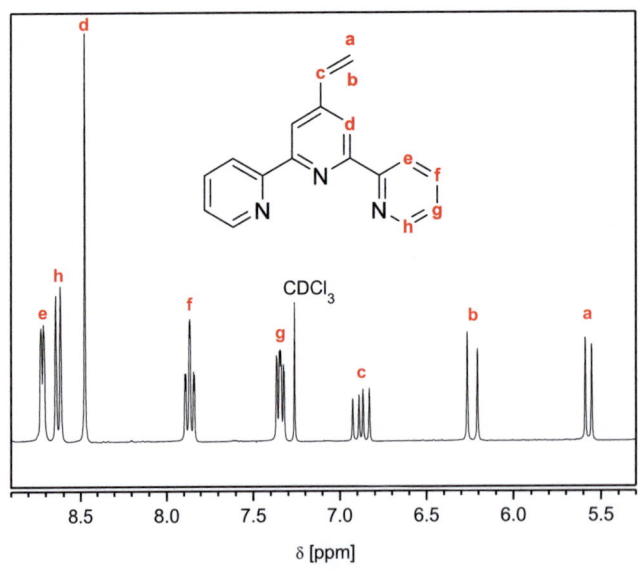

Abbildung 5.1: ^{1}H-NMR-Spektrum von 4'-Vinyl-2,2':6',2''-terpyridin (**M1**) in CDCl$_3$ mit Zuordnung der Signale.

5.2.2 Synthese von Poly[(4'-vinyl-2,2':6'2"-terpyridin)-co-NIPAM] P1a (10:1)[138]

Unter Stickstoffatmosphäre wurden in einem Schlenkrohr 0,50 g (1,93 mmol) **M1**, 2,18 g (19,28 mmol) **NIPAM** und 0,10 g (0,64 mmol, 3 mol%) AIBN in 25 mL trockenem DMF vorgelegt und 24 Stunden bei 60°C unter kräftigem Rühren erhitzt. Nach Abkühlen auf Raumtemperatur wurde die gelbliche Reaktionslösung in rührenden Diethylether gegeben. Das ausgefallene Produkt wurde abfiltriert und anschließend dreimal aus Chloroform in Diethylether umgefällt.

Ausbeute: 1,47 g; Erweichungsbereich: 165-175°C; GPC: M_w = 22700 g/mol.

^{1}H-NMR (300 MHz, CD_2Cl_2) δ (ppm): 8,70-8,59 (d, 4H-i, l); 8,24 (s, 2H-h); 7,90 (s, 2H-j); 7,38-7,20 (d, 2H-k); 6,40-6,32 (m, 1H-c); 3,97 (s, 1H-b); 2,09-1,33 (m, 2H-d, e, f, g); 1,12 (s, 6H-a).

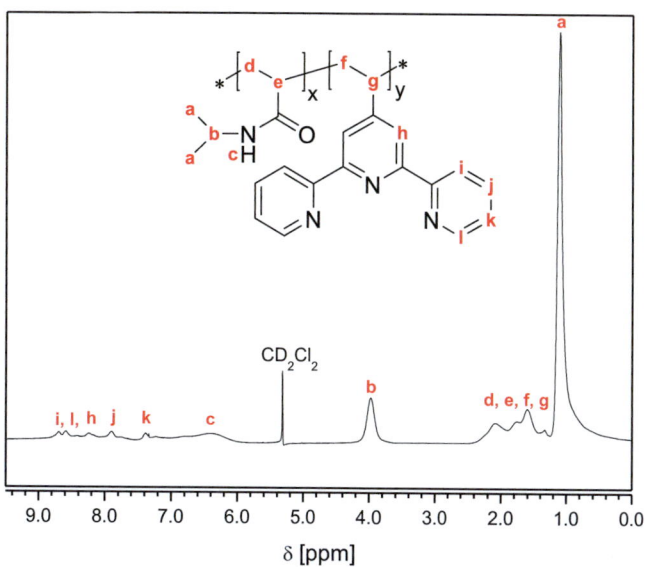

Abbildung 5.2: ^{1}H-NMR-Spektrum von **P1a** in CD_2Cl_2 mit Zuordnung der Signale.

Experimenteller Teil

5.2.3 Synthese von Poly[(4'-vinyl-2,2':6'2"-terpyridin)-co-NIPAM] P1b (20:1)[138]

Polymer **P1b** wurde mit einem molaren Verhältnis x:y von 20:1 analog zur Synthese von **P1a** hergestellt.

Ausbeute: 1,25 g; Erweichungsbereich: 165-175 °C; GPC: M_w= 39800 g/mol.

¹H-NMR (300 MHz, CD_2Cl_2) δ (ppm): 8,68-7,12 (m, 10H-h, i, j, k, l); 6,40-6,32 (m, 1H-c); 3,97 (s, 1H-b); 2,09-1,33 (m, 6H-d, e, f, g); 1,12 (s, 6H-a).

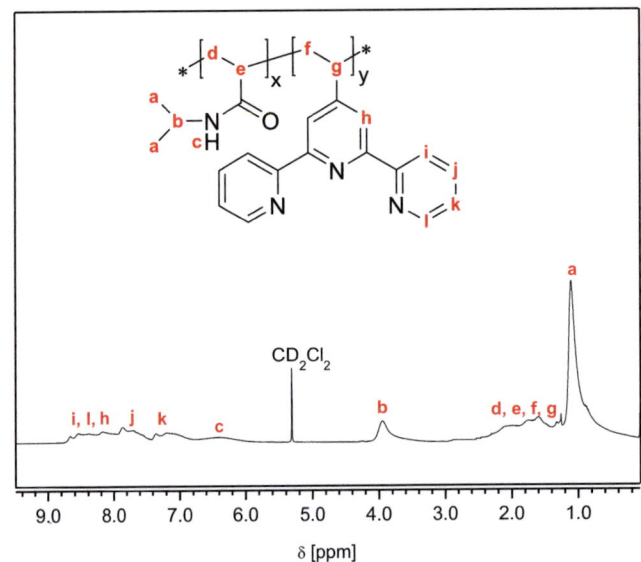

Abbildung 5.3: ¹H-NMR-Spektrum von **P1b** in CD_2Cl_2 mit Zuordnung der Signale.

5.2.4 Synthese von Poly[(4'-vinyl-2,2':6'2"-terpyridin)-co-Styrol] P2a (10:1)[138]

Unter Stickstoffatmosphäre wurden in einem Schlenkrohr 0,50 g (1,93 mmol) **M1**, 2,0 g (19,28 mmol, 4,4 mL) frisch destilliertes **Styrol** und 0,10 g (0,64 mmol, 3 mol%) AIBN in 15 mL trockenem Benzol vorgelegt und 24 Stunden unter ständigem Rühren bei

60°C erhitzt. Nach Abkühlen auf Raumtemperatur wurde die gelbliche Reaktionslösung in rührendes Methanol gegeben. Das erhaltene Produkt wurde filtriert und anschließend dreimal in Chloroform gelöst und in Methanol ausgefällt.

Ausbeute: 0,75 g; Erweichungsbereich: 143-153°C; GPC: M_w = 35100 g/mol.

¹H-NMR (300 MHz, CDCl₃) δ (ppm): 8,68-8,62 (d, 4H-i, l); 8,15 (s, 2H-h); 7,85-7,82 (bs, 4H-j, k); 7,08 (s, 3H-b, c); 6,58-6,48 (d, 2H-a); 1,85 (s, 2H-e, g); 1,43 (s, 4H-d, f).

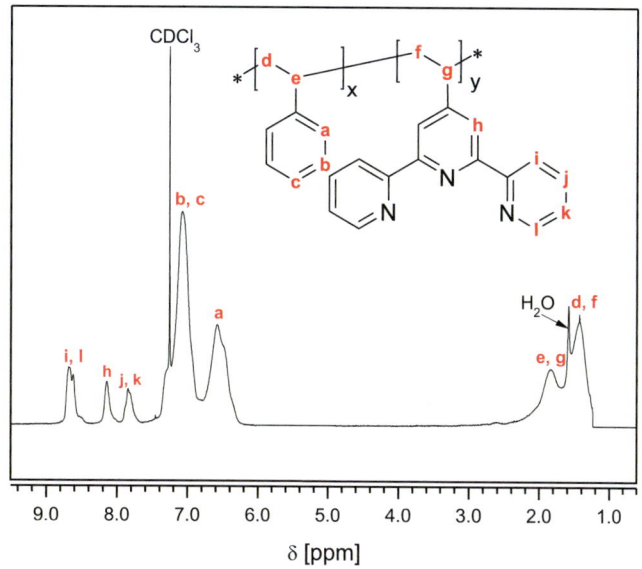

Abbildung 5.4: ¹H-NMR-Spektrum von **P2a** in CDCl₃ mit Zuordnung der Signale.

5.2.5 Synthese von Poly[(4'-vinyl-2,2':6'2''-terpyridin)-co-Styrol] P2b (20:1)[138]

Die Synthese von **P2b** erfolgte mit einem molaren Verhältnis x:y von 20:1 analog zur Synthese von **P2a**.

Ausbeute: 0,93 g; Erweichungsbereich: 143-153°C; GPC: M_w = 45000 g/mol.

¹H-NMR (300 MHz, CDCl₃) δ (ppm): 8,74-8,73 (d, 2H-i); 8,68-8,63 (d, 2H-l); 8,50 (s, 2H-h); 7,90-7,82 (m, 4H-j, k); 7,05 (s, 3H-b, c); 6,59-6,48 (d, 2H-a); 1,83 (s, 2H-e, g); 1,43 (s, 4H-d, f).

Experimenteller Teil

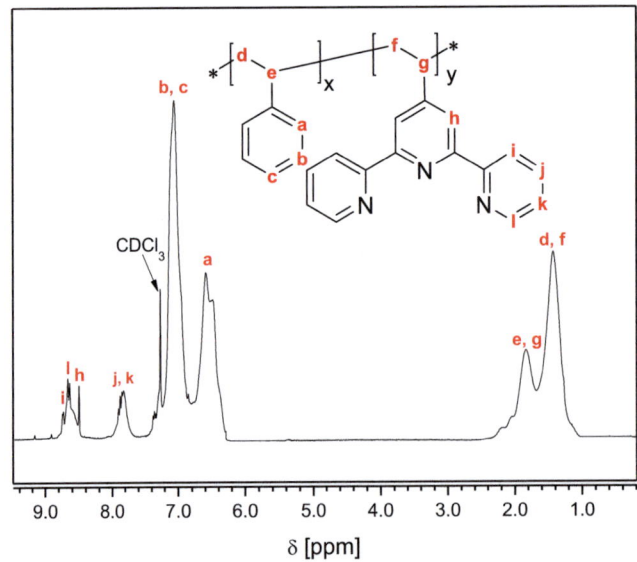

Abbildung 5.5: ¹H-NMR-Spektrum von **P2b** in CDCl₃ mit Zuordnung der Signale.

5.2.6 Synthese von 2,6-bis((1-methyl-1*H*-benzo[*d*]imidazol-2-yl)pyridin-4-yl-oxy)methacrylat

2,6-Bis((1-methyl-1*H*-benzo[*d*]imidazol-2-yl)pyridin-4-yloxy)methacrylat wurde gemäß bekannten Literaturvorschriften durch eine zweistufige Synthese dargestellt.[146]

Synthese von 2,6-bis-(1'-methylbenzimidazolyl)-4-hydroxypyridin[146]

In einem Schlenkkolben wurden 7,28 g (40 mmol) Chelidamsäure in 30 mL 85%-iger Phosphorsäure bei 60°C unter Stickstoffatmosphäre gelöst. Nachdem sich alles gelöst hatte, wurden 10,76 g (88 mmol) N-Methyl-1,2-phenylendiamin hinzugefügt und unter ständigem Rühren bei 220°C zehn Stunden am Rückfluss gekocht. Das entstandene dunkelblaue Öl wurde mit 400 mL Wasser versetzt. Der hellblaue Niederschlag wurde abfiltriert und zweimal mit Wasser gewaschen. Der Rückstand wurde in 600 mL 10%-

iger Kaliumcarbonat-Lösung aufgenommen und solange gerührt, bis der ganze Feststoff sich rosa färbte. Der Niederschlag wurde abfiltriert und erneut mit Wasser gewaschen. Anschließend wurde der ganze Feststoff in 500 mL heißem Methanol gelöst. Die tiefrote Lösung wurde solange mit 1 M HCl angesäuert, bis sich die Lösung dunkelblau färbte. Zum Ausfällen des Produkts wurde die Lösung über Nacht kaltgestellt. Das Produkt wurde abfiltriert und mit kaltem Methanol mehrmals gewaschen.

Ausbeute: 9,83 g; Smp.: 282°C.

Synthese von 2,6-bis((1-methyl-1H-benzo[d]imidazol-2-yl)pyridin-4-yloxy)methacrylat

In einem 250 mL Dreihalskolben wurden 2,0 g (5,63 mmol) 2,6-Bis(1'-methyl-benzimidazolyl)-4-hydroxypyridin in 100 mL trockenem THF/Aceton (1:1 v/v) unter Stickstoffatmosphäre gelöst. Anschließend wurden eine Spatelspitze Hydrochinon sowie 1,70 g (16,88 mmol, 2,33 mL) Triethylamin der Reaktionslösung zugegeben und die Lösung 15 Minuten mit Stickstoff gespült. Danach wurde die Reaktionsmischung im Eisbad auf 0°C gekühlt und langsam 1,76 g (16,88 mmol, 1,64 mL) Methacrylsäurechlorid unter starkem Rühren zugetropft. Anschließend wurde die Mischung weitere 24 Stunden bei Raumtemperatur gerührt. Die Reaktionsmischung wurde durch Zugabe der Lösung in 500 mL Wasser ausgefällt. Der Feststoff wurde filtriert, gründlich mit Wasser und anschließend mit Methanol gewaschen und getrocknet.

Ausbeute: 2,21 g; Smp.: 218°C.

^{1}H-NMR (300 MHz, CDCl$_3$) δ (ppm):8,31-8,30 (d, 2H-d); 7,88-7,85 (dd, 2H-f); 7,49-7,47 (dd, 2H-i); 7,42-7,33 (m, 4H-g, h); 6,43 (s, 1H-b); 5,86 (s, 1H-a); 4,28 (s, 6H-e); 2,10 (s, 3H-c).

Experimenteller Teil

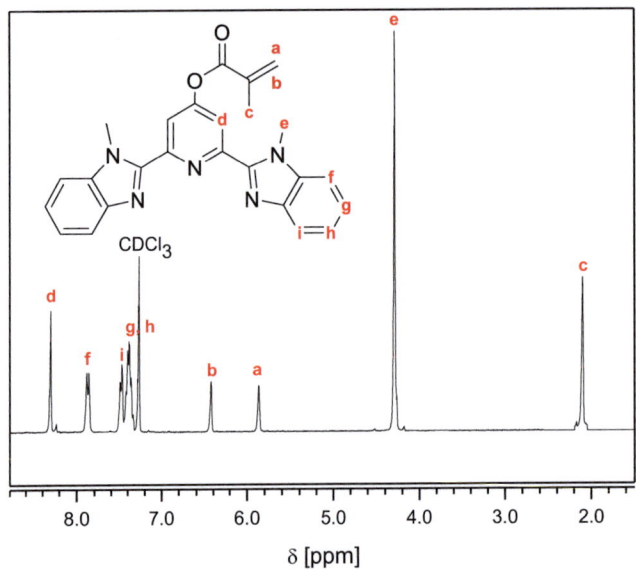

Abbildung 5.6: ¹H-NMR-Spektrum von **M2** in CDCl₃ mit Zuordnung der Signale.

5.2.7 Synthese von Poly[(2,6-bis((1-methyl-1*H*-benzo[*d*]imidazol-2-yl)pyridin-4-yloxy)methacrylat)-co-NIPAM] P3a (10:1)[137]

In einem Schlenkrohr wurden 0,55 g (1,3 mmol) **M2**, 1,47 g (12,99 mmol) **NIPAM** und 0,09 g (0,55 mmol, 2 mol%) AIBN unter Stickstoffatmosphäre in 20 mL trockenem DMF vorgelegt und 24 Stunden bei 80°C unter kräftigem Rühren erhitzt. Nach Abkühlen auf Raumtemperatur wurde die Reaktionslösung ins Wasser gegeben. Das ausgefallene Produkt wurde abfiltriert und gründlich mit Wasser gewaschen. Anschließend wurde der weiße Feststoff in Chloroform aufgelöst und in Diethylether ausgefällt.

Ausbeute: 1,68 g; Erweichungsbereich: 160-170°C; GPC: M_w = 25800 g/mol.

¹H-NMR (300 MHz, CD$_2$Cl$_2$) δ (ppm): 8,28 (s, 2H-h); 7,93 (s, 2H-j); 7,83-7,80 (d, 2H-m); 7,41-7,31 (m, 6H-k, l); 6,54 (m, 1H-c); 4,15 (s, 6H-j); 3,98 (s, 1H-b); 3,24 (bs, 4H-d, f); 2,14-1,78 (m, 1H-e); 1,25 (s, 3H-g); 1,10 (s, 6H-a).

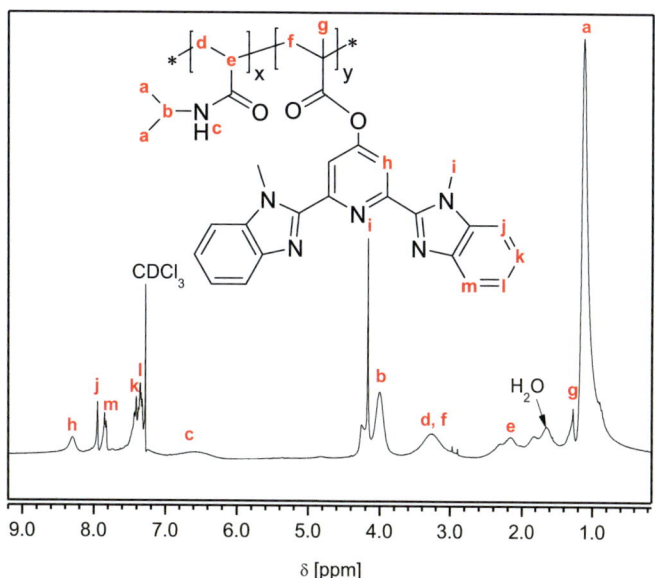

Abbildung 5.7: ¹H-NMR-Spektrum von **P3a** in CDCl$_3$ mit Zuordnung der Signale.

5.2.8 Synthese von Poly[(2,6-bis((1-methyl-1H-benzo[d]imidazol-2-yl)pyridin-4-yloxy)methacrylat)-co-NIPAM] P3b (20:1)[138]

Die Synthese von **P3b** erfolgte mit einem molaren Verhältnis **NIPAM:M2** von 20:1 analog zu der Synthese von **P3a**.

Ausbeute: 1,10 g; Erweichungsbereich: 160-170°C; GPC: M_w = 12200 g/mol.

¹H-NMR (300 MHz, CD$_2$Cl$_2$) δ (ppm) 8,29 (s, 1H-c); 7,93 (s, 2H-j); 7,80-7,77 (d, 2H-m); 7,46-7,43 (d, 2H-k); 7,36-7,27 (m, 4H-l); 4,17 (s, 6H-i); 3,98 (s, 1H-b); 3,14 (bs, 4H-d, f); 2,28-2,14 (d, 1H-e); 1,27 (s, 3H-g); 1,11 (s, 6H-a).

Experimenteller Teil

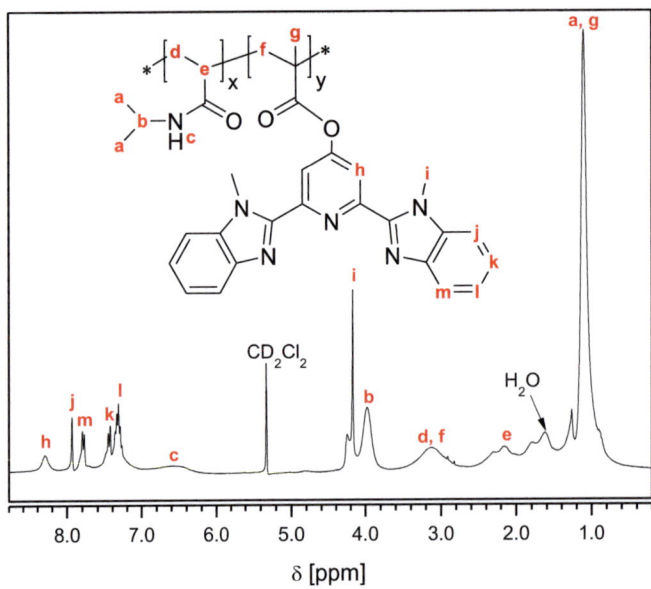

Abbildung 5.8: ^{1}H-NMR-Spektrum von **P3b** in CD_2Cl_2 mit Zuordnung der Signale.

5.2.9 Synthese von Poly[(2,6-bis((1-methyl-1*H*-benzo[*d*]imidazol-2-yl)pyridin-4-yloxy)methacrylat)-co-Styrol] P4a (10:1)[138]

Unter inerten Bedingungen wurden in einem Schlenkrohr 0,50 g (1,18 mmol) **M2**, 1,23 g (11,8 mmol, 1,35 mL) frisch destilliertes **Styrol** und 0,04 g (0,26 mmol, 2 mol%) AIBN in 20 mL trockenem DMF vorgelegt und 24 Stunden bei 80°C unter kräftigem Rühren erhitzt. Nach Abkühlen auf Raumtemperatur wurde die Reaktionslösung ins Wasser gegeben. Das ausgefallene Produkt wurde abfiltriert und gründlich mit Wasser gewaschen. Anschließend wurde der weiße Feststoff in Chloroform aufgelöst und in Diethylether ausgefällt.

Ausbeute: 0,96 g; Erweichungsbereich: 165-175°C; GPC: M_w = 17500 g/mol.

Experimenteller Teil

¹H-NMR (300 MHz, CDCl₃) δ (ppm):7,89 (s, 2H-h); 7,44-7,31 (m, 8H-j, k, l, m); 7,0 (s, 4 H-b, c); 6,59 (s,2 H-a); 4,15 (s, 6H-i); 1,82-1,79 (s, 5H-d, e, f); 1,41 (s, 3H-g).

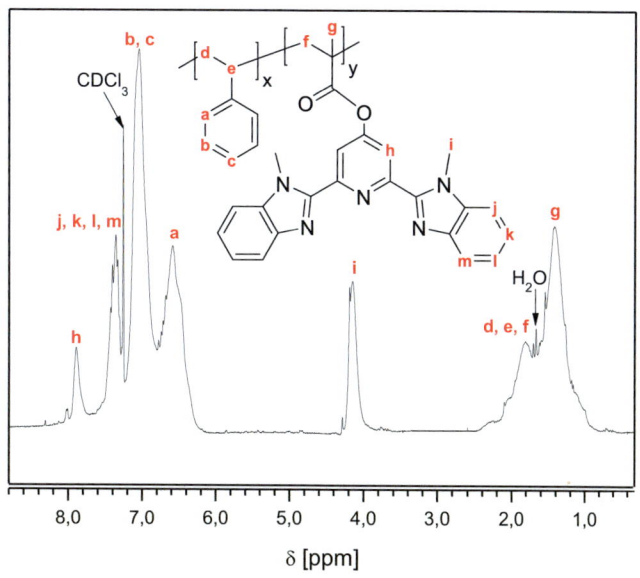

Abbildung 5.9: ¹H-NMR-Spektrum von **P4a** in CDCl₃ mit Zuordnung der Signale.

5.2.10 Synthese von Poly[(2,6-bis((1-methyl-1*H*-benzo[*d*]imidazol-2-yl)pyridin-4-yloxy)methacrylat)-co-Styrol] P4b (20:1)[138]

Die Synthese von **P4b** erfolgte mit einem molaren Verhältnis **Styrol:M2** von 20:1 analog zu der Synthese von **P4a**.

Ausbeute: 0,88 g; Erweichungsbereich: 165-175°C; GPC: M_w = 30800 g/mol.

¹H-NMR (300 MHz, CDCl₃) δ (ppm):7,88 (s, 2H-h); 7,44-7,34 (m, 8H-j, k, l, m); 7,05 (bs, 4H-b, c)); 6,59 (s, 2H-a); 4,16 (s, 6H-i); 1,84-1,81 (m, 5H-d, e, f); 1,44 (m, 3H-g).

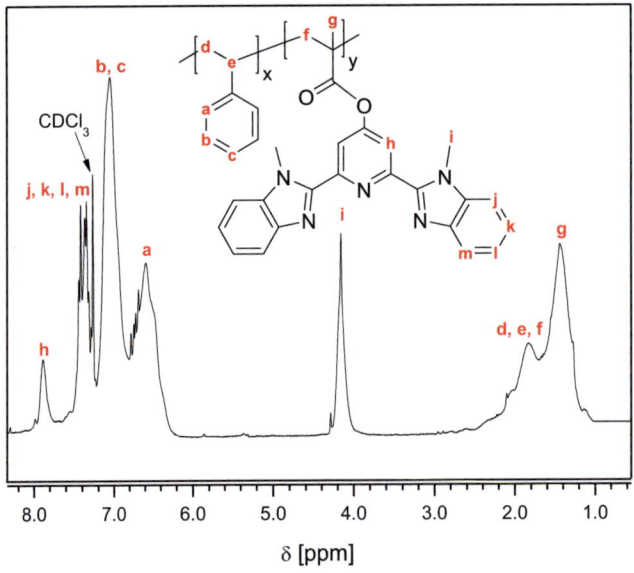

Abbildung 5.9: ¹H-NMR-Spektrum von **P4b** in CDCl₃ mit Zuordnung der Signale.

5.2.11 Synthese von 9-(2,6-bis(1-methyl-1*H*-benzo[*d*]imidazol-2-yl)pyridin-4-yloxy)nonylacrylat

9-(2,6-bis(1-methyl-1*H*-benzo[*d*]imidazol-2-yl)pyridin-4-yloxy)nonylacrylat wurde in Anlehnung an eine Literaturvorschrift dargestellt.[148]

Synthese von 9-(2,6-bis(1-methyl-1*H*-benzo[*d*]imidazol-2-yl)pyridin-4-yloxy)-nonan-1-ol[147]

In einem 250 mL Schlenkkolben wurden 2,0 g (5,63 mmol) 2,6-bis(1'-methylbenzimidazolyl)-4-hydroxypyridin, 2,51 g (11,26 mmol) 9-Bromo-1-nonanol und 3,11 g

(22,51 mmol) Kaliumcarbonat in 50 mL DMSO unter Stickstoffatmosphäre vorgelegt. Die Reaktionsmischung wurde sechs Stunden bei Raumtemperatur kräftig gerührt. Mit Hilfe der Dünnschichtchromatographie wurde festgestellt, dass sich die Edukte zum gewünschten Produkt umgesetzt hatten. Der weiße Niederschlag wurde filtriert und zuerst mit 100 mL DMSO und anschließend mit destilliertem Wasser gewaschen. Das Rohprodukt wurde mittels Säulenchromatographie über Silicagel mit einem Lösungsmittelgemisch $CHCl_3$:MeOH (95:5 v/v) gereinigt. Das saubere Produkt wurde in Form von weißem Pulver erhalten.

Ausbeute: 2,21 g; Smp.: 176°C.

Synthese von 9-(2,6-bis(1-methyl-1H-benzo[d]imidazol-2-yl)pyridin-4-yloxy)-nonylacrylat[147]

In einem 250 mL Dreihalskolben wurden 2,05 g (4,12 mmol) 9-(2,6-Bis(1-methyl-1H-benzo[d]imidazol-2-yl)pyridin-4-yloxy)nonan-1-ol und 1,67 g (16,48 mmol, 2,28 mL) Triethylamin in 80 mL trockenem Chloroform unter inerten Bedingungen gelöst. Die Reaktionslösung wurde im Eisbad auf 0°C gekühlt und tropfenweise 0,75 g (8,24 mmol, 0,66 mL) Acrylsäurechlorid unter kräftigem Rühren zugegeben. Die Reaktionsmischung wurde 24 Stunden bei Raumtemperatur gerührt. Anschließend wurde das Reaktionsgemisch im Scheidetrichter zuerst mit je 100 mL gesättigter Natriumhydrogencarbonat-Lösung, dann mit Wasser und zuletzt mit gesättigter Natriumchlorid-Lösung extrahiert. Die organischen Phasen wurden vereinigt, über Magnesiumsulfat getrocknet, filtriert und das Lösungsmittel am Rotationsverdampfer abgeschieden. Das

Experimenteller Teil

Rohprodukt wurde mit Hilfe der Säulenchromatographie über Silicagel mit einem Lösungsmittelgemisch CH$_2$Cl$_2$:MeOH (97:3) gereinigt. Das gewünschte Produkt wurde als beiger Feststoff erhalten.

Ausbeute: 1,14 g; Smp.: 123-125°C.

^{1}H-NMR (300 MHz, CDCl$_3$) δ (ppm): 7,93 (s, 2H-m); 7,88-7,86 (d, 2H-o); 7,47-7,45 (d, 2H-r); 7,38-7,35 (m, 4H-p, q); 6,42-6,37 (d, 1H); 6,16-6,10 (dd, 1H); 5,82-5,79 (d, 1H); 4,23 (s, 8H-d, n); 4,18-4,13 (t, 2H-l); 1,87-1,83 (t, 2H-e); 1,68-1,66 (t, 2H-f); 1,49 (m, 2H-g, h); 1,35 (m, 8H-i, j, k).

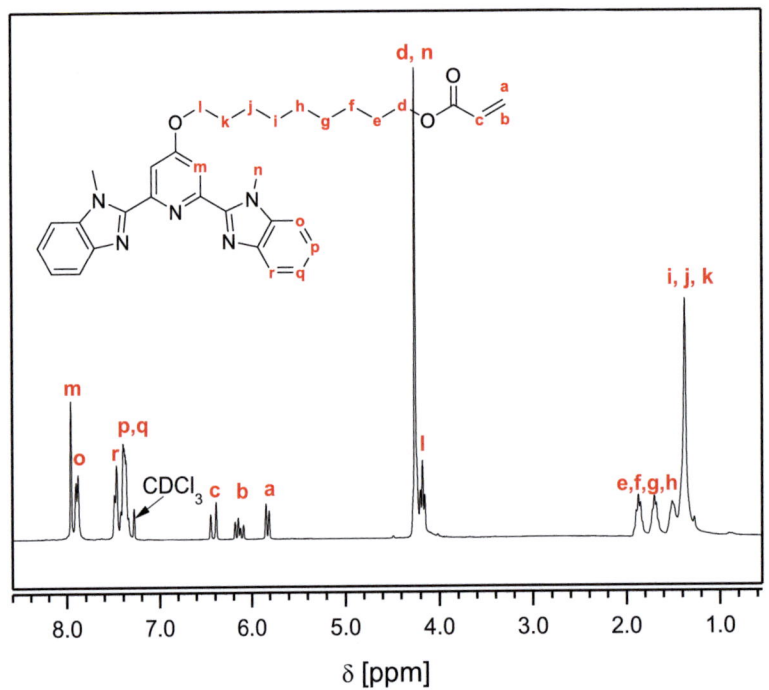

Abbildung 5.11: ^{1}H-NMR-Spektrum von **M3** in CDCl$_3$ mit Zuordnung der Signale.

5.2.12 Synthese von Poly[9-(2,6-bis(1-methyl-1H-benzo[d]imidazol-2-yl)pyridin-4-yloxy)nonylacrylat)-co-Styrol] P5 (12:1)[148]

In einem Schlenkkolben wurden 1,1 g (1,99 mmol) **M3**, 2,74 mL (23,93 mmol) frisch destilliertes **Styrol**, 0,02 g (0,07 mmol) Cyanomethyldodecyltrithiocarbonat (RAFT) und 0,01 g (0,04 mmol) AIBN in 10 mL trockenem Chlorbenzol vorgelegt. Die Reaktionsmischung wurde 30 Minuten mit Stickstoff gespült. Danach wurde die Reaktionslösung auf 70°C erhitzt und sechs Stunden gerührt. Nach dem Abkühlen auf Raumtemperatur wurde das Polymer in Methanol gefällt. Der gelbliche Feststoff wurde filtriert, mit Methanol gewaschen und getrocknet.

Ausbeute: 0,72 g; Erweichungsbereich: 115-120°C; GPC: M_w = 12700 g/mol.

^{1}H-NMR (300 MHz, CDCl$_3$) δ (ppm):7,96 (s, 2H-q); 7,90-7,88 (d, 2H-s); 7,48-7,45 (d, 2H-v); 7,41-7,34 (m, 4H-t, u); 7,31 (s, 1H-c); 7,10-7,05 (d, 2H-b); 6,59-6,50 (d, 2H-a); 4,24 (s, 6H-r); 4,17-4,15 (d, 2 H-h); 1,86 (s, 14H-i-o); 1,46-1,27 (m, 5H-d, e, p); 1,14 (s, 3 H-f, g).

Experimenteller Teil

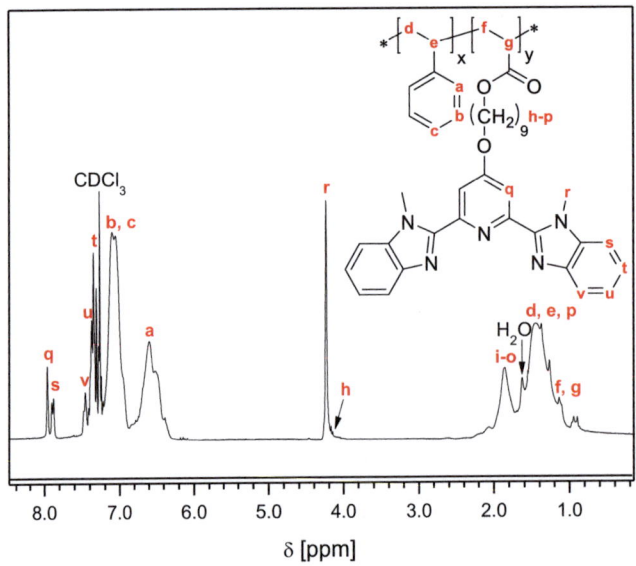

Abbildung 5.12: ^{1}H-NMR-Spektrum von **P5** in CDCl$_3$ mit Zuordnung der Signale

5.3 Arbeitsmethoden und Messgeräte

5.3.1 Reinigung und Vorbehandlung der Quarzsubstrate

Die für den Multischichtaufbau verwendeten Suprasil Quarzsubstrate (30 mm x 12 mm x 1 mm) der Firma *Hellma GmbH,* Mülheim/Baden wurden vor dem Gebrauch in der folgenden Art und Weise vorbehandelt:

Zunächst wurden die Quarzträger eine Stunde mit Piranha-Lösung, einer Mischung aus konzentrierter Schwefelsäure und 35%-igem Wasserstoffperoxid in einem Volumenverhältnis 7:3 (Vorsicht: sehr stark oxidierende Lösung, Explosionsgefahr beim Kontakt mit organischen Lösungsmitteln) gereinigt. Danach wurden die Träger mehrmals mit Milli-Q-Wasser gespült und anschließend im zweiten Reinigungsschritt eine Stunde im Ultraschallbad bei 60°C mit einer 5%-igen Kaliumhydroxid/Isopropanol-Lösung behandelt. Nach erneutem Waschen mit Milli-Q-Wasser wurden die gereinigten Träger bis zur Silanisierung in Milli-Q-Wasser aufbewahrt. Um eine Positivierung der Quarzträgeroberflächen zu bewirken, wurden die gereinigten Quarzsubstrate

Experimenteller Teil

zunächst jeweils für 30 Minuten in folgende absolute Lösungsmittel eingetaucht: Methanol, Methanol/Toluol (1:1 v/v) und Toluol. Darauf wurden die Träger für 24 Stunden in eine 5%-ige 3-Diethoxymethylsilylpropylamin-Lösung in absolutem Toluol gelegt. Im Anschluss wurden die silanisierten Substrate erneut einer Lösungsmittelbehandlung unterzogen, indem sie ebenfalls für jeweils 30 min in die oben genannten absoluten Lösungsmittel in umgekehrter Reihenfolge eingetaucht wurden: Toluol, Toluol/Methanol (1:1 v/v) und Methanol. Nach dem letzten Lösungsmittelbad wurden die Träger gründlich mit Milli-Q-Wasser gespült und anschließend mit den Polyelektrolyten Polystyrolsulfonat (**PSS**) und Polyethylenimin (**PEI**) vorbeschichtet, um deren Oberfläche zu homogenisieren und die Ladungsdichte an der Oberfläche zu erhöhen. Bei der Vorbeschichtung wurden die silanisierten Quarzträger zunächst für 20 min in eine 0,01 monomolare wässrige **PSS**-Lösung eingetaucht. Nach dem Waschen mit Milli-Q-Wasser wurde durch Eintauchen in eine 0,01 monomolare wässrige **PEI**-Lösung ebenfalls für 20 Minuten **PEI** adsorbiert und anschließend erneut mit Milli-Q-Wasser gewaschen. Die Tauchvorgänge wurden noch zweimal wiederholt und als oberste Schicht wurde **PSS** adsorbiert, sodass die Quarzsubstrate eine negative Oberflächenladung erhielten. Die Schichtfolge sah wie folgt aus: **PSS-PEI-PSS-PEI-PSS-PEI-PSS**.

5.3.2 Multischichtaufbau auf Quarzsubstraten

Die Koordinationspolymerfilme wurden durch alternierende Schicht-für-Schicht-Adsorption hergestellt. Die mit drei Doppelschichten Polystyrolsulfonat (**PSS**) und Polyethylenimin (**PEI**) vorbeschichteten Substrate wurden alternierend in eine Übergangsmetallsalzlösung, der zusätzlich Kaliumhexafluorophosphat zugesetzt war, und eine Polymerlösung getaucht.

Für **P1a/b** und **P2a/b** wurde die Metallsalzlösung durch Mischen gleicher Volumina 0,02 M Kaliumhexafluorophosphat-Lösung in Toluol/DMF/MeOH/n-Hexan (3:0,5:1:0,5 v/v) sowie 0,01 M Zink- oder Cobaltacetat im gleichen Lösungsmittelgemisch hergestellt. Die Konzentration der Polymerlösung betrug $5\cdot10^{-4}$ monomol/L, das Lösungsmittelgemisch entsprach dem der Metallsalzlösung.

Für Filme aus **P3a/b**, **P4a/b** und **P5** mit Zink wurden als Tauchlösungen für das Polymer und das Metallsalz sowie für die Waschlösungen ein Lösungsmittelgemisch aus

Acetonitril/Chloroform (1:1 v/v) eingesetzt. Um Filme mit Cu^{2+}-Ionen herzustellen, wurde für das Polymer und für die Waschlösungen eine Mischung aus MeOH/Toluol/*n*-Hexan (1:84:15 v/v) verwendet. Das Lösungsmittel für Kupferchlorid/Kaliumhexafluorophosphat bestand aus dem Gemisch DMF/MeOH/Toluol/*n*-Hexan (0,5:1:3:0,5 v/v). Die Konzentration der Polymere war $5 \cdot 10^{-4}$ monomolar, die der Metallsalzlösungen $5 \cdot 10^{-3}$ molar. Die Tauchzeiten lagen bei 10 Minuten.

Für die Filmherstellung sah der Tauchvorgang wie folgt aus: Da die Substrate durch die Vorbeschichtung eine negativ geladene Oberfläche besitzen, wurden diese zuerst in (a) die Metallsalzlösung getaucht, (b) gewaschen, (c) in die Polymerlösung getaucht und (d) erneut gewaschen. Für **P1a/b** und **P2a/b** wurden als Waschlösungen nur das DMF/MeOH/Toluol/*n*-Hexan-Gemisch (0,5:1:3:0,5 v/v) und für **P3a/b** und **P4a/b** die DMF/MeOH/Toluol/*n*-Hexan- (1:3,5:4,5:1 v/v) und $CHCl_3$/ACN- (1:1 v/v) sowie MeOH/Toluol/n-Hexan-Gemische (1:84:15 v/v) verwendet. Die Tauchzeit der Quarzträger für Schritte (a) und (c) betrug 10 min und für Schritte (b) und (d) 30 s.

5.3.3 Reinigung und Vorbehandlung der Quarzsensoren

Für die Herstellung ultradünner Multischichten wurden neben Quarzsubstraten die Quarzkristalle verwendet, welche bei der Firma *LOT-Quantum Design GmbH* erworben wurden. Diese wurden zunächst durch eine UV/Ozon-Behandlung gereinigt. Dazu wurden zuerst die Quarzplättchen mit der oberen Elektrode in einem UV/Ozone Procleaner der Firma *BIO-Force Nanosciences* für zehn Minuten einer starken UV-Strahlung von 185-254 nm Wellenlänge ausgesetzt. Anschließend wurden die Quarzkristalle in 10 mL einer Mischung aus Milli-Q-Wasser, wässriger Ammoniak-Lösung (25%) und Wasserstoffperoxid (35%) (5:1:1 v/v) gelegt und für fünf Minuten bei 75°C erhitzt. Danach wurden die Quarzsensoren gründlich mit Milli-Q-Wasser abgespült und im Stickstoffstrom getrocknet. Zuletzt wurden die Quarzkristalle für zehn Minuten der UV/Ozon-Behandlung unterzogen.

Vor dem eigentlichen Schichtaufbau wurden die Quarzkristalle analog den Quarzträgern mit drei Doppelschichten **PSS/PEI** sowie einer **PSS**-Schicht vorbeschichtet. An der Oberfläche war PSS adsorbiert.

Experimenteller Teil

5.3.4 Multischichtaufbau auf Quarzsensoren

Als erstes wurde die Messzelle an den Oszillatorschaltkreis angeschlossen, so dass die Resonanzfrequenz f und der Widerstand R des Quarzes aufgenommen wurden. Zu Beginn wurden die Schläuche und die Messzelle mit einem Lösungsmittelgemisch gespült (Toluol/DMF/MeOH/n-Hexan 3:0,5:1:0,5 v/v), bis die Resonanzfrequenz einen zeitlich konstanten Wert erreichte. Dies dauerte 20 bis 30 Minuten.

Alle Beschichtungen fanden bei konstanter Temperatur (22°C) in der Messzelle statt. Zum Aufbau von Multischichten wurde der vorbeschichtete Quarzsensor zuerst mit dem Metallsalz beschichtet (Fluss 0,5 mL/min). Nach einer Beschichtungszeit von zehn Minuten wurde der Sensor mit dem Lösungsmittelgemisch, das der Zusammensetzung der Metallsalzlösung entsprach, für fünf Minuten gespült und anschließend fünf Minuten mit dem Lösungsmittelgemisch, der der Polymerlösung entsprach. Danach wurde 10 min die Lösung des Polymeren adsorbiert und anschließend jeweils für fünf Minuten gewaschen, zuerst im Lösungsmittelgemisch, das der Polymerlösung entsprach, und danach in einem Lösungsmittelgemisch, das der Metallsalzlösung entsprach. Dieser Beschichtungszyklus wurde bis zu zwölf Mal wiederholt. Die Konzentrationen der Metallsalz- und der Polymerlösungen sowie die Zusammensetzungen unterschiedlicher Lösungsmittelgemische für **P1a/b-P4a/b** waren dieselben wie bei der Beschichtung von Quarzsubstraten.

5.3.5 PAN/PET-Trägermembran

Um Koordinationspolymermembranen herzustellen, wurde eine kommerzielle Trägermembran aus Polyacrylnitril/Polyethylenterephthalat (PAN/PET) verwendet. Diese Membran bestand aus einer 100 µm dicken PET-Vlies, das mit einer 60 µm dicken, porösen PAN-Schicht überzogen wurde. Die Porengröße betrug 15-160 nm. Da die Trägermembran aufgrund der Nitrilgruppen nur schwach hydrophil war, wurde vor ihrer Verwendung eine Vorbehandlung im Sauerstoffplasma vorgenommen, wodurch die Ladungsträgeranzahl auf der Oberfläche und damit die Hydrophilie erhöht wurden.

Die PAN/PET-Trägermembran wurde von der Firma *Sulzer Chemtech*, Neunkirchen zur Verfügung gestellt und von Herrn *Dr. M. Ott* vom IFAM in Bremen mit Plasma behandelt.

5.3.6 Ionenaustauschermembranen

Heterogene PC SA- und PC SK-Ionenaustauschermembranen, die bei der Firma *PCA GmbH* bezogen wurden, bestanden aus kolloidalen Ionenaustauscherpartikeln, die in eine inerte Polymermatrix eingebettet waren. Vernetztes Polystyrol, das durch Sulfonieren funktionalisiert war, ist der wesentliche Bestandteil der Ionenaustauscherpartikel in der Kationenaustauschermembran (KAM). In der Anionenaustauschermembran (AAM) wurden Polyesterharzpartikel durch die Einführung positiv geladener Amino-Gruppen in der Polymerkette modifiziert.

Die Membranen wurden in konzentrierter NaCl-Lösung gelagert und vor Gebrauch für ca. eine Stunde in das Verwendungsmedium getaucht.

5.3.7 Herstellung der Koordinationspolymermembranen

Die PAN/PET-Membran sowie Kationen- und Anionenaustauschermembranen wurden per Hand beschichtet. Dazu wurden die Metallsalzlösung, die Polymerlösung sowie die Waschlösungen in sechs Färbetröge gefüllt. Die Konzentrationen der Zinkacetat- bzw. Zinkchlorid/KPF$_6$-Lösungen waren $5 \cdot 10^{-2}$ molar, die Konzentrationen der Polymerlösungen waren $5 \cdot 10^{-3}$ monomolar. Die Tauchlösungen bestanden aus gleichen Lösungsmittelgemischen wie bei dem Schichtaufbau auf festen Substraten. Die Tauchzeit für die Metallsalz- sowie Polymerlösung betrug je 10 Minuten, die Waschzeit betrug je eine Minute. Es wurden jeweils 15 und 30 Doppelschichten adsorbiert.

Experimenteller Teil

5.3.8 Kernresonanzspektroskopie

Als hauptsächliche Nachweismethode für die Aufklärung von Molekülstrukturen wurde die ^{1}H-NMR-Spektroskopie verwendet. Die NMR-Experimente wurden mit den Geräten DPX 300, AV 300 (300,13 MHz) und DRX 500 (500 MHz) der Firma *Bruker* bei Raumtemperatur durchgeführt. Die Proben wurden in den deuterierten Lösungsmitteln Chloroform-d_1 ($CDCl_3$), Methylenchlorid-d_2 (CD_2Cl_2) und Dimethylsulfoxid-d_6 (DMSO-d_6) aufgenommen. Die chemische Verschiebung δ ist in ppm relativ zu TMS angegeben. Die Spinmultiplizitäten sind folgendermaßen abgekürzt: d = Dublett, t = Triplett, q = Quartett, m = Multiplett, dd = Dublett vom Dublett, b = breit, bs = breites Singulett.

5.3.9 UV/Vis-Spektroskopie

Die UV/Vis-Absorptionsspektren wurden mit Hilfe eines zweistrahligen UV/Vis-Spektrometers des Typs Lambda 14 der Firma *Perkin-Elmer* sowie eines Cary 50 Bio UV/Vis-Spektrometers der Firma *Varian* gemessen. Für die Messungen der Lösungen dienten Quarzküvetten mit einer Schichtdicke von 1,0 cm. Die Messung der Absorptionsspektren der dünnen Filme erfolgte auf Quarzglas mit einer Schichtdicke von 1,25 mm. Bei jedem Quarzträger wurde nach jeweils zwei Tauchzyklen zur Verfolgung des Schichtwachstums ein UV-Spektrum aufgenommen. Die Extinktion im Maximum der Absorptionsbande des Phenylrings des **PSS** bei 225 nm wurde als Maß für die adsorbierte Menge des Polyelektrolyten verwendet. Bei der Auswertung der Messung konnte von einem regelmäßigen Schichtaufbau ausgegangen werden, wenn die Extinktion linear mit der Anzahl der Tauchzyklen zunahm. Zur Minimierung von Unterschieden in der Absorption, welche durch Silanisierung, Vorbeschichtung und die Quarzträger selbst möglich waren, wurde die als erste gemessene Absorption der Vorbeschichtung jeweils von der Absorption der folgenden Schichten subtrahiert.

5.3.10 Quarzmikrowaage

Der Multischichtaufbau wurde zusätzlich zur UV/Vis-Spektroskopie mit Hilfe einer Quarzmikrowaage untersucht. Es wurde das QCM-D-System der Firma *Q-Sense* (Göteborg, Schweden) verwendet, welches gleichzeitig die Messung der Resonanzfrequenz und des Dissipationsfaktors (engl. *Quarz Crystal Microbalance with Dissipation*, QCM-D) erlaubt. Das QCM-D-Gerät gestattet die Verwendung von bis zu vier Messzellen mit jeweils einem Schwingquarz. Die Messzellen bestehen aus einem Unterteil und einem Oberteil, das mit Hilfe von zwei Schrauben mit dem Unterteil verbunden wird. Ein Quarzsensor besteht aus zwei Goldelektroden, die räumlich durch eine Quarzscheibe als Trägermaterial getrennt sind. Die Quarzscheibe wird in einer Messkammer mit Hilfe von zwei Viton O-Dichtungsringen in die Halterung gepresst und mit den Schrauben im Unterteil befestigt, sodass die Halterung dicht ist und nur eine Seite des Quarzes in Kontakt mit der Flüssigkeit kommt. Für die Messung wird die Probenlösung kontinuierlich durch den Schlauch mit einer peristaltischen Pumpe mit einer konstanten Fließgeschwindigkeit in die Messzelle gespült. Dabei muss darauf geachtet werden, dass Schläuche und Messzelle frei von Luftblasen sind. Der Quarzsensor wird durch einen Frequenzgenerator mit Wechselspannung im Bereich seiner Resonanzfrequenz (5 MHz) und im dritten (15 MHz), fünften (25 MHz), siebten (35 MHz), neunten (45 MHz) und elften (55 MHz) Oberton angeregt. Mittels eines Frequenzzählers wird die Resonanzfrequenz zeitaufgelöst ausgelesen und an einen Computer übermittelt. Die Auswertung der Daten erfolgt mit der Software QTools. In der vorliegenden Arbeit werden die Frequenz-Zeit-Diagramme der dritten Oberschwingung zur Auswertung verwendet.

5.3.11 Gelpermeationschromatographie

Die Molekulargewichte der synthetisierten Polymere wurden mit Hilfe einer Gelpermeationschromatographie-Anlage (GPC) der Firma *hs GmbH* über die Molekulargewichtsverteilung ermittelt. Die Messungen wurden bei Raumtemperatur und mit einer Durchflussgeschwindigkeit von 1 mL/min durchgeführt. Als Laufmittel wurde trockenes THF verwendet.

Experimenteller Teil

Die Apparatur setzte sich aus folgenden Komponenten zusammen: Pumpe intelligent pump AI-12 und Degasser Gastorr AG-32 der Firma *Flow*, Autosampler S5250 und UV/Vis-Detektor S3245 der Firma *Sykam* sowie der RI-Detektor RI2012-A der Firma *Schambeck*. Die Säulenkombination der Firma *MZ Analysentechnik* bestand aus einer Vorsäule mit 100 Å Porengröße und drei Säulen mit 10000 Å/1000 Å/100 Å. Als Füllmaterial der Säule diente MZ-Gel SD*plus*. Die Kalibrierung der Apparatur erfolgte mit Hilfe von handelsüblichen Polystyrolstandards der Firma *hs GmbH* im Molmassenbereich von 10^3-$3 \cdot 10^6$ g/mol.

5.3.12 Energiedispersive Röntgenspektroskopie

Für die EDX-Messungen wurden etwa 1 x 1 cm² große Membranproben vorbereitet und auf Probentellern mit doppelseitigen Haftklebern fixiert. Anschließend wurden die Proben mit Hilfe eines EMITECH K950X mit einer dünnen Kohlenstoffschicht bedampft. Die Aufnahme von EDX-Spektren erfolgte mittels eines INCA DryCool-Apparates der Firma *Oxford Instruments*, der mit einem Rasterelektronenmikroskop Zeiss Neon 40 gekoppelt war. Die Beschleunigungsspannung betrug 20 kV und die Dauer des Experiments 280 s. Die EDX-Spektren wurden mit der geräteinternen Software INCA ausgewertet.

5.3.13 Rasterelektronenmikroskopie

Die REM-Aufnahmen wurden mit Rasterelektronenmikroskopen Zeiss Supra 40 VP und Zeiss Neon 40 der Firma *Carl Zeiss* und einem SE2-Detektor bei einer Energie von 5 kV und einer 500-fachen bzw. 10^3-fachen Vergrößerung aufgenommen. Für die Messungen wurden etwa 1 x 1 cm² große Membranproben vorbereitet und diese mit doppelseitigen Haftklebern auf Aluminiumträger aufgeklebt und mit einer dünnen Goldschicht bedampft, um die Leitfähigkeit der Proben zu erhöhen.

5.3.14 Profilometrie (Schichtdickemessung)

Die Schichtdicken der Polymerfilme wurden mit Hilfe des DekTak^3-Profilmeters der Firma *Bruker* gemessen. Dafür wurde der Polymerfilm zunächst auf einen gereinigten und silanisierten Quarzträger aufgebracht. Da am Anfang eine Vorbeschichtung der Substrate mit drei Doppelschichten **PSS/PEI** sowie einer Schicht **PSS** vorgenommen wurde, waren deren Filmdicken von den später gemessenen Filmdicken der zu untersuchenden 12 Doppelschichten zu subtrahieren. Nach dem Anritzen der Multischichtoberfläche mittels eines Skalpells wurde der Höhenquerschnitt der Oberfläche im Bereich des dünnen Kratzers mit einer Diamantnadel gescannt. Das analoge Signal der Höhenposition der Diamantnadel wird in eine digitale Angabe transformiert, welche angezeigt, analysiert und gespeichert werden kann. Der Messfehler betrug ± 2,5 nm.

5.3.15 Schmelzpunktbestimmung

Die Schmelzpunkte von Monomeren sowie der Erweichungsbereich bei Polymeren wurden mit einem Schmelzpunktbestimmungsgerät Melting Point B-545 der Firma *Büchi* mit Silikonöl als Wärmeüberträger und einer Aufheizrate von 5°C/min ermittelt.

5.3.16 Ionenpermeation

Zur Messung des Ionentransports durch die Membranen unter Dialysebedingungen wurde die Leitfähigkeitszunahme pro Zeiteinheit mit Hilfe eines Konduktometers des Typs 703 der Firma *Knick* gemessen. Der Aufbau der dazu eingesetzten Leitfähigkeitsmesszelle ist in der Abbildung 4.44 schematisch dargestellt. Die beiden Messkammern hatten ein Volumen von jeweils 63 mL und wurden durch die zu untersuchende Membran getrennt, deren Fläche 4,52 cm^2 betrug. Während der Inhalt der linken Messzelle, der Feedseite, aus der Elektrolytlösung bestand, wurde die rechte Messzelle, die Permeatseite, mit Milli-Q-Wasser gefüllt und für die Detektion der Menge an permeierten Ionen mittels einer Standard-Zweipunktzelle verwendet. Die gemessene Leitfähigkeit wurde für die Auswertung in einem Diagramm gegen die Messzeit aufgetragen und die Steigung $\Delta\Lambda/\Delta t$ ermittelt. Die Permeationsrate P_R wurde anschließend aus der Gleichung 4.17 berechnet.

Experimenteller Teil

Es wurden unterschiedliche Alkali- und Erdalkalimetallchloride untersucht. Die Konzentration der Elektrolytlösungen war 0,1 M.

5.3.17 Ionenpermeation in alkoholischen Lösungen

Zusätzlich zu den Untersuchungen mit wässrigen Metallsalzlösungen wurden Ionenpermeationsmessungen in alkoholischen Lösungen durchgeführt. Zu diesem Zweck wurden unterschiedliche Alkali- und Erdalkalimetallchloride in Ethanol bzw. in iso-Propanol mit Zusatz von DMF (99:1 v/v) mit einer Konzentration von 0,01 M gelöst. Die Permeatseite wurde ebenfalls mit jeweiligen alkoholischen Lösung versehen. Ansonsten verliefen die Messungen mit der gleichen Leitfähigkeitsmesszelle und unter gleichen Bedingungen wie im Abschnitt 5.3.16 beschrieben.

5.3.18 Permeation von organischen Molekülen

Das Permeationsverhalten von organischen Molekülen wie Naphthalin, Pyren und Perylen durch Koordinationspolymermembranen wurde mit Hilfe eines der Ionenpermeationsapparatur ähnlichen Aufbaus untersucht. Die Konzentrationsänderung von Naphthalin, Pyren und Perylen im Permeat wurde UV-spektroskopisch bestimmt, indem in bestimmten Zeitintervallen die Probenahme erfolgte und die UV/Vis-Absorption gemessen wurde. Um daraus die Konzentration nach Gleichung 4.21 zu berechnen, müssen zuerst die molaren Extinktionskoeffizienten ε_m ermittelt werden. Zur Bestimmung der Extinktionskoeffizienten von Naphthalin, Pyren und Perylen in Ethanol und Chloroform wurden Konzentrationsreihen von 10^{-3} bis 10^{-7} M angesetzt und die Extinktion der Lösungen UV-spektroskopisch bestimmt. Durch Auftragung der Werte der maximalen Extinktion gegen die Konzentration erhält man eine Gerade, aus deren Steigung der molare Extinktionskoeffizient ε_m [L·mol^{-1}·cm^{-1}] resultiert. Mit Hilfe der bestimmten Extinktionen sowie Extinktionskoeffizienten wurde unter Anwendung der Gleichung 4.21 die Konzentration berechnet. Die Auftragung der Konzentration gegen die Zeit lieferte auch einen linearen Verlauf, wodurch sich die Steigung dc/dt bestimmen ließ. Mit Hilfe der Gleichung 4.22 konnte nun die Permeationsrate der organischen Moleküle berechnet werden.

5.3.19 Elektrodialyse

Die Elektrodialyse wurde mit Hilfe eines Dreikammersystems durchgeführt. Der Aufbau der dazu eingesetzten Apparatur ist in Abbildung 4.60 schematisch dargestellt. Der Anodenraum und Mittelraum des Dreikammersystems wurden durch die zu untersuchende Anionenaustauschermembran, der Mittel- und Kathodenraum durch eine Kationenaustauschermembran voneinander getrennt. Die Fläche der Membranen betrug jeweils 4,52 cm². Um die Trennung von Magnesium- und Natrium-Kationen bzw. Chlorid- und Sulfat-Anionen zu untersuchen, wurden alle drei Kammern der Apparatur mit Lösungen, die Magnesiumchlorid, Natriumchlorid oder Natriumsulfat in gleicher Konzentration enthielten (0,1 M bzw. 0,01 M), gefüllt. Anschließend wurde mit Hilfe eines Labor-Universalnetzgerätes PS-2403D der Firma *Conrad* eine Gleichspannung von 30 Volt an die zwei Platinelektroden angelegt. Nach Zeitabständen von jeweils 30 min wurde die Leitfähigkeit durch Probenahme aus dem Mittelraum mit Hilfe eines Konduktometers des Typs 703 der Firma *Knick* und einer Standard-Zweipunktzelle gemessen. Für die Auswertung wurde in einem Diagramm die gemessene Leitfähigkeit gegen die Zeit aufgetragen und die Steigung $\Delta\Lambda/\Delta t$ ermittelt.

6 Zusammenfassung

Es wurden ultradünne Filme und Membranen aus Koordinationspolymeren hergestellt und charakterisiert. Das Stofftransportverhalten der Membranen wurde unter Bedingungen der Diffusions- und Elektrodialyse untersucht.

Im ersten Teil der Arbeit wurden zunächst neue Copolymere mit nicht-π-konjugierter Hauptkette und Ligandengruppen in der Seitenkette hergestellt und charakterisiert. Die Synthese erfolgte durch freie bzw. kontrollierte radikalische Copolymerisation von ligandenhaltigen Comonomeren mit **TPY**- bzw. **BIP**-Gruppen und den ligandenfreien Comonomeren **NIPAM** bzw. **Styrol** in unterschiedlichen molaren Verhältnissen. Der Einbau von **NIPAM** und **Styrol** ermöglichte die Synthese hydrophiler bzw. hydrophober Copolymere. Die Molekulargewichte der Copolymere lagen zwischen 12 und 45 kg/mol. Die tatsächliche Copolymerzusammensetzung wurde mit Hilfe der UV/Vis-Spektroskopie bestimmt. Bei den meisten Copolymeren wich sie stark vom Molverhältnis der eingesetzten Comonomere ab. Das ligandenhaltige Comonomer wurde in den meisten Fällen bevorzugt eingebaut.

Die Copolymere stellen polytopische Ligandenmoleküle dar, die über die Fähigkeit verfügen, mit Metallionen Komplexe auszubilden. Die Komplexbildung wurde durch UV/Vis-Titration mit $Zn(OAc)_2$ und $CuCl_2$ nachgewiesen. Es zeigte sich, dass die **TPY-Styrol**-Copolymere Bis-Komplexe mit den Metallionen ausbilden, während es bei **TPY-NIPAM**-Copolymeren zur Entstehung von Mono-Komplexen kommt. Ursache hierfür ist, dass **NIPAM** als konkurrierender Ligand für die Metallionen auftritt. Der Einfluss des **NIPAM** auf die Stöchiometrie der Komplexbildung konnte am Beispiel der Titration des **TPY**-Monomers **M1** ohne und mit Zusatz von **NIPAM** nachgewiesen werden.

Durch alternierendes Tauchen vorbehandelter Glassubstrate in Lösungen der Copolymere und der Metallsalze wurden ultradünne Koordinationspolymerfilme durch Schicht-für-Schicht-Adsorption über koordinative Wechselwirkungen aufgebaut. Die Herstellungsparameter wie Tauchzeit, Konzentration der Lösungen und die Zusammensetzung der Lösungsmittelgemische wurden für den Multischichtaufbau optimiert. Die Filmbildung wurde mit Hilfe der UV/Vis-Spektroskopie und QCM-Messungen nachgewiesen. Die Dicke der Filme nach 12 Tauchzyklen lag zwischen 50 und 170 nm. Die

Zusammenfassung

größten Schichtdicken wurden mit Zn-Komplexen gefunden. REM-Untersuchungen ergaben recht inhomogene, raue Oberflächen.

UV/Vis-spektroskopische Untersuchungen und QCM-Messungen zeigten, dass aus den Koordinationspolymerfilmen mit Zn-**P1a** und Zn-**P2b** die Zinkionen durch die Behandlung mit einer 10 Gew.-% wässrigen Na_2SO_4-Lösung ausgewaschen und beim Wiedereintauchen in eine Zinksalzlösung wieder eingebaut werden können. Des Weiteren konnte bestätigt werden, dass die Zinkionen mit Wasser auch nach mehreren Stunden nur unvollständig ausgewaschen werden und dass die Behandlung des Zn-**P1a**-Films mit 10 Gew.-% wässriger Na_2SO_4-Lösung innerhalb von wenigen Minuten zum Entfernen der Metallionen führte. Die Rekomplexierung der metallfreien Filme mit Zink-Salz konnte durch QCM-Messungen anhand einer abrupten Massenzunahme nachgewiesen werden.

Im zweiten Teil der Arbeit wurden Koordinationspolymermembranen hergestellt und ihr Transportverhalten bezüglich verschiedener wässriger Alkali- und Erdalkalimetallchloride sowie Natrium- und Kaliumsalze mit verschiedenen Anionen unter Bedingungen der Diffusions- und Elektrodialyse untersucht. Es konnte gezeigt werden, dass der Stofftransport durch alle untersuchten Membranen größen- und ladungsselektiv erfolgt. Bei der Diffusionsdialyse sank die Permeationsrate mit steigender Schichtdicke der Membran und die Trennfaktoren wurden größer. Den höchsten Trennfaktor $\alpha(NaCl/BaCl_2)$ von 4,2 zeigte eine Zn-**P2b**-Membran mit 15 Doppelschichten. Für die Trennung der Sulfat- und Chlorid-Anionen lag der größte α-Wert bei 2,4 für eine Zn-**P1a**-Membran mit 15 Schichtpaaren. Für die Trennung der Chlorid- und Hexacyanoferrationen betrug der höchste α-Wert 3,1 für eine Zn-**P5**-Membran mit 15 Schichtpaaren. Des Weiteren wurden Alkali- und Erdalkalimetallchloride in alkoholischen Lösungen unter anderem in Ethanol und *iso*-Propanol untersucht. Hierbei zeigte sich, dass der Ionentransport wie bei den Experimenten in wässrigen Lösungen von der Ladungsdichte und der Ionengröße der Metallkationen abhängig ist. Außerdem wurde eine Abhängigkeit der Ionenpermeation von den Dielektrizitätskonstanten des jeweiligen Lösungsmittels festgestellt. Je polarer das Lösungsmittel war, desto größer waren die P_R-Werte und die Trennfaktoren, da mit steigender Polarität des Lösungsmittels die polaren und geladenen Membranen stärker quollen und dadurch ein schnellerer Ionentransport möglich wurde. Der größte $\alpha(NaCl/BaCl_2)$-Wert von 3,8 trat bei der Zn-**P2b**-Membran in ethanolischer Lösung auf.

Zusammenfassung

Die Permeationsrate von ungeladenen organischen Molekülen wie Naphthalin, Pyren und Perylen in Ethanol und Chloroform sank mit zunehmender Größe des Aromaten. Membranen mit 15 Schichtpaaren zeigten die höchsten Trennfaktoren α(Np/Pe), für die Zn-**P2b**-Membran lag er bei 4,8. Ursache für die Trennung ist der Siebeffekt der Membranen. Hydrophobe Wechselwirkungen von größeren Aromaten mit den ebenfalls aromatischen **TPY**- und **BIP**-Copolymer-Einheiten können auch dazu beitragen.

Zur Untersuchung des Transportverhaltens unter Elektrodialysebedingungen wurde eine Dreikammer-Apparatur verwendet, bei der die Kammern durch eine Kationen-und eine Anionenaustauschermembranen (KAM, AAM) getrennt waren. KAM und AAM waren mit einer Trennschicht aus Zn-**P1a**, Zn-**P2b** oder Zn-**P4b** beschichtet. Es wurde der Transport von $MgCl_2$, NaCl und Na_2SO_4 bei Anlegen einer Spannung von 30 Volt untersucht. Bei allen Membranen konnten Kationen und Anionen erfolgreich getrennt werden. Für die Zn-**P1**-Membranen wurde sowohl eine Anionen- als auch eine Kationenselektivität gefunden. Bei der Zn-**P2b**-Membran wurde eine relativ hohe Anionenselektivität festgestellt, der höchste Trennfaktor α($NaCl/Na_2SO_4$) von 3,6 ergab sich für eine Zn-**P2b**-Membran mit 15 Schichtpaaren.

7 Ausblick

Es konnte gezeigt werden, dass sich die durch koordinative Schicht-für-Schicht-Adsorption hergestellten ultradünnen Filme aus Koordinationspolymeren als Trennmembranen unter Diffusions- und Elektrodialysebedingungen eignen. Durch die Komplexbildung der **TPY**- und **BIP**-Liganden in den Seitenketten der Copolymere mit Metallionen wie Zn^{2+} und Cu^{2+} entstehen Netzwerke mit positiver Ladung und aromatischem Charakter der Metallkomplexe. Die Netzwerkstruktur führt einerseits zu einem Siebeffekt, der die Trennung kleiner und großer Moleküle und Aromaten gestattet, und andererseits führt die positive Ladung zu einer elektrostatischen Abstoßung von Ionen mit hoher Ladungszahl.

Das ionenselektive Verhalten konnte besonders bei den Trennmembranen, die hydrophobe **Styrol**-Einheiten im Copolymer enthielten, nachgewiesen werden. Der Trennfaktor $\alpha(NaCl/BaCl_2)$ von 4,2 wurde bei der Zn-**P2b**-Membran gefunden. Möglicherweise spielt auch eine Rolle, dass das **P2b**-Copolymer das größte Molekulargewicht von allen untersuchten Copolymeren aufweist. Um die Trenneigenschaften zu verbessern, sollten daher gezielt Copolymere mit hydrophoben Comonomeren und möglichst hohen Molekulargewichten verwendet werden. Außerdem könnte der Einbau von anderen Metallionen wie z.B. Kobalt oder Kupfer die Trenneigenschaften deutlich beeinflussen und zu interessanten Ergebnissen führen.

Um eine Verbesserung des Trennverhaltens bei der Elektrodialyse zu erreichen, müssen noch mehrere Parameter wie die angelegte Spannung, die Anzahl der adsorbierten Schichtpaare sowie die Konzentrationen der Feed- und Elektrolyt-Lösungen optimiert werden. Für die Untersuchungen ist es ferner unerlässlich, eine Mehrkammerapparatur, bestehend aus einem Stapel mehrerer Anionen- und Kationenaustauschermembranen in alternierender Abfolge zwischen den beiden Elektroden zu verwenden. Erst dadurch wird es möglich, die Trenneigenschaften der Ionenaustauschermembranen zu optimieren.

8 Literaturverzeichnis

[1] C. Nie, L. Ma, Y. Xia, C. He, J. Deng, L. Wang, C. Cheng, S. Sun, C. Zhao; *J. Membr. Sci.* **2015**, *475*, 455-468.

[2] J. I. Clodt, V. Filiz, S. Rangou, K. Buhr, C. Abetz, D. Höche, J. Hahn, A. Jung, V. Abetz; *Adv. Funct. Mater.* **2013**, *23*, 731-738.

[3] K. Nikolaus, S. Ripperger; *Filtrieren und Separieren* **2010**, *24*, Nr. 2, 62-65.

[4] P. Lipp, G. Baldauf, W. Kühn; *Wasser/Abwasser* **2005**, *146 (13)*, 50-61.

[5] A. A. Malik, H. Kour, A. Bhat, R. K. Kaul, S. Khan, S. U. Khan; *Int. J. Food Nutr. Saf.* **2013**, *3 (3)*, 147-170.

[6] M. Paven, P. Papadopoulos, S. Schöttler, X. Deng, V. Mailänder, D. Vollmer, H. J. Butt; *Nat. Comm.* **2013**, *4:2512*, 1-5.

[7] P. Luis, T. Van Gerven, B. Van der Bruggen; *Progr. Energy Combustion Sci.* **2012**, *38*, 419-448.

[8] D. Bocciardo, M. C. Ferrari, S. Brandani; *Energy Procedia* **2013**, *37*, 932-940.

[9] H. Lyko; *Filtrieren und Separieren* **2009**, *23*, Nr. 1, 6-10.

[10] M. Ebrahimi, M. Aden, B. Schnabel, F. Libermann, P. Czermak; *Filtrieren und Separieren* **2014**, *28*, Nr. 1, 6-10.

[11] A. Toutianoush, W. Jin, H. Deligöz, B. Tieke; *Appl. Surf. Sci.* **2005**, *246*, 437-443.

[12] K. P. Lee, T. C. Arnot, D. Mattia; *J. Membr. Sci.* **2011**, *370 (1-2)*, 1-22.

[13] L. F. Greenlee, D. F. Lawler, B. D. Freeman, B. Marrot, P. Moulin; *Water Research* **2009**, *43*, 2317-2348.

[14] S. Ripperger; *Filtrieren und Separieren* **2009**, *23*, Nr. 5, 246-252.

[15] F. F. Kuppinger, W. Neubrand, H. J. Rapp, G. Eigenberger; *Chem. Ing. Tech.* **1995**, *67 (6)*, 731-739.

[16] R. Marschall, M. Sharifi, M. Wark; *Chem. Ing. Tech.* **2011**, *83*, 2177-2187.

Literaturverzeichnis

17 M. Mulder; „Basic Principles of Membrane Technology", Kluwer, Dordrecht, **1991**.

18 G. Menges; „Werkstoffkunde Kunststoffe", 3. Auflage, Carl Hanser Verlag, München **1990**.

19 G. Decher, J. D. Hong; *Makromol. Chem., Macromol. Symp.* **1991**, 46, 321-327.

20 G. Decher, J. D. Hong; *Ber. Bunsenges. Phys. Chem.* **1991**, *95*, 1430-1434.

21 G. Decher, J. D. Hong, J. Schmitt; *Thin Solid Films* **1992**, *210/211*, 831-835.

22 G. Decher, Y. Lvov, J. Schmitt; *Thin Solid Films* **1994**, 244, 772-777.

23 G. Decher, *Science* **1997**, *277*, 1232-1237.

24 J. M. Leväsalmi, T. J. McCarthy; Macromolecules **1997**, *30*, 1752-1757.

25 F. van Ackern; *Dissertation*, Universität zu Köln **1997**.

26 F. van Ackern, L. Krasemann, B. Tieke; *Thin Solid* Films **1998**, *327-329*, 762-766.

27 L. Krasemann; *Dissertation*, Universität zu Köln **1999**.

28 L. Krasemann, B. Tieke; *Langmuir* **2000**, *16*, 287-290.

29 B. Tieke, L. Krasemann, A. Toutianoush, *Macromol. Symp.* **2001**,163, 97-111.

30 A. Toutianoush, L. Krasemann, B. Tieke; *Colloids and Surfaces A: Physicochem. Eng. Aspects* **2002**, *198-200*, 881-889.

31 A. Toutianoush; *Dissertation*, Universität zu Köln **2003**.

32 B. Tieke, A. Toutianoush, W. Jin; *Adv. Colloid Interf. Sci.* **2005**,*116*, 121-131.

33 W. Jin, A. Toutianoush, B. Tieke; *Langmuir* **2003**, *19*, 2550-2553.

34 K. Hoffmann, B. Tieke; *J. Membr. Sci.* **2009**, *341*, 261-267.

35 K. Hoffmann, A. El-Hashani, B. Tieke; *Macromol. Symp.* **2010**, *287*, 22-31.

36 K. Hoffmann, T. Friedrich, B. Tieke; *Polym. Eng. Sci.* **2011**, *51*, 1497-1506.

Literaturverzeichnis

[37] K. Hoffmann; *Dissertation*, Universität zu Köln **2010**.

[38] B. Tieke; *Current Opinion in Colloid & Interface Science* **2011**, *16, 499*-507.

[39] D. M. Sarno, B. Jiang, D. Grosfeld, J. O. Afriyie, L. J. Matienzo, W. E. Jones; *Langmuir* **2000**, *16*, 6191-6199.

[40] M. A. Saab, R. Abdel-Malak, J. F. Wishart, T. H. Ghaddar; *Langmuir* **2008**, *23*, 10807-10815.

[41] J. E. Beves, E. C. Constable, C. E. Housecroft, M. Neuburger, S. Schaffner; *Cryst. Eng. Comm.* **2008**, *10*, 344-348.

[42] A. Maier, A. R. Rabindranath, B. Tieke; *Chem. Mater.* **2009**, *21*, 3668-3676.

[43] A. Maier; *Dissertation*, Universität zu Köln **2010**.

[44] A. Maier, H. Fakhrnabavi, A. R. Rabindranath, B. Tieke; *J. Mater. Chem.* **2011**, *21*, 5795-5804.

[45] I. Welterlich, B. Tieke; *Macromolecules* **2011**, *44*, 4194–4203.

[46] K. Cheng, B. Tieke; *RSC Adv.* **2014**, *4*, 25079-25088.

[47] K. Cheng; *Dissertation*, Universität zu Köln **2015**.

[48] T. Melin, R. Rautenbach; *„Membranverfahren; Grundlagen der Modul- und Anlagenauslegung"*, 3. Auflage, Springer Verlag, Berlin **2007**.

[49] J. A. Nollet; *J. Membr. Sci.* **1995**, *100*, 1-3.

[50] J. K. Mitchell; *Am. J. Med.* **1830**, *7*, 36-67.

[51] A. Fick; *Ann. Physik* **1855**, *94*, 59-86.

[52] J. G. Wijmans, R.W. Baker; *J. Membr. Sci.* **1995**, *107*, 1-21.

[53] T. Graham; *Philos. Mag.* **1866**, *32*, 401-420.

[54] *Römpp Chemie Lexikon*, 9. Auflage, Georg Thieme Verlag, Stuttgart/New York **1995**.

55 H. Bechold; *Z. Phys. Chem.* **1907**, *60*, 257-318.

56 C. F. Gutch; *Ann. Rev. Biophys. Bioeng.* **1975**, *4*, 405-429.

57 S. Loeb, S. Sourirajan; *Adv. Chem. Ser.* **1962**, *38*, 117-132.

58 W. Pusch, A. Walch; *Angew. Chem.* **1982**, *94*, 670-695.

59 J. A. Jönsson, L. Mathiasson; *LCGC Europe* **2003**, *16*, 683-690.

60 Book Review: Inorganic membranes - synthesis, characteristics and applications/ ed. by Ramesh R. Bhave, publ. by Van Nostrand Reinhold, New York **1991**.

61 E. Staude; „*Membranen und Membranprozesse*", VCH Verlag, Weinheim **1992**.

62 R. Kesting; „*Synthetic Polymer Membranes*", Wiley, New York **1985**.

63 K. Ohlrogge, K. Ebert; „*Membranen: Grundlagen, Verfahren und industrielle Anwendungen*", Wiley-VCH Verlag, Weinheim **2006**.

64 G. R. Guillen, Y. Pan, M. Li, E. M. V. Hoek; *Ind. Eng. Chem. Res.* **2011**, *50*, 3798-3817.

65 R. W. Baker; *Membrane Technology and Applications*", 2. Auflage, John Wiley and Son, West Sussex **2004**.

66 K. C. Khulbe, C. Y. Feng, T. Matsura; *Synthetic Polymeric Membranes*, Springer Verlag, Heidelberg **2008**.

67 W. Albrecht, T. Weigel, M. Schossig, K. Kneifel, K. V. Peinemann, D. Paul; *J. Membr. Sci.* **2001**, *192*, 217-230.

68 C. A. Smolders, A. J. Reuvers, R. M. Boom, I. M. Wienk; *J. Membr. Sci.* **1992**, *73*, 259-275.

69 H. Strathmann, K. Koch, P. Amar, R. W. Baker; *Desalination* **1975**, *16*, 179-203.

70 K. Kneifel, K. V. Peinemann; *J. Membr. Sci.* **1992**, *65*, 295-307.

71 C. Blicke, K. V. Peinemann; *J. Membr. Sci.* **1993**, *79*, 83-91.

Literaturverzeichnis

[72] S. P. Nunes, F. Galmebeck, N. Barelli; *Polymer* **1986**, *27*, 937-943.

[73] R. M. Boom, I. M. Wienk, T. van den Boomgaard, C. A. Smolders; *J. Membr. Sci.* **1992**, *73*, 277-292.

[74] P. Van de Witte, P. J. Dijkstra, J. W. A. van den Berg, J. Feijen; *J. Membr. Sci.* **1996**, *117*, 1-31.

[75] H. Susanto, M. Ulbricht; „*Polymeric membranes of molecular separations*" in „*Membrane operations. Innovative Separations and Transformations*" (Eds.: E. Drioli, L. Giorno), Wiley-VCH, Weinheim **2009**.

[76] M. Schmidt, S. Mirza, R. Schubert, H. Rödicker, S. Kattanek, J. Malisz; *Chem. Ing. Tech.* **1999**, *71*, 199-206.

[77] P. Läuger; *Angew. Chem*, **1985**, *97*, 939-959.

[78] R. Rautenbach, W. Dahm, C. Herion; *Chem. Ing. Tech.* **1989**, *61*, 535-544.

[79] H. Strathmann, *Trends in Biotechnology* **1985**, *3*, 112-118.

[80] R. C. Binning, R. J. Lee, J. F. Jennings, F. C. Martin; *Ind. Eng. Chem.* **1961**, *53*, 45-50.

[81] W. Mick, P. Schreier; *J. Agriculture Food Chem.* **1984**, *32*, 924-929.

[82] A. Alsaygh, P. A. Jenning, S. H. Bader; *J. Environmental Sci. Health* **1993**, *A28/8*, 1669-1687.

[83] K. Lang, G. Chowdhury, T. Matsuura, S. Sourirajan; *J. Colloid Interf. Sci.* **1994**, *166*, 239-244.

[84] R. B. Bird, W. E. Stewart, E. N. Lightfoot; „*Transport Phenomena*", John Wiley & Sons **1960**.

[85] K. Scott; *Handbook of Industrial Membranes 2nd Edition*, Elsevier Advanced Technology **1997**.

[86] S. T. Hwang, K. Kammermeyer; „*Membranes in Separation*" in: Techniques of Chemistry Volume VII, Wiley-Interscience **1975**.

87 S. Mulyati, R. Takagi, A. Fujii, Y. Ohmukai, H. Matsuyama; *J. Membr. Sci.* **2013**, *431*, 113-120.

88 C. Cheng, N. White, H. Shi, M. Robson, M. L. Bruening; *Polymer* **2014**, *55*, 1397-1403.

89 PlasticsEurope, *Plastics – The Facts 2014/2015*, An analysis of European plastics production, demand and waste data.

90 S. Schmücker, *Dissertation*, Universität Paderborn **2012**.

91 K. Ziegler, E. Holzkamp, H. Breil, H. Martin; *Angew. Chem.* **1955**, *67*, 541-547.

92 K. Ziegler; *Angew. Chem.* **1964**, *76*, 545-553.

93 G. Natta; *Angew. Chem.* **1956**, *68*, 869-887.

94 G. Natta; *Angew. Chem.* **1964**, *76*, 553-566.

95 H. G. Elias; *„Makromoleküle, Band 3: Industrielle Polymere und Synthesen"*, 6. Auflage, Wiley-VCH, Weinheim **2001**.

96 B. Tieke; *Makromolekulare Chemie*, 3. Auflage, Wiley-VCH, Weinheim **2014**.

97 T. Otsu, M. Yoshida; *Macromol. Chem. Rapid Commun.* 3, **1982**, 127-132.

98 T. Otsu, T. Tazaki; *Polymer Bull.* 16, **1986**, 277-284.

99 J. Chiefari, Y. K. Chong, F. Ercole, J. Krstina, J. Jeffery, T. P. T. Le, R. T. A. Mayadunne, G. F. Meijs, C. L. Moad, G. Moad, E. Rizzardo, S. H. Thang; *Macromolecules* **1998**, *31*, 5559-5562.

100 D. G. Hawthorne, G. Moad, E. Rizzardo, S. H. Thang; *Macromolecules* **1999**, *32* 5457-5459.

101 R. M. Izatt; *Chem. Soc. Rev.* **2007**, *36*, 143-147.

102 J. C. Sherman; *Chem. Soc. Rev.* **2007**, *36*, 148-150.

103 J. M. Lehn; *Angew. Chem.* **1988**, *100*, 91-116;

Literaturverzeichnis

[104] J. M. Lehn; *Angew. Chem. Int. Ed.* **1988**, *27*, 89-112.

[105] S. Schmatloch, U. S. Shubert; *Chem. Unserer Zeit* **2003**, *37*, 180-187.

[106] A. Werner; *Z. Anorg. Allg. Chem.* **1893**, *3*, 267-330.

[107] A. Werner; *Z. Anorg. Allg. Chem.* **1895**, *8*, 153-197.

[108] A. Werner; *Z. Anorg. Allg. Chem.* **1897**, *15*, 1.

[109] E. C. Constable, L. Y. Chung, J. Lewis, P. R. Raithby; *J. Chem. Soc. Chem. Commun.* **1986**, *23*, 1719-1720.

[110] L. Lashgari, M. Kritikos, R. Norrestam, T. Norrby; *Acta Crystallogr., Sect. C: Cryst.Struct. Commun.* **1999**, *55*, 64-67.

[111] F. Blau; *Ber. Dtsch. Chem. Ges.*, **1888**, *21*, 1077-1078.

[112] F. Blau; *Monatsh. Chem.* **1889**, *10*, 375-388.

[113] G. T. Morgan, F. H. Burstall; *J. Chem. Soc.* **1932**, 20-30.

[114] G. T. Morgan, F. H. Burstall; *J. Chem. Soc.* **1937**, 1649-1655.

[115] F. Einstein, B. Penfold; *Acta Crystallogr.* **1966**, *20*, 924-926.

[116] K. Kalyanasundaram; *Coord. Chem. Rev.* **1982**, *46*, 159-244.

[117] J. Blumhoff; *Dissertation*, Friedrich-Schiller-Universität Jena **2009**.

[118] V. Balzani, A. Juris, M. Venturi, S. Campagna, S. Serroni; *Chem. Rev.* **1996**, *96*, 759-833.

[119] E. C. Constable; *Pure and Appl. Chem.* **1996**, *68*, 253-260.

[120] M. Grätzel; *Inorg. Chem.* **2005**, *44*, 6841-6851.

[121] J. A. Treadway, J. A. Moss, T. J. Meyer; *Inorg. Chem.* **1999**, *38*, 4386-4387.

[122] A. Inagaki, S. Edure, S. Yatsuda, M. Akita; *Chem. Comm.* **2005**, 5468-5470.

123 S. Rau, B. Schäfer, D. Gleich, E. Anders, M. Rudolph, M. Friedrich, H. Görls, W. Henry, J. G. Vos; *Angew. Chem.* **2006**, *118*, 6361-6364.

124 L. Sun, H. Berglund, R. Davydov, T. Norrby, L. Hammarström, P. Korall, A. Börje, C. Philouze, K. Berg, A. Tran, M. Andersson, G. Stenhagen, J. Mårtensson, M. Almgren, S. Styring, B. Åkermark; *J. Am. Chem. Soc.* **1997**, *119*, 6996-7004.

125 L. Sun, L. Hammarström, B. Åkermark, S. Styring; *Chem. Soc. Rev.* **2001**, *30*, 36-49.

126 H. Dürr, S. Bossmann; *Acc. Chem. Res.* **2001**, *34*, 905-917.

127 M. Grätzel; *J. Photochem. Photobio. A: Chem.* **2004**, *164*, 3-14.

128 B. O'Regan, M. Grätzel; *Nature* **1991**, *353*, 737-740.

129 M. Grätzel; *Inorg. Chem.* **2005**, *44*, 6841-6851.

130 C. Y. Chen, S. J. Wu, C. G. Wu, J. G. Chen, K. C. Ho; *Angew. Chem.* **2006**, *118*, 5954-5957.

131 Y. Zha, M. L. Disabb-Miller, Z. D. Johnson, M. A. Hickner, G. N. Tew; *J. Am. Chem. Soc.* **2012**, *134*, 4493-4496.

132 U. S. Schubert, H. Hofmeier, G. R. Newkome; *„Modern Terpyridine Chemistry"*, Wiley, Weinheim **2006**.

133 U. S. Schubert, G. R. Newkome, I. Manners; "*Metal-Containing and Metallo-supramolecular Polymers and Materials*", American Chemical Society, Washington **2006**.

134 M. Chiper, R. Hoogenboom, U. S. Schubert; *Macromol. Rapid Commun.* **2009**, *30*, 565-578.

135 P. R. Andres, U. S. Schubert; *Adv. Mater.* **2004**, *16*, 1043-1068.

136 S. Schmatloch, A. M. J. van den Berg, A. S. Alexeev, H. Hofmeier, U. S. Schubert; *Macromolecules* **2003**, *36*, 9943-9949.

137 H. Hofmeier, U. S. Schubert; *Chem. Soc. Rev.* **2004**, *33*, 373-399.

Literaturverzeichnis

[138] K. T. Potts, D. A. Usifer *Macromolecules* **1988**, *21*, 1985-1991.

[139] C. Piguet, J. C. G. Bünzli; *Eur. J. Solid State Inorg. Chem.* **1996**, *33*, 165-174.

[140] A. W. Addison, T. N. Rao, C. G. Wahlgren; *Heterocyclic Chem.* **1983**, *20*, 1481-1484.

[141] P. Froidevaux, J. M. Harrowfield, A. N. Sobolev; *Inorg. Chem.* **2000**, *39*, 4678-4687.

[142] A. W. Addison, S. Burman, C. G. Wahlgren, O. A. Rajan, T. M. Rowe, E. Sinn; *J. Chem. Soc., Dalton Trans.* **1987**, *11*, 2621-2630.

[143] P. K. Iyer, J. B. Beck, S. J. Rowan, C. Weder; *Chem. Commun.* **2005**, *38*, 319-321.

[144] J. B. Beck, S. J. Rowan; *Macromolecules* **2005**, *38*, 5060-5068.

[145] D. Knapton, P. K. Iyer, S. J. Rowan, C. Weder; *Macromolecules* **2006**, *39*, 4069-4075.

[146] S. J. Rowan, J. B. Beck, *Faraday Discuss.* **2005**, *128*, 43-53.

[147] M. Burnworth, J. D. Mendez, M. Schroeter, S. J. Rowan; *Macromolecules* **2008**, *41*, 2157-2163.

[148] A. C. Jackson, F. L. Beyer, S. C. Price, B. C. Rinderspracher, R. H. Lambeth; *Macromolecules* **2013**, *46*, 5416-5422.

[149] A. C. Jackson, S. D. Walck, K. E. Strawhecker, B. G. Butler, R. H. Lambeth, F. L. Beyer; *Macromolecules* **2014**, *47*, 4144-4150.

[150] K. Shuto, Y. Oishi, T. Kajiyama, C. C. Han; *Macromolecules* **1993**, *25*, 291-300.

[151] K. Shuto, Y. Oishi, T. Kajiyama, C. C. Han; *Macromolecules* **1993**, *26*, 6589-6594.

[152] T. Groth, A. Lendlein; *Angew. Chem.* **2004**, *116*, 944-946.

Literaturverzeichnis

[153] A. Ulman; *"An Introduction to Ultrathin Organic Films: From Langmuir-Blodgett to Self-Assembly"*, Academic Press, Boston **1991**.

[154] I. Langmuir; *J. Am. Chem. Soc.* **1917**, *39*, 1848-1906.

[155] K. B. Blodgett; *J. Am. Chem. Soc.* **1934**, *56*, 495.

[156] K. B. Blodgett, I. Langmuir; *Phys. Rev.* **1935**, *57*, 1007-1022.

[157] G. Wegner; *Ber. Bunsenges. Phys. Chem.* **1991**, *95*, 1326-1333.

[158] L. Netzer, J. Sagiv; *J. Am. Chem. Soc.* **1983**, *105*, 674-676.

[159] R. K. Iler; *J. Colloid. Interf. Sci.* **1966**, 21, 569-594.

[160] B. Tieke, F. van Ackern, L. Krasemann, A. Toutianoush; *Eur. Phys. J.: E* **2001**, *5*, 29-39.

[161] A. M. Balachandra, J. Dai. M. L. Bruening; *Macromolecules* **2002**, *35*, 3171-3178.

[162] L. Krasemann, B. Tieke; *Mater. Sci. Eng. C* **1999**, *8-9*, 513-518.

[163] L. Krasemann, B. Tieke; *J. Membr. Sci.* **1998**, *150*, 23-30.

[164] L. Krasemann, B. Tieke; *Chem. Eng. Technol.* **2000**, *23*, 211-213.

[165] L. Krasemann, A. Toutianoush, B. Tieke; *J. Membr. Sci.* **2001**, *181*, 221-228.

[166] G. Krieger; *Diplomarbeit*, Universität zu Köln **2010**.

[167] J. Savych; *Masterarbeit*, Universität zu Köln **2010**.

[168] H. Deligöz, B. Tieke; *Colloids and Surfaces A: Physicochem. Eng. Aspects* **2014**, *441*, 725-736.

[169] M. Schütte, D. G. Kurth, M. R. Linford, H. Cölfen, H. Möhwald; *Angew. Chem.* **1998**, *110*, 3058-3061.

[170] M. Schütte, D. G. Kurth, M. R. Linford, H. Cölfen, H. Möhwald; *Angew. Chem. Int. Ed.* **1998**, *37*, 2891-2893.

Literaturverzeichnis

[171] D. G. Kurth, R. Osterhout; *Langmuir* **1999**, *15*, 4842-4846.

[172] D. G. Kurth, J. P. Lopez, W. F. Dong; *Chem. Commun.* **2005**, 2119-2121.

[173] A. R. Rabindranath; *Dissertation*, Universität zu Köln **2008**.

[174] A. R. Rabindranath, Y. Zhu, K. Zhang, B. Tieke; *Polymer* **2009**, *50*, 1637-1644.

[175] M. V. Voinova, M. Rodahl, M. Jonson, B. Kasemo; *Physica Scripta* **1999**, 59, 391-396.

[176] C. Steinem, A. Janshoff; *"Piezoelectric Sensors"* in Springer Series on Chemical Sensors and Biosensors, Vol. 5, Springer, Berlin **2007**.

[177] A. Janshoff, H. J. Galla, C. Steinem; *Angew. Chem.* **2000**, *112*, 4164-4195.

[178] M. Höpfner; *Dissertation*, Martin-Luther-Universität Halle-Wittenberg **2005**.

[179] K. A. Marx; *Biomacromolecules* **2003**, *4*, 1099-1120.

[180] C. Steinem, A. Janshoff; *Chem. Unserer Zeit* **2008**, *42*, 116-127.

[181] G. Sauerbrey; *Z. für Physik* **1959**, *155*, 206-222.

[182] F. Höök, B. Kasemo; *Anal. Chem.* **2001**, *73*, 5796-5804.

[183] A. M. EL-Hashani; *Dissertation*, Universität zu Köln **2007**.

[184] B. M. Berns; *Dissertation*, Universität zu Köln **2010**.

[185] E. C. Constable, M. D. Ward; *J. Chem. Soc., Dalton Trans.* **1990**, *4*, 1405-1409.

[186] K. T. Potts, D. Konwar *J. Org. Chem.* **1991**, *56*, 4815-4816.

[187] P. C. F. Pau, J. O. Berg, W. G. McMillan; *J. Phys. Chem.* **1990**, *94*, 2671-2679.

[188] W. Jin, A. Toutianoush, B. Tieke; *Appl. Surf. Sci.* **2005**, *246*, 444-450.

Eidesstattliche Erklärung

Ich versichere, dass ich die von mir vorgelegte Dissertation selbständig angefertigt, die benutzten Quellen und Hilfsmittel vollständig angegeben und die Stellen der Arbeit – einschließlich Tabellen, Karten und Abbildungen-, die anderen Werken im Wortlaut oder dem Sinn nach entnommen sind, in jedem Einzelfall als Entlehnung kenntlich gemacht habe; dass diese Dissertation noch keiner anderen Fakultät oder Universität zur Prüfung vorgelegt hat; dass sie – abgesehen von unten angegebenen Teilpublikationen – noch nicht veröffentlicht worden ist sowie, dass ich eine solche Veröffentlichung vor Abschluss des Promotionsverfahrens nicht vornehmen werde.

Die Bestimmungen dieser Promotionsordnung sind mir bekannt. Die von mir vorgelegte Dissertation ist von Prof. Dr. Bernd Tieke betreut worden.

Köln, 09. Mai 2016
_____
(Ort, Datum)

Gülara Krieger
_____
(Unterschrift)

LEBENSLAUF

PERSÖNLICHE ANGABEN

- Geboren am 11. Mai 1983 in Baku (Aserbaidschan) verheiratet, 1 Kind
- Staatsangehörigkeit: Deutsch

AKADEMISCHER WERDEGANG

06.2011 - 07.2016 **Promotionsstudium** am Institut für Physikalische Chemie der Universität zu Köln mit dem Schwerpunkt Makromolekulare Chemie unter Anleitung von Herrn Prof. Dr. Bernd Tieke

Thema der Doktorarbeit "Ultradünne Filme und Membranen aus Koordinationspolymeren und ihr Stofftransportverhalten":
- Synthese und Charakterisierung neuer Polymere und ultradünner Filme und Trennmembranen, Untersuchung des Stofftransportes durch Membranen unter Dialyse- und Elektrodialysebedingungen
- Vorlesung „Innovationsmanagement" unter Leitung von Herrn Dr. Thomas Bieringer, BAYER AG
- Vorlesung „Makromolekulare Chemie" unter Leitung von Herrn Prof. Dr. Bernd Tieke, Universität zu Köln

10.2004 - 08.2010 **Chemiestudium** an der Universität zu Köln
Abschluss: Diplom-Chemikerin

Diplomarbeit am Institut für Physikalische Chemie der Universität zu Köln mit dem Schwerpunkt Makromolekulare Chemie unter Anleitung von Herrn Prof. Dr. Bernd Tieke

Thema der Diplomarbeit: Kationische Blend-Polyelektrolytmembranen und ihr Trennverhalten

08.2001 - 06.2004 **Allgemeine Hochschulreife**,
Genoveva-Gymnasium in Köln

BERUFSERFAHRUNG

06.2011 - 07.2016   **Wissenschaftliche Mitarbeiterin** am Institut für Physikalische Chemie der Universität zu Köln, Arbeitsgruppe von Herrn Prof. Dr. Bernd Tieke
- Organisation und Leitung von Praktika des Bachelor- und Masterstudiengangs Chemie
- Verwaltungstechnische Tätigkeiten

09.2010 - 05.2011   Erziehungsurlaub

12.2009 - 02.2010   **Studentische Hilfskraft** am Institut für Physikalische Chemie der Universität zu Köln, Arbeitsgruppe von Herrn Prof. Dr. Bernd Tieke

10.2007 - 03.2009   **Studentische Hilfskraft** in der Fachbibliothek Chemie der Universität zu Köln

SPRACHKENNTNISSE

- **Russisch, Deutsch:** Muttersprache
- **Englisch:** Fortgeschritten
- **Aserbaidschanisch:** gute Kenntnisse
- **Türkisch:** Grundkenntnisse

EDV-KENNTNISSE

MS Office, Microsoft Word, Microsoft Excel, Power Point, ChemBioDraw, ChemDraw, Origin, MestRe-C, MestRenova, Adobe Photoshop, SciFinder, Reaxys: sicherer Umgang

FREIZEITINTERESSEN

Städtereisen, Klavier spielen, Yoga/Pilates